21世纪学前教师教育系列教材
总主编　朱家雄

幼儿行为观察与分析

（第二版）

李晓巍　编著

中国人民大学出版社
·北京·

图书在版编目（CIP）数据

幼儿行为观察与分析 / 李晓巍编著. --2 版. --北京：中国人民大学出版社，2024.1
21 世纪学前教师教育系列教材
ISBN 978-7-300-32198-1

Ⅰ.①幼… Ⅱ.①李… Ⅲ.①幼儿-行为分析-幼儿师范学校-教材 Ⅳ.①B844.12

中国国家版本馆 CIP 数据核字（2023）第 177956 号

21 世纪学前教师教育系列教材
总主编　朱家雄
幼儿行为观察与分析（第二版）
李晓巍　编著
You'er Xingwei Guancha yu Fenxi

出版发行	中国人民大学出版社		
社　　址	北京中关村大街 31 号	**邮政编码**	100080
电　　话	010－62511242（总编室）		010－62511770（质管部）
	010－82501766（邮购部）		010－62514148（门市部）
	010－62515195（发行公司）		010－62515275（盗版举报）
网　　址	http://www.crup.com.cn		
经　　销	新华书店		
印　　刷	中煤（北京）印务有限公司	**版　　次**	2019 年 7 月第 1 版
开　　本	787 mm×1092 mm　1/16		2024 年 1 月第 2 版
印　　张	14.75	**印　　次**	2025 年 8 月第 3 次印刷
字　　数	344 000	**定　　价**	48.00 元

作者简介

李晓巍，发展与教育心理学博士。北京师范大学教育学部学前教育研究所副教授，中国学前教育研究会副秘书长。毕业于北京师范大学心理学院，读书期间赴美国加州大学伯克利分校学习与交流。长期从事儿童心理发展与教育、儿童发展评价等方面的研究。主持和参与多项国家社科基金项目、教育部人文社科项目、教育部人文社科重点研究基地重大项目等。发表论文近百篇，出版著作十余部。

内容简介

对于一名专业的幼儿教育工作者来说，应学会客观地观察幼儿学习与发展的状况，科学地解读和评价幼儿的表现与进步，并能有效地运用观察与评价结果改进教学，为教学决策服务。本书针对当前幼儿园教师在幼儿行为观察中常常出现的“不想观察”“不会观察”“不会解读”三大问题逐一讲解观察的意义、观察的方法以及如何对观察所得的资料进行合理分析，使学习者获得观察与分析幼儿行为的专业方法和知识，提升观察与分析幼儿行为的能力，以达到有效提升幼儿园教师保教能力、促进其专业发展的目的。

前　言

幼儿行为观察与分析是幼儿园教师必备的能力，是教师专业化的必要途径，是实施科学教育的源头。苏霍姆林斯基认为："教师的教育素养在很大程度上取决于教师是否善于在儿童的脑力劳动和体力劳动过程中，在游戏、参观、课外休息时间观察儿童，以及怎样把观察的结果转变或体现为对儿童施加个别影响的方式和方法。"美国幼儿教育协会（NAEYC）也指出，专业化的幼儿园教师应善于观察和评价儿童的行为表现，并以此作为课程计划的依据和设计个性化课程的依据。近年来，我国学前教育界越来越认识到，促进幼儿园教师的专业发展、实现幼儿园教师的专业化必须重视教师观察与分析幼儿行为的能力。对这一能力的重视正顺应了国际幼儿园教师专业发展的趋势。无论是《幼儿园工作规程》《幼儿园教育指导纲要（试行）》还是《幼儿园教师专业标准（试行）》，都要求幼儿园教师能掌握观察、谈话等了解幼儿的基本方法，并有效运用观察、谈话等方法客观、全面地了解和评价幼儿。这些文件也多次强调，有效的幼儿行为观察是幼儿园教师必备的专业能力和首要职责，是了解幼儿行为表现及发展变化、设计与实施课程的重要依据。

在观察被逐渐看作幼儿园教师的一项重要专业能力的今天，幼儿园教师如何科学有效地观察幼儿行为已成为当前幼儿教育研究与实践中的一项重要课题。越来越多的幼儿园开始对教师的观察工作提出了明确要求，如按时按量上交观察记录、定期开展教学观察研讨活动、集中剖析典型观察案例等。然而，受多种因素的影响，幼儿园教师在观察幼儿行为的过程中遇到了很多困惑。比如，为什么要观察、观察什么、采用什么样的方法观察、如何记录、如何对记录的数据资料进行合理分析和解读等等。

对于一名专业的幼儿教育工作者来说，应学会客观地观察幼儿学习与发展的状况，科学地解读和评价幼儿的表现，并能有效地运用观察与评价结果改进教学，为教学决策服务。本书介绍了三类九种观察方法，希望通过本书的讲解使学习者获得进行幼儿行为观察的专业知识和方法，提升其观察幼儿行为的能力，从而促进其专业发展。

本书既可以作为高校学前教育专业学生的课程用书，也可以作为幼儿园教师培训和幼儿园教研活动的指导用书，书中的每一章都可以成为一次教师培训或教研活动的内容。希望本书能够成为幼儿园教师观察与分析幼儿行为的"指导者"和"支持者"，不断促进教师的专业发展。本书的主要特点如下：

第一，以儿童发展理论和《3～6 岁儿童学习与发展指南》（简称《指南》）指导观察过程。爱因斯坦曾说："你能不能观察到眼前的现象，取决于你运用什么样的理论，理论决定你到底能观察到什么。”幼儿园教师的观察是需要相关理论支撑的专业观察。一方面，理论作为背景知识和基础知识，会影响教师观察时所看到的现象；另一方面，理论也可以帮助教师更深刻地理解幼儿行为背后的意义，从而有针对性地调整教育教学策略和行为。迄今为止，由于没有任何一种理论能够解释儿童发展过程中的所有问题，所以为了能在观察中更迅速、准确地解释幼儿的行为，教师必须了解幼儿发展的一般特征，了解不同理论流派看待儿童发展的独特视角。本书分章讲述了如何运用儿童发展理论和《指南》科学观察幼儿，以便教师能在了解儿童心理发展特征和相关理论的基础上进行科学有效的观察。

第二，以案例分析的形式系统介绍幼儿行为观察的理论知识与方法。本书按照不同的观察与记录方式，将观察方法分为描述观察法、取样观察法和评价观察法，并以案例分析的形式分别对每一种方法的应用进行详细介绍，共包括三类九种观察方法。同时，考虑到访谈与观察密不可分，且现有幼儿行为观察类的教科书中很少将访谈纳入其中，因此本书专章讲述了如何将访谈与观察有机结合。学习者通过对本书的学习，可以全面了解幼儿行为观察的各种方法。另外，在撰写本书的过程中，笔者大量引用了幼儿园教师及学前教育专业的学生进行幼儿行为观察与分析的实际案例，案例与幼儿园保教工作密切结合，可以帮助学习者深入理解和掌握幼儿行为观察与分析的方法和技巧。

第三，体例清晰，难度适中，易于理解。每一章均设有“本章导读”“学习目标”“思考与练习”“阅读导航”部分，能够使学习者在学习之前了解学习目标以及学习的主要内容，在学习之后进行复习和反思，并借助“阅读导航”对文献进行深入的学习。在撰写本书的过程中，笔者尽量将深奥的理论和一些难度较高的观察方法进行深入浅出的介绍，并配以案例帮助学习者理解和运用。同时，在语言表述上尽量简洁晓畅，不出现艰深晦涩的词语，以便学习者理解。

本书共十章。于 2019 年出版第一版，本次又重新进行了修订。第一、第二章由吴晓诗、杨青青编写，第三、第四章由李晓巍、刘倩倩编写，第五、第六、第七章由魏晓宇编写，第八、第九、第十章由李晓巍、王梦柯编写，全书由李晓巍负责统稿、校对。由于编写者水平有限，本书难免有疏漏之处，恳请广大幼教专家、理论工作者、一线教师及学前教育专业的学生批评指正。

最后，诚挚感谢中国人民大学出版社的编辑们，她们为本书的出版做了大量的工作，也感谢其他在我们编写此书过程中给予帮助的朋友们！

李晓巍

2023 年 5 月

于北京师范大学

目　录

第一章

幼儿行为观察概述

本章导读

观察既是一种日常生活中的认识活动，也是教育科学研究常用的方法。幼儿教育工作者通过对幼儿行为的观察，可以了解和理解幼儿，并据此开展适宜的教育活动，促进自身的专业成长以及家园沟通与合作。在观察幼儿行为时，观察者可以根据自身兴趣需要，结合具体情境，选用不同类型的观察方法，以达到观察的目的，保证观察活动的顺利开展。

学习目标

1. 理解观察的含义及构成要素，了解日常观察与专业观察。
2. 理解行为和行为观察的含义，认识意识的存在及意义。
3. 了解行为观察与记录对幼儿教育工作者的意义。
4. 认识不同分类标准下幼儿行为观察的类型及其特性、适用情境、方法步骤和优缺点等。

游戏活动开始了，同伴们正热火朝天地商量建构的内容并分配角色，宇宇却径直来到积塑玩具区，将一根 PVC 管插在米字形的积塑玩具上。杨老师心想，宇宇一定又会像上次一样把材料当成手枪，独自游戏。于是杨老师走到他旁边说道："宇宇，这些游戏材料是用来建构围墙的哦，你该不是准备用它们来做手枪，去射击别人吧?"听完杨老师的话，宇宇斜眼看了看，没有理会，还是不停地重复着手头的工作。杨老师心中有点不是滋味，便请一旁的小朋友将宇宇做好的东西摆放到建构区里，但是宇宇却激动地冲到杨老师面前，大声说："这是我帮荷花池市场修的路灯，干嘛把我的材料拿走!"听到宇宇的话，杨老师顿时哑口无言。

在上述案例中，教师按照往常的经验推测宇宇又会像以前一样独自游戏，于是迫不及待地去介入干预，没有以一个观察者的身份耐心地关注幼儿游戏行为的含义，无形中歪曲了幼儿参与游戏的真正动机。

任何人的行为都传达着一定的意义，幼儿也不例外。幼儿有着自己的思维方式、表达方式，如果成人站在自己的角度去揣测幼儿的行为，往往会误解他们行为的真实意义。只有通过悉心观察，才能真正理解幼儿。对于一名幼儿教育工作者或研究者来说，幼儿行为观察是一种必备的专业能力。本章将在介绍观察、行为与行为观察含义的基础上，讲述幼儿行为观察的意义以及不同标准下行为观察的分类。

第一节　观察的含义

一、观察的含义及过程

（一）观察的含义

观察是人类认识周围世界的一种最基本的方法，也是从事科学研究（包括自然科学、社会科学、人文科学）的一种重要手段。观察不仅是人的感觉器官直接感知事物的过程，而且是人的大脑积极思维的过程①。

上述定义呈现了有关观察的三方面的信息，包括观察在人类认识活动和科学研究活动中的重要性、观察的主要类型（日常观察和专业观察）以及观察的主要过程。

在接收环境中的刺激后，人的感觉器官会产生反应。很多刺激引起的反应不只是行为方面的，也包括思索、判断，这就是观察。简单来说，观察就是“刺激→感官→判断”的过程。

与生理学意义上的“看”不同，观察不是简单地借助眼睛将视觉形象呈现到视网膜上。如果仅以这样的方式来看，观察者就与照相机差不多。与照相机不同的是，观察者具备大脑，观察是运用大脑有意地和有意义地看。

（二）观察的过程

观察不仅是人类通过感觉器官进行感知的过程，而且是人类通过大脑对信息进行加工的过程。具体来说，完整的观察过程包含以下四个要素：

第一，注意。注意是指个体的感官及思考在某一对象上的指向和集中，使其所有的感知觉、思考及动作反应都作用于该对象。观察始于观察者对某一对象（刺激）的注意。观察者会看到、听到、知觉到与这个对象有关的信息及所发生的事，也可能会因这个对象而产生一些内在想法或外在行为。

第二，焦点与背景。注意焦点是指引起观察者注意的对象。在观察过程中，观察对象不可能在环境中孤立存在，还会和其他事物相互作用、相互影响。观察者会看到、听到、接收到其他事物的存在，只是未密切注意，所以观察对象是焦点，其他与观察对象有关的事物是背景。

第三，主观介入。主观介入是指观察者的内在动机、情感及价值判断对观察活动的参

① 陈向明. 质的研究方法与社会科学研究［M］. 北京：教育科学出版社，2000：227.

与。虽然观察时保持客观十分重要，但人无法像机器一样完全机械化，且个体的内在动机、情感及价值判断因人而异，因此观察过程中的主观介入有时是难以避免的。此外，主观介入能够增强观察者的观察动机。观察者通过分析、归纳、统整、猜测、推理等能使客观事实走出琐碎零散的状态，因此主观介入也并非坏事。

第四，判断与结论。判断就是在观察进行时或最后阶段，根据客观事实及主观想法对观察对象进行解释。每一次观察都应该有判断，这个判断可能是观察过程中暂时的、有待验证的想法，也可能是最后的结论。没有判断的观察是不完整的观察，充其量只能说是感官接收而已。

以下案例展示了一个完整的观察过程。

在自由游戏环节，吕老师正在环视小朋友们的游戏活动。操场小山坡那边传来了阵阵笑声，吕老师被吸引了过去。原来是小朋友们把地垫拼成长长的赛道，在上面滚来滚去，玩得很开心。玩了一会儿，赛道在小朋友们的翻滚中散开了，小朋友们皱起了眉头。一诺低头想了想，突然向操场的另一边跑去，过了一会儿，她搬了个轮胎过来，将轮胎压在地垫拼接处，游戏又重新开始了。吕老师心里想："一诺真是解决问题的小能手!"于是，吕老师将注意力集中在一诺身上。玩了一会儿，赛道又出现了问题：由于小朋友们不停地滚下来，地垫又散开了，并且还拱起来。此时，一诺又有了新发现，高声向其他小朋友呼喊："你们快看！我们可以把垫子变成山洞耶!"其他小朋友应声看了过来，一诺提议："我们来搭山洞吧!"于是大家便在小山坡上搭起了山洞。小朋友们发现，在小山坡上搭建山洞容易倒塌，于是一诺带领大家来到平坦的操场上。不一会儿，山洞搭好了。大家赶趟儿似的往山洞里钻，高兴极了！在游戏过程中不断遇到新问题，一诺积极思考，带领其他小朋友解决问题。这正验证了吕老师最初的判断。

首先，操场小山坡传来的阵阵笑声引起了吕老师的注意。吕老师开始观察这群小朋友，并对一诺解决问题的行为产生兴趣，将感知觉和思考主要集中在一诺身上。这时，一诺成为观察的焦点，其他孩子成为观察的背景。根据观察到的信息——"赛道在小朋友们的翻滚中散开了，小朋友们皱起了眉头。一诺低头想了想，突然向操场的另一边跑去，过了一会儿，她搬了个轮胎过来，将轮胎压在地垫拼接处，游戏又重新开始了"，吕老师做出了"一诺真是解决问题的小能手"的判断，并通过进一步观察，获得了"在小山坡上搭建山洞容易倒塌，于是一诺带领大家来到平坦的操场上。不一会儿，山洞搭好了"这一信息，进而得出结论——"一诺是问题解决能力较强的孩子"。

二、日常观察与专业观察

（一）日常观察

日常生活中，人们会出于个人的好奇心、兴趣等原因，随时随地进行观察。这些日常观察比较随意，没有预先设定的目的，观察中形成的判断是否准确并不是非常重要，也不需要承担责任。

在大多数日常观察中，观察者只需要对自己感知到的信息做出判断。因此，日常观察是一个"接收信息→主观判断"的过程。接收信息是观察者收集客观资料的部分。日常观察中收集到的信息往往具有零碎性、偶然性和主观性。因为观察者可能只注意到了事物、现象或个体行为的某个方面、某些片段，而未能接收到有关观察对象完整、确切的信息；或者只注意到了偶发事件中或特殊背景下的行为，这些行为不能代表被观察者的典型状况；又或者只关注自己需要的、感兴趣的内容，而对自己不关注、没兴趣的内容视而不见。主观判断是观察者对所接收的事实做主观解释的部分。日常观察中做出的判断常常比较武断，因为对于“所获得的信息是否准确”“是否能代表重要的事实”“做出的判断是否仅靠感觉或情绪”等问题，观察者很少进行思考和探究。

（二）专业观察

专业观察是因职业要求或科学研究而进行的，是有明确目的和计划安排、有一定控制和严格记录的观察。专业观察与日常观察的不同在于：

第一，在观察目的上，由于专业观察需要负起专业责任，所以必须以正确了解或合理解释为目的。

第二，在观察结果上，为达到专业观察的目的，必须尽量减少结果的误差。

第三，在观察过程上，专业观察在收集、记录、分析事实资料时需要运用专业的方法，多方收集客观资料，以使获取的事实更具客观性和准确性。在收集资料时，可使用仪器、工具来记录和保存事实资料，以保留事实的原貌，维持事实的客观性。在收集了多方面的资料后，专业观察还要再三回顾事实，对客观资料进行缜密的分析、归纳、统整、推理、假设等，这一过程中需要观察者运用创造性思维和批判性思维，使对事实的解释符合理性的或逻辑的思考，并尽可能没有误差。由于在资料收集和分析过程中形成的判断可能只是暂时的假设，因而还需要再去收集事实资料来加以验证，或根据暂时的假设继续进行更深入的观察。因此，不同于日常观察中单一地进行“接收信息→主观判断”，专业观察需要在“接收信息→主观判断”与“主观判断→接收信息”之间循环往复，直到根据收集到的事实资料所做出的主观判断成为合理、满意、有效的解释为止。

综上，日常观察与专业观察的区别主要体现在观察动机、观察过程和观察结果三个方面（见表1-1）。

表1-1　日常观察与专业观察的区别

	日常观察	专业观察
观察动机	因好奇心、兴趣等引起	因职业要求或科学研究引起
观察过程	接收信息→主观判断	“接收信息→主观判断→接收信息”不断往复
观察结果	形成的判断较为武断，不需要承担责任	形成的判断符合专业水平，需要负起专业责任

第二节　行为与行为观察

一、行为的含义

观察和记录中最主要的目标就是行为。目前心理学上关于“行为”的概念说法不一，在此从狭义与广义上做简要说明。

（一）狭义的行为

狭义的行为指个体的一言一行、一举一动，是个体表现在外且能被直接观察、描述、记录或测量的活动。

吃饭、睡觉、走路、聊天等都是可被直接观察的活动。我们不仅可以直接观察到这些活动，还可以利用录音机、照相机、摄像机等工具将其记录下来，并加以分析和处理。例如，某教师观察到幼儿的行为可能如下：

宁宁在美工区将各种颜色的珠子串在一起；
蹭蹭将自己掉在地板上的米粒捡起来扔进了垃圾桶；
丁丁和当当在午睡环节争抢小汽车。

（二）广义的行为

广义的行为指行为不仅限于直接观察到的、可见的外在活动，还包括以外在行为为线索间接推知的内在心理活动和心理过程。

根据上述定义，狭义解释下的行为只能代表被观察者个人行为的一小部分，并非全部，这部分是观察者可以收集到的事实，也是观察者进行推测和判断的依据。同时，被观察者还有其他不可能由观察者直接观察到的行为，包括动机、情绪、思维、愿望、态度等，这些必须根据反映行为事实的资料来猜想、假设、评估或推测。

二、行为表现与内在意识

个体在与环境互动的过程中，受到外界环境的刺激大多会出现两种行为反应。一种是可能未经思索很快就做出的行为反应，表现出外在的行动、姿势或表情等。

比如，欢欢正在美工区画画，突然听见教室里响起音乐，便放下笔去盥洗室洗手。

对于这种行为反应，只需经过多次观察，就能推断出幼儿一贯的行为特征，并由此推测幼儿的兴趣、能力、个性特点等。

另一种是可能不立即表现出来的行为反应，即个体经过思考和选择，通过内在的意识，再做出反应。

比如，区域活动时间到了，悦悦迅速跑向图书区，伸手去拿书架上的一本图画书，但是又很快把手缩了回来。

对于上述行为反应，观察者只能看到刺激及刺激引起的个体的行为反应，两者之间的内在意识是无法看到的。所谓内在意识，是指一个人的情感、意念、动机等的个性反映。悦悦伸手去拿图画书，但又很快把手缩回，一定是因为想起了什么。究竟想起了什么，我们无从得知，但可以进行推测。她可能是发现书架上已经有两个幼儿进入的标记，想到了图书区不能超过两个人活动的规定；也可能是仔细看了一下图画书的封面，发现这本图画书不是她喜欢的那种。这部分是行为观察的重要内容，因为只有了解外在行为表现下的动机、情绪、思维、愿望等，才能全面、深入、真实地了解幼儿行为及其个性特征。因此，观察者在观察时不能只看外在的行为表现，还需分析行为背后的原因，探究行为表现下的内在意识，这样才能真正理解个体的行为。

三、行为观察

本书中的行为观察将幼儿作为特定的观察对象，是指通过感官或仪器设备，有目的、有计划地对幼儿的行为及现象进行感知和记录，从而获取事实资料，并据此了解和分析幼儿的行为动机和原因、个性、需要、兴趣等。

幼儿行为观察属于专业观察，也是一种专门针对学龄前儿童行为的研究方式。其具体内容有很多，包括幼儿所有的行为表现，如幼儿的日常生活行为（喝水、如厕、睡觉、进餐等），幼儿的动作能力（穿珠子、使用剪刀、抓握、拍球、上楼梯、跑步等），幼儿的游戏行为，幼儿的认知发展情况，幼儿的语言发展情况，幼儿与同伴、成人的交往互动行为，幼儿的情绪、情感特点，需要特殊照顾的幼儿的行为等。

第三节　幼儿行为观察的意义

观察为何如此重要？最基本的答案是：观察让我们得以生存和发展。但将观察主体定位于幼儿教育工作者身上，将观察对象聚焦于幼儿，对这一问题的回答就能超越这一基本答案。如果不具备观察能力或是忽视观察，不能或不愿以有意义的方式“看”和“听”，就无法理解幼儿行为的含义和发展需求，无法与他们进行有效互动，无法为他们的生活、学习和发展提供有效支持。幼儿行为观察的意义主要包含以下四个方面。

一、幼儿行为观察有助于了解和理解儿童

观察是了解和理解幼儿最便捷、最常用的一种方式。蒙台梭利认为，唯有通过观察和分析，才能真正了解幼儿内心的需要和个别差异，并根据对幼儿的了解，决定如何协调环境，采取应有的态度来适应幼儿成长的需要。美国教育专家贾尼丝·贝蒂（Janice J. Beaty）也指出，对幼儿的了解和理解是一个神奇的过程。如果仅仅是和幼儿在一起，即便终已一生，其对幼儿了解的深度，也不及对幼儿片刻的客观观察和记录。和幼儿在一起时，我们不妨退后一步，不带偏见，尽可能客观地看待他们。只有这样，我们才能看到幼儿的真实面貌和实际能力①。

（一）解读幼儿的行为

理解幼儿的行为并非易事。受认知和语言发展的限制，幼儿无法完全准确地理解事物

① JANICE J B. 幼儿发展的观察与评价：第 7 版［M］. 郑福明，费广洪，译. 北京：高等教育出版社，2011：35.

的概念，难以清楚表达自己的意愿，因而通过纸笔测验或访谈了解幼儿的认知、情感和态度可行性不强；同时，幼儿的肢体动作未完全分化，同一行为可能蕴含着不同的意义，例如，不管是生气还是伤心，他们都会躺在地上哭叫。另外，幼儿的行为易受情绪影响，尚不会适度控制自己的情绪，故其情绪表现往往不能代表其行为的真正含义。而观察可以将当时当地的实际情况，包括特殊气氛与情境以及幼儿所有肢体动作细节全都记录下来，即可以搜集幼儿的真实行为；同时，观察可以了解到幼儿无法被测量的行为，不受幼儿情绪发作或不合作态度的影响。可见，幼儿行为观察为从幼儿的角度理解其行为表现，推测其行为背后的内在动机、愿望、情绪等，了解其行为表现的内在意义提供了可能性。

幼儿姓名：金金　　性别：男　　编号：21

年龄：4 岁 6 个月　　观察日期：××××年 9 月 12 日

地点：中班活动室

观察者：王蕊

观察记录

在我新接的中班里，有一个叫金金的小男孩。他的小班老师杨老师告诉我，金金平时聪明伶俐、活泼可爱，特别招人喜欢，可是偏偏不喜欢画画，只要班里一开展绘画活动，金金就会哭泣，拒绝拿起画笔。杨老师尝试了各种办法让金金加入绘画活动，比如在活动中加入故事情境、给金金示范等，可金金还是害怕画画，杨老师推测金金的绘画发展水平可能比较低，因而不愿意画画。可是，真的是这样吗？我带着疑问对金金在园的一日活动进行了观察和分析。

在拼插玩具时，金金的动作迅速而灵活；他在使用剪刀时，特别自信，能够较流畅地剪出许多简单的造型。这说明金金有一双灵巧的小手，手部的小肌肉动作发展水平较高。集体教学活动时，金金积极地回答问题和提出问题，思维敏捷。从这些表现来看，金金应当不是一个有绘画困难的孩子。

我又继续观察。在区域活动时，金金因为着急去美工区，撞到了其他小朋友，老师刚刚询问他就大哭，情绪特别容易激动；当其他小朋友邀请金金参加剪纸比赛时，金金爽快地答应了；但当邀请他比赛画脸谱时，金金扭头拒绝了。因此，我推测金金是一个自尊心较强、自信心不足的孩子。敏感而好胜的他一再拒绝绘画，可能正是由于他自信心不足，产生了对绘画的抵触情绪。

因此，之后我利用金金擅长剪纸这一特点，引导他用剪刀代替画笔，作为他表达自己想法和感受的独特方式。时间长了，金金在使用剪刀方面有了更大的进步。后来，我建议他拓印自己的剪纸作品，渐渐地，金金不再拒绝绘画了①。

案例中，为什么起初杨老师尝试了各种办法帮助金金加入绘画活动却总不见效呢？究其原因，是杨老师并没有找到金金害怕画画背后的原因。通过对金金一日活动进行细致的跟踪观察，王老师终于发现，金金是由于自信心不足、害怕失败而不喜欢画画，而不是存

① 沈雪梅. 关爱与方法：幼儿行为观察案例分析［M］. 上海：复旦大学出版社，2014：23.

在绘画困难。王老师从金金擅长的剪纸入手，帮助他提高绘画的自信心，最终解决了他抗拒绘画的问题。可见，观察是帮助观察者解读幼儿行为背后的原因、解决幼儿行为问题的有效途径。

（二）了解幼儿的发展水平

观察是了解幼儿发展水平和学习状况最直接的方法。首先，通过观察可以了解幼儿的经验水平。幼儿是通过与外界环境互动、不断获取信息并加以内化，从而获得经验。因此，深入幼儿的生活，观察他们的言行举止，可以不同程度地了解该阶段幼儿所获得的各种经验内容、幼儿的经验来源及其对幼儿产生的影响。其次，通过观察可以直观地了解幼儿在身体运动、言语表达、社会性等方面的发展状况。虽然不断发展的科学研究和现代科学技术已经为我们提供了许多测验幼儿发展的方法，但是观察仍然是幼儿教育工作者尤其是教师获得幼儿个体和群体信息最简便易行的途径，且与其他测验相比，观察还具有能够更为客观、真实、全面地反映幼儿能力发展水平，不受幼儿认知和语言发展水平的限制，不受幼儿合作态度的影响等多种优势。

幼儿姓名：小青　　性别：女　　编号：6
年龄：4岁4个月　　观察日期：××××年11月13日
开始时间：11：31　　结束时间：11：39
观察地点：中班活动室
观察者：刘婷

观察记录

午餐时间到了，作为值日生的小青给大家摆完餐具，回到座位上坐好。她原本要用筷子夹绿豆汤里的绿豆，但绿豆一直滑落进碗里，于是她改用汤匙捞绿豆，终于吃到了碗里的绿豆。小青才吃了两口，看到大宝将捞出的绿豆摆在桌上排成正方形，她也跟着将绿豆捞出来摆正方形，自言自语地说："1、2、3、4、5，呜呜呜，汽车来了……"吃完饭后，小青去洗手台拿来抹布，把自己和大宝桌上的绿豆擦到地上，然后开心地去洗手了……①

从上述例子中可以发现小青哪些方面的发展状况呢？

（1）动作领域：能使用餐具进食，但仍存在一定障碍，精细动作发展尚不成熟。

（2）认知领域：具备点数能力，能够将事物联系起来进行假装游戏。

（3）社会性领域：能够遵守班级值日生的规则制度，完成值日生工作，但还未形成地面清洁意识。

（三）发现幼儿的个体差异

因生理、心理基础的差异以及教养方式等成长环境的不同，幼儿的发展水平、兴趣需要等存在一定差异。通过对多名幼儿进行观察，以客观的态度观察每一个幼儿，并了解他们的行为及行为背后的意义，可以发现幼儿之间的个体差异以及每个幼儿独特的兴趣需

① 蔡春美，洪福财．幼儿行为观察与记录［M］．上海：华东师范大学出版社，2013：9.

要、性格特征、行为模式和发展状况。

幼儿姓名：航航　　　　性别：男　　　　编号：9
年龄：4岁11个月　　　　观察日期：××××年6月14日
开始时间：10：14　　　　结束时间：10：26
观察地点：活动室
观察者：洪潇

观察记录

班级里今天举行了“以物易物”活动，孩子们都带来了自己最喜爱的玩具进行交换。航航带来的是一架威风的飞机模型。航航将玩具放在桌前，自己开始摆弄玩具。很快，许多孩子都被吸引了过来，争着抢着要玩航航的飞机模型：“航航，给我看看！”“这个飞机好酷啊，我想玩会儿！”……航航一边骄傲地笑着，一边双手死死地护着自己的玩具，说：“不行，别把它弄坏了，只许看，不许玩！”几个小朋友在旁边羡慕地看了一会儿，就走开了。直到活动结束，航航的飞机模型还是没有换出去，他哭着来找我说：“老师，他们都不喜欢我的玩具。”

幼儿姓名：然然　　　　性别：女　　　　编号：14
年龄：4岁10个月　　　　观察日期：××××年6月14日
开始时间：9：23　　　　结束时间：9：30
观察地点：活动室
观察者：洪潇

观察记录

在“以物易物”活动中，然然带来的是自己心爱的梳子。她先到其他小朋友的摊位上转了转。当看到朵朵桌上的洋娃娃时，然然立马跑过去，说：“朵朵，我跟你换洋娃娃好吗？”朵朵看着然然手里的梳子，一脸不屑地说：“不换，梳子有什么好的！”然然一边失落地转身，一边摆弄着手里的梳子。突然她停下来，回到朵朵那里，说：“我的梳子可好了，它是公主的魔法梳子，你看我的公主辫就是它梳出来的。”朵朵一听来了兴趣，说自己想梳一梳，然然把梳子递给朵朵。朵朵一边梳，然然一边说：“是不是感觉痒痒的？那是梳子在施魔法呢！”两个人都笑了。朵朵把洋娃娃给然然，自己梳着“魔法梳”。然然拿着洋娃娃开心地玩着。

对比上述两个案例，两名幼儿在游戏活动中“推销”自己玩具的方式有什么不同呢？我们可以发现，航航在“推销”时没有走出自我中心，一味地炫耀和维护自己的玩具，被动等待别人来换玩具，没有理解“交换”活动的本质。然然没有被动地等待同伴对自己玩具的青睐，而是主动寻找自己感兴趣的玩具，并能够抓住对方的兴趣点，宣扬自己玩具的独特之处，以吸引对方的注意，让对方对自己的玩具感兴趣。这也体现出两名幼儿不同的社会交往技能。

二、幼儿行为观察能够为开展适宜、有效的教育提供基础

要使课程活动与幼儿发展状况和兴趣需要相适宜，其中很重要的一点就是要观察幼儿、了解幼儿。教师在教育过程中有目的地观察幼儿，关注幼儿的游戏活动、幼儿之间的互动等行为表现以及幼儿从外界所获得的经验，可以有效地了解他们的兴趣和需求，以便开展适宜的教育活动。幼儿的兴趣和需求可以是幼儿在游戏中未能解决、执着探索的问题，也可以是幼儿共同关注到的现象、争论的焦点等。此外，教师还可以通过观察了解幼儿是如何学习的、每个幼儿的学习需求和学习方式是怎样的、幼儿的学习效果如何，从中发现有价值的线索，以便据此为幼儿的学习和游戏提供支架，促进幼儿主动学习。

观察日期：2017 年 10 月 26 日　　观察地点：户外

开始时间：9：30　　结束时间：10：00

观察者：×××

观察记录

游戏场地的大树上安装了两个定滑轮，悬吊着两个塑料桩。孩子们非常喜欢在这里玩一上一下的游戏，即一个孩子用力一蹬就上升了，另一个孩子则下降。孩子们称这种玩法为“跷跷板”。

“跷跷板”的说法让我想到将木桩和长板组成的“传统”跷跷板投放到旁边的场地，静候儿童的发现和探索。果然，这个支点不固定的跷跷板吸引了孩子们。

钰琪与煜涵先玩跷跷板游戏。贝贝见到钰琪跷起了煜涵，马上坐到煜涵一边，试图用两个人的重量来对抗钰琪。跷跷板两头交替地一上一下。这时，天辰、志涵和豆豆也来参与游戏。志涵和豆豆坐在煜涵一边，天辰坐在钰琪一边，形成了二对四的局面。只见钰琪双腿站直，屁股离开木板，等木板往上翘了一下，接着坐下来，然后就把 4 个男孩那边的木板翘起。志涵：“啊？为什么还是他们两个重？”其后，孩子们重新组合，反复地尝试了多次，那块木板也在支点上移来移去。

其实，这个支点不固定的跷跷板上的木板会移动，导致一边长一边短。人少的一组坐在了木板长的一边，反而能翘起坐在短的一边的人多的另一组。但是，孩子们会追究这个问题并意识到问题的原因吗？我继续观察。

孩子们之前在关于天平的游戏中获得了“砝码重的一边下沉”的经验，在定滑轮塑料桩的游戏中也积累了“重的一边会下沉、轻的一边会上升”的经验，但这次的游戏结果却相反。我想着，可以抓住孩子认知冲突的机会，进一步引发他们思考。于是，在当天的游戏分享活动中，我有意识地让这几个孩子交流他们的游戏情况。

志涵：应该是 4 个人重，怎么会让他们翘起来了呢？

师：是呀！这是为什么呢？

显然，孩子当下的经历与已有经验发生了冲突。我之所以重复孩子们的问题是想让他们来思考，把回答的机会留给他们。

贝贝：因为男孩子用脚把跷跷板推得浮上来了。

志涵：是因为他们那边的人重，我们轻一点。

师：是两个人的重量超过4个人的重量吗？

我把孩子们的回答梳理成他们更容易理解的语言，再重新抛出问题。

天辰：不是的，4个人肯定比两个人重。

钰琪：可能是我们这里长一些，他们短一点。

师：你能把话说得更明白一些吗？

我能理解钰琪的话，我完全可以替她把话说清楚，但这对钰琪而言，是在同伴交流中锻炼语言表达的好机会，因此我引导她再梳理下语言，使得表达便于其他幼儿理解。

钰琪：是跷跷板的木板，我们这边的板长一些，他们那边的短一些。我一个人站这边就能翘起那里两个人。

师：那是为什么呢？

钰琪：我不知道。

师：那我们来看一下视频。

刚刚在观察孩子们游戏时我拍摄了视频，因为视频能帮助孩子事后回顾和分析，促进他们思考。视频中有一个细节，天辰将木板朝另一边移了一下，我认为这是一个关键点，便立即提问。

师：天辰，你把木板往那边移了一下，是为什么呢？

天辰：因为那边的木板太短了，人要掉下去。

师：哦，你移动是为了让两边木板一样长，是吗？

天辰：是的。

师：为什么需要一样长？

天辰：这样就可以称出哪边重了。

师：只有两边一样长，才能称出到底哪边重哪边轻。

天辰的回答让我感到惊喜，幼儿的思考能力如此之强。这次的分享活动使大家对跷跷板有了其他认识——原来，除了重量能决定跷跷板是否平衡，还有其他可变因素①。

从这则观察记录可以看出，教师通过观察发现幼儿对跷跷板深感兴趣，并对此进行延伸，提供支点不固定的跷跷板，供幼儿探索和游戏。教师发现幼儿在游戏过程中出现疑惑之后，进一步通过提问为幼儿理清“为什么”提供支架，促进幼儿思考。

通过观察幼儿在活动中的行为表现，还能了解到教育活动的设计是否恰当，是否能满足幼儿的学习需要，从而获得大量有关教育活动适宜性的信息。表1-2是教育活动适宜性评价表，其中列出了幼儿在教育活动中的6种主要表现，教师在教育教学中可以使用该评价表对教育活动的适宜性进行评价。

① 泮乐韵，王珍，黄青．跷跷板的探索［J］．学前教育，2020（1）：12-16.

表 1-2　教育活动适宜性评价表
（以幼儿在教育活动中的表现为指标）

评价项目	等级得分		
	2	1	0
对新内容的兴趣	高	中	低
主动参与的程度	高	中	低
内容的接受和理解程度	高	中	低
学习中的独立性和创造性	高	中	低
互动与合作性	高	中	低
常规和秩序	高	中	低

资料来源：冯晓霞．幼儿园课程［M］．北京：北京师范大学出版社，2001：18.

三、幼儿行为观察是教师专业化成长的途径之一

美国教育心理学家波斯纳（G. J. Posner）曾在 1989 年提出一个教师成长的简要公式：经验＋反思＝成长。教师经验和反思的一个重要来源就是对幼儿行为的观察。观察幼儿行为的目的不是传统意义上的评价幼儿，更不是要通过评价幼儿来评价教师的工作，而是希望了解在保教工作中发生着什么以及幼儿的情况。幼儿行为观察没有事先预设的期望，也没有必须达到的标准。无论处于哪个发展阶段的教师，都可以根据自己的实际需要，有针对性地观察幼儿的活动，从而获得实践知识，汲取实践经验，增强教学技能，改进保教工作，提升自身的专业素养。下面是一位教师的观察反思日记①。

观察记录

我在小三班的益智区新添了一个好玩的玩具——小汽车滑道玩具。第一天区域活动时，孩子们三三两两地抢着玩。坤坤拿了一辆小车开始滑了起来，嘴里还给自己的小车加油。他玩了 5 分钟便让给了优优。优优小心翼翼地玩了起来，还把另一辆小车送给帅帅一起滑。他们比赛看谁快，谁先到底下，玩了几个来回又和别人换着玩了。

反思

半小时的区域活动时间里，这个小汽车滑道玩具被 10 个孩子玩过了。可见孩子们还是很喜欢这个滑道玩具的。然而，每个孩子玩它的时间并不长，三五分钟而已，是不是玩具稍简单了呢？于是，我想继续观察下去。

上述案例中，教师尝试在活动区添置新玩具，为了了解玩具的适宜性，教师从参与游戏的幼儿人数、幼儿游戏的持续时间以及游戏的方式等方面观察幼儿使用该玩具进行游戏的情况，并据此进行反思、做出推测，拟定下一次观察的目标。在这一过程中，教师从观

① 施燕．学前儿童行为观察［M］．上海：华东师范大学出版社，2011：15.

察所获得的事实资料出发进行反思，丰富了自己关于玩具投放的经验，获得了专业成长。

同时，幼儿行为观察的过程本身也是教师参与研究的过程，教师参与研究是教师专业发展最重要且最有效的途径之一。教师对幼儿行为进行观察和分析的过程，也是教师对自己的专业知识和专业技能加以检视和反思、不断总结经验、提升专业能力的过程。教育实践工作者在正式进入工作岗位之前，大多在师范院校学习了有关学前儿童发展的各方面理论知识，但是理论需要事实资料的支持才能真正内化为经验知识，需要在实践中得以检验。幼儿行为观察所得的资料可以帮助我们更加深刻地理解学前儿童发展的理论知识，学前儿童发展的理论知识往往也需要通过观察幼儿的行为加以验证。

四、幼儿行为观察有助于深化家园之间的沟通与合作

家园之间的沟通与合作是协同各种教育力量的重要手段。首先，幼儿行为观察可以为家园沟通提供更为丰富的交流内容。幼儿进入幼儿园或托幼机构后，教师在幼儿的保育和教育上扮演着重要角色，而家长则需通过教师了解幼儿的生活和学习状况。教师通过观察记录幼儿在一日生活中学习和发展的具体表现，可以在与家长进行沟通交流时为家长提供更详细、丰富、准确的有关幼儿个体的信息。以客观的观察记录来说明幼儿的情况，能够让家长更加客观、具体地了解幼儿，满足家长了解幼儿的需要，同时还能为家长提供具体的教养建议，以更好地支持家庭教育。其次，幼儿行为观察还是家园合作的途径和方式。由于家庭与幼儿园两个环境为幼儿提供的条件以及对幼儿提出的要求不同，幼儿的表现可能存在差异，家长和教师都对幼儿进行观察并相互交流信息，能够更加全面、准确地了解幼儿的真实发展情况，便于家园协调一致为幼儿的健康成长提供保障。最后，幼儿行为观察还可以改善家园关系。研究与实践结果均表明，教师对幼儿的细心观察、认真记录，能够让家长感受到教师的用心，避免家长对其工作的误解，赢得家长的尊重与信任，从而有效地推进家园共育。例如，在下面的案例中，教师通过观察记录发现了幼儿尿床的原因，据此解决了幼儿的尿床问题，也消除了家长对其工作的质疑。

幼儿姓名：沐沐　　性别：女　　编号：14

年龄：3 岁 4 个月　　观察日期：××××年 10 月 17 日

观察地点：小班睡眠室

观察者：桑园

观察记录

沐沐是我们小班的一名孩子，入园后她常常在午睡时尿床。虽然其他幼儿刚入园时也偶尔尿床，但都没有她这么频繁。

孩子的爷爷说，只要老师让她午睡前小便，她就不会尿床。我们每天按这一要求做了，但孩子还时不时尿床（从家长那里得知孩子晚上还用尿片）。孩子的爷爷每次知道孩子午睡尿床后都很委婉地说："老师，睡觉之前一定要让她尿尿，不然天冷了要着凉的。"我们感觉家长不信任我们的工作。孩子的爷爷后来提出上午别给孩子喝水，下午再让孩子喝水，我们也照做了。当别的孩子喝水时，我只给沐沐倒一点水，午餐喝汤也只给她盛一

点。孩子十二点睡觉，我们下午一点给她把尿，有时候能够把到尿，有时一点钟她已经尿床了。

我们始终找不到能够尽量避免孩子尿床的好方法。于是，我和搭班的杨老师进行沟通后，决定不再限制沐沐饮水，而是开始观察记录沐沐每天上午饮水和如厕的具体情况，她上几回厕所、喝了几杯水、喝了多少汤等等，并分析这些情况和她是否尿床之间的关系。一次，我偶然看到她和其他幼儿一起进入厕所后并没有小便，而是转了个圈就跑出来了。我便问："沐沐，大家都在尿尿，你为什么不尿呢？"她回答："我没有尿。"我说："你不可能没有尿的，你去试一试。"（根据我们对她的观察发现，她有的时候玩疯了也会尿在身上。）如我所料，沐沐果然尿了一大泡尿。后来，我又持续观察她进厕所后的行为，发现上午每次老师提醒幼儿尿尿时她都憋着尿，这样午睡之前整个上午的尿液还都存在膀胱内，睡前如厕时尿液无法排净，也就导致了她在午睡期间会尿床。

从那以后，凡是安排幼儿小便时我就会重点关注沐沐，督促她尿尿。上午只要让她尿尿2～3次，中午一点再让她起床时，她的尿量就很少了。现在，她基本不尿床了。孩子的爷爷对我们的工作很是满意，接送沐沐时说："你们老师就是有办法！"①

第四节　幼儿行为观察的类型

在进行观察时，观察者可以根据自身的兴趣、需要以及所处的具体情境选用适宜的观察方法。依据不同的分类标准，可以将观察分为不同类型。不同类型的观察都有自己的特性、方法步骤、优缺点和适用情境。以观察者是否直接介入被观察者的活动为依据，可将幼儿行为观察分为参与式观察与非参与式观察；以观察是否借助仪器和技术手段为依据，可分为直接观察与间接观察；以观察对象是否受控制、观察情境是否事先设定为依据，可分为自然观察与实验室观察；以观察过程的结构性质和控制程度为依据，可分为结构式观察与非结构式观察；以观察时间的长短和观察内容涉及的范围大小为依据，可分为长期观察、短期观察和定期观察；以观察内容的连续性、完整性以及观察记录方式为依据，可分为描述观察、取样观察和评价观察。

一、参与式观察与非参与式观察

为了解大班幼儿在游戏中的替代行为，教师对幼儿在表演区的游戏行为进行了观察，两份观察记录如下：

案例一

区域活动时间到了，芊芊快速跑到娃娃家里，将沙发上的娃娃一把揽进怀中，然后端

① 侯素雯，林建华. 幼儿行为观察与指导这样做［M］. 上海：华东师范大学出版社，2014：11.

出一盘小珠子，放了两颗在娃娃嘴上。我猜想她在给娃娃喂饭，但又不确定，便问她："你放在娃娃嘴上的是什么东西呢?"她很得意地说："药，很苦的！但是她发烧了，必须得吃。她得听我的，我是医生。"回答完我的问题，她起身在活动室里走来走去，四处张望，突然眼睛一亮，朝美工区跑去，取出一条绳子，开心地拿着绳子跑回娃娃家。我指着绳子问："这个用来干什么呢?""这是听诊器，我要给她做检查。"说着把绳子的一头放在娃娃的胸口，另一头放在自己的耳朵旁。

案例二

游戏刚开始，各店铺都忙着整理物品，准备开张。这时美发师大声喊："老板，老板，水龙头不见了。"老板走过来一看说："真的，水龙头不见了。"（水龙头也是之前其他孩子自己做的，现在只剩下一个盒子了。）两个人开始找，可是没有找到。美发师说："老板，没有水龙头，我们怎么给客人洗头呢?"老板站着想了想说："你等等，我去看看。"这时老板来到百宝箱处，找了一个家庭用的沐浴露的瓶子，他把上面的盖子拿下来，拿到美容院说："这个做水龙头吧！"美发师点了点头说："嘿嘿，好啊！"于是老板把盖子安装在盒子上，美发师开始给第一位客人洗头了①。

同样是对幼儿角色游戏进行观察，在案例一中，观察者介入幼儿的活动，针对幼儿的行为进行询问，这属于参与式观察；在案例二中，观察者一直在一旁观看幼儿的一举一动、一言一行，未介入幼儿的活动，这属于非参与式观察。根据观察者是否直接介入被观察者的活动，可将观察方法分为参与式观察与非参与式观察。

（一）参与式观察

参与式观察是指观察者在参与幼儿活动的过程中进行的观察。观察者在与幼儿的互动中（比如，幼儿园教师带领幼儿进行各种活动时，父母在家庭中与孩子进行亲子互动时，研究者与幼儿一起进行游戏时）询问、倾听和观察幼儿的言行，并进行记录和分析。

参与式观察适用于幼儿教育活动的各个方面，是幼儿教育工作者，尤其是幼儿园教师了解幼儿最基本、最常见的方法。幼儿园教师每天都与幼儿一起生活和学习，可以随时随地对幼儿进行观察和记录。只要有高度的自觉性、明确的观察目的和观察的敏感性，同时把握好参与的程度，客观地记录和分析，就能较好地了解每一个幼儿的发展水平、行为特点、兴趣爱好等，并据此对其进行有针对性的指导。同时，长期坚持参与式观察和记录，还可以积累丰富的素材，了解幼儿在一段时间内的发展和变化，并据此有针对性地设计活动，以引导、支持幼儿发展。正如一位学者所说："我们的'观'，是看幼儿在幼儿园或家里做些什么；而我们的'察'，是了解幼儿这些行为的意义所在，也就是要了解幼儿为什么这样做；我们的'参与'，正是要深入到幼儿的生活中去了解幼儿；我们的'观察'，则是用眼睛去看、用大脑去想的一种积极思考的活动过程。"②

在参与式观察中，观察者介入被观察者的活动，不仅能够得到比较具体的感性的认

① 浦月娟. 提升幼儿教师在角色游戏中观察力的行动研究［D］. 上海：上海师范大学，2015.

② 李麦浪. "参与式观察"在幼儿教育中的实际应用（一）：莹莹发现玩具图书过程的观察实例与分析［J］. 教育导刊（幼儿教育），2002（5）：21-24.

识，而且能够缩短观察者与幼儿的心理距离。“参与”到各年龄段幼儿的实际活动中，观察他们的行为和活动，我们可以直观地了解和描述在什么情境中，什么年龄的幼儿在进行什么样的活动，有谁或有什么涉及其中，幼儿与物体、同伴、成人发生了哪些互动和交流，这些行为是何时发生、如何发生以及为什么发生的；当对幼儿行为不十分理解时，观察者可以随时根据想要了解的内容提出问题，以进一步了解幼儿行为背后的心理活动及其原因。例如，在案例一中，观察者不明白幼儿行为的含义以及使用的替代物代表的是什么，于是通过询问了解到，幼儿原来是在扮演医生，小珠子代表的是药，绳子代表的是听诊器。如果不介入幼儿的活动，仅凭看和听，观察者很难清楚理解幼儿的行为。

参与式观察还具有灵活开放的特点，观察者可以根据研究问题和具体情境的需要，不断调整观察的目标、内容、角度和范围，灵活掌控观察过程。比如，在案例一中，观察者最开始只是计划观察娃娃家的幼儿游戏行为，但是在参与式观察的过程中，幼儿表现出娃娃家中最典型的假装游戏行为，那么之后观察者可以将观察重点放在假装游戏行为上，进行深入细致的观察和记录。

参与式观察也有缺点。由于参与式观察的参与性质，观察者具有观察者和参与者的双重身份。相对于非参与式观察来说，参与式观察的主观性较强，观察结果难以重复验证。要做到保持参与和客观之间的平衡，这对观察者的能力有较高的要求。此外，由于这种观察要求观察者参与幼儿的活动，因而也比较费时费力。

为了最大限度地发挥参与式观察的优势，尽量克服其存在的缺陷，在对幼儿进行参与式观察时需要注意以下几点①：第一，观察应在自然、真实的环境下进行。自然、真实的环境能够为幼儿提供最大限度展现真实自我的安全感，使观察所得能够反映出幼儿最自然、真实的行为特点和心理状态，这一点在幼儿园中比较容易实现。第二，观察者和幼儿应是互动的。观察者参与到幼儿的活动中，感受幼儿活动的具体情境，必要时可以通过谈话、提问、回答等方式了解幼儿活动时的感受、需要解决的问题以及对活动的理解，还可以提供一定的支持帮助幼儿更清晰地表达自己的想法，在更好地了解幼儿的同时，也更好地指导和帮助他们。第三，观察者应保持客观的心态和自省的意识。站在客观的角度观察幼儿的行为是进行参与式观察的重要原则。观察者不仅需要和幼儿保持良好的关系，还必须在参与幼儿活动的同时保持观察所必需的心理和空间距离，避免过度干扰幼儿的活动，使其不能展现出自然、真实的状态，也避免过多地将自己的主观想法和个人意愿带入观察现场，应时刻谨记自己观察者的身份，时刻谨记自己的介入对幼儿活动可能带来影响，并在解释观察结果时将这些影响考虑进去。

（二）非参与式观察

非参与式观察是指观察者不介入幼儿的活动，以旁观者的身份进行的观察，如图 1－1 所示。例如，一个班级的两位教师，其中一位在带领幼儿活动，另一位在旁边观察，这位在旁边观察的教师进行的就是非参与式观察。非参与式观察可以是公开的，即被观察者知道有人在观察；也可以是隐蔽的，即在被观察者不知晓的情况下观察。有些幼儿园在活动

① 李麦浪．“参与式观察”在幼儿教育中的实际应用（二）：“参与式观察”的要求与方法的介绍［J］．教育导刊（幼儿教育），2002（7）：27-29.

室或其他幼儿活动场所设置了摄像头，可以用来进行非参与式观察。

图 1-1　非参与式观察

与参与式观察不同，在非参与式观察中，由于观察者不干预、不参与观察对象的活动，只是从旁对正在发生的行为现象进行观察记录，因此所得的结论比较客观，操作起来也相对容易。但是，非参与式观察也存在着不足。在非参与式观察实施的过程中，作为旁观者，观察者很难对观察现象进行比较深入的了解，不能像参与式观察那样在遇到疑问时随时向幼儿提问。另外，非参与式观察还可能受到一些具体条件的限制。例如，因为是旁观者，观察的距离一般比较远，可能发生观察者听不清或看不见被观察者的情况。近年来，随着观察方法的发展，观察者的参与性在逐渐增强，"都认可这样一个'事实'，即研究者如果要理解被研究者，不能（也不可能）只是站在'外面'观察对方，研究者只有作为被研究者文化群体中的一个'成员'（虽然涉入的程度有所不同），参加到他们的生活中去，才可能真正理解他们"①。

二、直接观察与间接观察

案例一

一位教师在中一班的区角游戏中进行观察记录，主要观察了小 A 和小 X 之间发生的一次小矛盾，具体事件的观察记录如下：

区角游戏时，小 A 拖着自己的小椅子在区角间左看看、右看看（大概持续 2 分钟），最终选择了图书角。图书角已有 4 名幼儿，小 A 是最后一个进入图书角的。小 A 来到书架前（书架高 1 米），将书架里的绘本一一拿起又放下。小 A 重复了三次动作，仍然没有选择其中任何一本书。小 A 转了个身，看到坐在旁边的小 X 手中的绘本《喜欢钟表的国

① 陈向明. 质的研究方法与社会科学研究［M］. 北京：教育科学出版社，2000：230.

王》，便伸出手将它拿了过来。小X立刻站了起来，将小A手上的绘本抢了回来，她斜着头，瞪着眼睛，大声说道："你干什么！"不一会儿，小A又将书抢了过去①。

案例二

一位研究者想了解幼儿自由游戏活动中同伴交往的特点，以48名3～4岁幼儿为观察对象，在自然条件下对儿童自由游戏行为进行录像。录像安排在某天上午幼儿园在教室内、外的两个自由游戏活动时间。拍摄期间，幼儿身边有很多玩具，如室内有积木、图书等，室外有小毛驴玩具、滑梯等。开始录像前，研究者采用习惯化技术消除幼儿的好奇心和焦虑。正式录像过程中，除非发生意外，要求教师不要干预幼儿自由活动。若发现目标幼儿对录像产生某种反应，如注视录像、表现不自然，或无故停止正在进行的活动，则立即停止录像，所缺录像改时补足。

研究者按照这样的程序和要求，采用时间取样法对幼儿在室内、室外两个自由游戏情境中的同伴交往行为各录像15分钟，每个被试共录30分钟，在3周内完成资料收集。

然后按照事先界定的幼儿同伴交往5个指标（包含交往性别、交往主动性、交往方式、交往性质、交往控制性）的操作性定义，对收集到的录像进行交往次数和交往时间的编码②。

上述两个案例中，教师和研究者使用的观察方法最主要的区别在于是否借助仪器和技术手段。前者为直接观察，后者为间接观察。

（一）直接观察

直接观察是指观察者亲临现场面对被观察者、运用感觉器官观察正在发生的行为和现象，以获得第一手资料。

在直接观察中，观察者的感受是直观而具体的，减少了许多中间环节，有助于形成对被观察者准确、直接、系统的认识，适合幼儿园教师使用。但是，直接观察也存在一定的局限性。首先，观察者身处幼儿园等托幼机构现场，面对的环境较为复杂和混乱，其感知可能受到其他幼儿的行为以及周围声音的干扰。其次，在直接观察的过程中，观察者的存在和活动可能会在一定程度上干扰幼儿的活动。最后，由于观察对象的行为往往具有连续性、同时性和即时性，且有的十分细微，如面部表情、眼神等，纸笔记录往往会造成信息遗漏，难以完整地呈现被观察者的行为表现。上述这些情况都会影响直接观察的效果。

（二）间接观察

间接观察是通过对现象或行为进行间接观测从而获取事实资料的观察，如图1-2所示。以下两类都属于间接观察：一是对物化的行为现象进行观察。例如，观察幼儿园活动室中不同图书磨损的程度，据此了解幼儿对不同图书的喜爱程度。二是以仪器或技术手段（如录音机、录像机等）为中介，间接进行观察。例如，案例二中，研究者运用录像机将幼儿自由游戏活动中的同伴交往行为记录下来，然后进行分析。可见，第一类是通过观察

① 徐志国，袁小丽．从看见孩子到看懂孩子：幼儿行为观察的实践与思考［J］．东方宝宝（保育与教育），2016（1）：30-33.

② 武建芬．幼儿自由游戏活动中同伴交往的特点［J］．学前教育研究，2008（5）：35-38.

被观察者行为留下的痕迹来获得资料，进而进行分析的一种方法；第二类是为了弥补感官观察的不足而采用的间接手段，在分析时需要不断地展现实况，如对录像内容反复播放，仔细观看和分析。

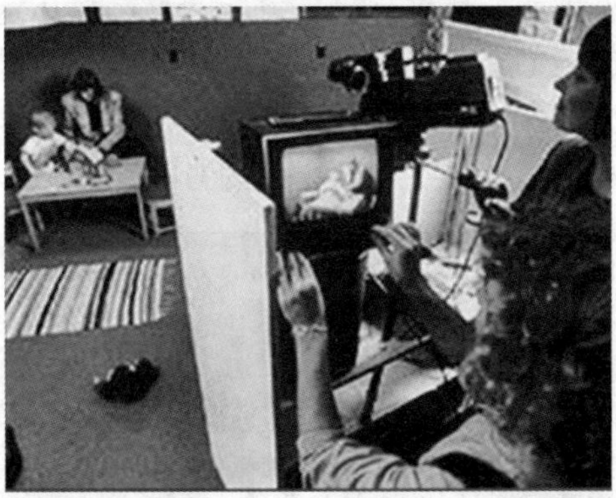

图 1-2　间接观察

与直接观察相比，间接观察能够将现场的情况尽可能地保留下来，特别是通过仪器设备进行观察记录能够克服肉眼和纸笔记录的局限性，留存下来的资料还可供日后重复使用和反复分析。因此，在运用直接观察法的同时，利用现代化的仪器设备进行间接观察，可以使观察记录的资料更精确、更全面。但是，在运用仪器记录幼儿的行为表现时，要尽量避免仪器的出现对幼儿情绪和行为的影响（如使幼儿出现胆怯、退缩或者故意表现等行为，对真实的行为表现产生干扰），进而影响观察结果的准确性。

三、自然观察与实验室观察

案例一

托马斯（Thomas）和切斯（Chess）两位心理学家在研究婴儿气质类型时发现，新生儿即使在同一天，甚至同一时刻出生，其行为表现也各不相同：有的婴儿刚出生便大哭大闹，虽然小脸哭得通红，但仍然在声嘶力竭地哭叫；有的婴儿则安静地睁着小眼睛，打量着这个自己刚刚踏入的陌生世界；还有的婴儿不论身边发生什么事都不能打搅自己的美梦，一直呼呼大睡……他们在自然状态下通过多次观察对婴儿的行为表现进行分类，归纳出 3 种不同气质类型：容易型、困难型和迟缓型。

案例二

1963 年，班杜拉为了测试幼儿在看到攻击行为受到奖励、惩罚或是无强化后在学习情况和实际行为上的差异，做了一项 BOBO 玩偶实验，如图 1-3 所示。他将 64 名 2.5～6 岁的幼儿分为 3 组，分别带到 3 个不同的房间观看影片。影片内容先是一个成年人用 4 种不同的方式攻击 BOBO 玩偶。之后，第 1 组幼儿看到的是成年人攻击玩偶后，工作人员从外面进来看到了这一幕，表扬了攻击者，并奖励其糖果；第 2 组幼儿看到工作人员看到这一幕后，责骂了攻击者；第 3 组幼儿看到工作人员进来后又熟视无睹地离开了，攻击者没有受到任何奖励或惩罚。影片结束后，将 3 组幼儿留在房间，这些房间里都放置了和影片里一样的充气娃娃以及成年人刚才使用的攻击工具，实验者告知幼儿可以随便玩 20 分钟，之后走出房间透过单向玻璃观察和记录每个幼儿的行为表现。这次实验结束后，过了几天，班杜拉又将这批幼儿找来，鼓励他们再现之前观察到的攻击行为。结果发现，在第 1 次的行为表现测验中，第 1 组和第 3 组幼儿最具攻击性，多次表现出攻击行为，模仿影片中的成人踢打玩具，第 2 组幼儿的攻击行为最少。而在第 2 次的行为表现测验中，3 组幼儿都能模仿影片中的成人，表现出一样的攻击行为①。

图 1－3　BOBO 玩偶实验

根据观察对象是否受控制、观察情境是否事先设定，可将观察分为自然观察和实验室观察。案例一中，婴儿的行为未受到研究者的任何干预，在自然情境接受观察，属于自然观察；案例二中的幼儿被分组接受不同的干预，同时在预先设定的情境下接受观察，属于实验室观察。

（一）自然观察

自然观察是在自然状态的条件下，观察者对被观察的幼儿行为不进行任何暗示和控制，自然而然地观察幼儿行为表现的方法。对早期幼儿行为的观察多使用这种方法，因为早期幼儿的理解能力、听说能力尚未成熟，他们的言谈举止也不容易受到教育者和观察者的影响，所以对他们行为的记录和描述多属于自然观察的结果。比如，案例一中对婴儿气质类型的观察就是在自然状态下进行的，属于自然观察的典型运用。一般情况下，观察者可以在参观访问、听课以及其他活动中进行自然观察。

自然观察由于是在自然状态下进行的，能够捕捉到幼儿最基本、最常态的行为表现，所获得的信息是接近于原始的、本质的，且无须对幼儿进行人为的干预和控制，简化了操

① BANDURA A，ROSS D，ROSS S A. Imitation of film－mediated aggressive models [J]. Journal of Abnormal & Social Psychology，1963，66 (1)：3－11.

作的具体步骤，因而比较简便易行。但是，在自然观察中往往可能发生突发事件，使观察过程受到各种意想不到的因素的干扰，继而使观察结果所反映的客观事实具有一定的表面性、片面性和偶然性，影响观察结果的代表性和普遍性。

（二）实验室观察

实验室观察是指在特殊设计的情境下对幼儿行为表现进行观察的方法。由于幼儿的许多行为并不是观察者想了解时就会产生的，往往需要借助一定的外界刺激才能诱发，因此在许多情况下，要观察幼儿的某一行为表现，需要专门创设一定的特殊情境，或在现有的某个特殊情境下进行。例如，在案例二中，班杜拉为了考察幼儿是否会从榜样身上习得攻击性行为，且在看到榜样的攻击性行为受到奖励后是否会更多地表现出自发性攻击行为，首先让幼儿分组观看了不同内容的影片，然后将所有幼儿置于同样的情境中，观察幼儿是否会出现不同的行为表现。

实验室观察大致可以分为以下 5 个步骤：一是确定观察行为，明确借助实验室进行观察的必要性和可行性；二是根据要观察的行为选择和准备相应的实验室和仪器、设备，并详细学习实验室设备的性能特点及仪器、设备的使用方法；三是根据实验室的具体要求和对幼儿行为观察的实际需要制订观察的具体活动方案，包括怎样创设实验情境，怎样对被观察幼儿进行引导和干预，提前设想存在哪些干扰因素、怎样排除和控制，观察活动的具体操作步骤、具体要求以及操作过程中的注意事项等；四是按照计划逐步开展实验过程，这一阶段的主要任务就是创设一定的条件，通过对幼儿行为的引导和干预，观察要观察的现象是否会发生、在什么情况下发生以及由此而产生的效应，搜集、记录、验证假设所需的资料、数据，同时对观察过程进行及时调控，发现问题并解决问题；五是按照观察目的和要求对资料进行审核、汇总和评价，发现资料之间的内在联系，从而发现规律、解释现象、验证假设。

实验室观察具有明确的目的性。通过预先为观察某种行为表现而特设一定的情境，实验室观察对幼儿行为结果的把握会更直接、具体，也就更能获得比较准确的结果，使预设的目的更容易实现。同时，实验室观察还具有灵活的可调控性，可以根据研究的需要人为控制和调整幼儿的状态或环境，从而使研究者在最有利的情况下对幼儿的行为进行观察，进而获得有价值的信息。但是，由于是在特定情境下观察幼儿的某种行为表现，实验室观察需要事先做周密的计划和安排，并对环境做详细的布置，这不仅需要花费一定的人力和物力，而且具有较强的预设性；同时，由于幼儿可能会对特殊的情境感到陌生，又需要排除幼儿熟悉程度的因素才能获得较完整的观察结果。

四、结构式观察与非结构式观察

案例一

在一项 3～6 岁幼儿在建构游戏中合作行为的观察研究中，研究者将合作行为定义为两个或两个以上的个体自愿地结合在一起，通过相互之间的配合和协调（包括言语和行为）而实现共同目标（共同利益），最终个人利益也获得满足的一种社会交往活动。经过观察，研究者确定了幼儿在雪花片建构游戏中出现的6种典型合作行为，即提出建议、接受建议、礼貌索要、交换材料、协助建构和共同建构，分别界定了操作性定义，描述了每种行为发生的意图、情境和表现，并举例说明。比如，将交换材料定义为“为了满足搭建需要，通过协商与同伴相互交换某种颜色的雪花片”。

研究者采用时间取样法进行观察，确定每个观察时间单位为3分钟，每个样本的观察时间为30秒，连续观察8个时间单位，并据此制作了观察记录表（见下表），制定出详细、科学、可行的观察细则，还对观察记录者进行了一天的集中培训。在正式观察前，观察记录者对所选取幼儿园的幼儿进行了为期一周的预观察，以训练观察记录者的观察、记录能力，保证观察者之间的一致性。随后进入为期2周的正式观察阶段，观察对象为某幼儿园小、中、大班各30名幼儿。观察记录者创设建构游戏场景，每次让6名幼儿进入游戏场地，观察时按幼儿的编号顺序进行观察，只要幼儿发生上述合作行为，就在观察记录表中打“√”做记录①。

时间	幼儿代号	合作行为					
		提出建议	接受建议	礼貌索要	交换材料	协助建构	共同建构
00:00:00—00:00:30	1						
00:00:30—00:01:00	2						
00:01:00—00:01:30	3						
00:01:30—00:02:00	4						
00:02:00—00:02:30	5						
00:02:30—00:03:00	6						

案例二

幼儿姓名：思思　　性别：女　　编号：19

年龄：5岁9个月　　观察日期：××××年4月3日

开始时间：15：10　　结束时间：15：30

观察地点：大三班活动室

观察者：李娟

观察记录

午后散步时，草坪上零零散散飘落的黄叶引起了孩子们的注意。他们自由结伴，三三两两地玩起了捡树叶、抛树叶的游戏。忽然，妮妮大喊了一声：“虫子!”妮妮的声音引起了孩子们的注意，大家纷纷围拢过来。挤在最前面的辰辰仔细看了看后，对妮妮说：“这是蚯蚓!”确定是蚯蚓后，大家七嘴八舌地讨论开了：“这就是蚯蚓啊，有点恶心!”“它弯来弯去挺好玩的，不恶心。”“它怎么老动，是怕我们吗?”这时，小海说：“我们早上玩野餐游戏时没有东西烧汤，我们来玩烧蚯蚓汤的游戏吧!”辰辰立刻附和：“这主意不错!”

---

① 徐秋霞，王喜海．3～6岁幼儿在建构游戏中的合作行为观察研究［J］．教育导刊（下半月），2014（9）：21-25.

可天成有些担心："这样蚯蚓会淹死的吧？"斐斐问："那蚯蚓会不会游泳呢？""会的！""不会，它会死的！"孩子们纷纷发表着自己的意见，站成两队争论起来。辰辰给出了主意："我们把它放在水里看看不就知道了。"于是，他用树枝挑起蚯蚓，放进旁边有积水的锅里，还用树枝搅拌了几下。大家屏息以待，静静地观察着。只见蚯蚓在水里动了几下，就沉入了锅底。"蚯蚓不会游泳！""蚯蚓好可怜啊！它是不是死了？"一片议论声中，达达的话提醒了大家。辰辰招呼大家："快把蚯蚓捞上来，蚯蚓是益虫，我们不能伤害它！"孩子们立刻把蚯蚓放回了草丛。还好它还能动①。

根据观察过程的结构性质和控制程度，可将观察方法分为结构式观察和非结构式观察。从上述两个案例可以看出，案例一中研究者在进行观察前制订了周密严谨的计划，整个观察过程按计划进行，这种观察属于结构式观察；案例二是观察者针对幼儿午饭后散步环节中的偶发事件进行的观察，其计划性和严谨性较低，属于非结构式观察。

（一）结构式观察

结构式观察又称正式观察，是在预设的目标下，按照研究者事先设计好的一套明晰而严密的计划对目标行为进行观察和记录的过程。结构式观察有比较完备的观察设计，包括明确的观察对象（随机选取的、有代表性的幼儿、教师或行为）、逻辑严密的观察内容、具体的观察程序和步骤、操作性较强的观察记录方案和记录工具（如观察记录表、行为检核表等）、科学量化的统计方法等。其特点是高结构化、系统化、控制化和严谨性，常用于观察规则性、常态性且易于掌控影响因素的幼儿行为，如攻击性行为、进餐行为、动作发展等，其主要目的是获得量化的观察数据以进行统计分析。在接下来的章节中将要讲到的事件取样法、时间取样法、等级评定法等均属于结构式观察。

进行结构式观察可以分为以下 4 个步骤：首先，确定观察行为，界定行为的操作性定义。其次，预测什么情境、什么时间会发生哪种类型的行为，估计行为的后果，并据此制定详尽的观察记录表。观察记录表需对观察主题、观察情境、观察事件的项目、观察时间间隔、观察者的角色等进行清楚的界定。再次，进行观察前需对观察者进行训练，以提高不同观察者观察的一致性。最后，在观察过程中，对所有的被观察者使用同样的观察方法，采用统一的观察记录表进行记录。

结构式观察十分严谨，计划周密，因此客观性和逻辑性强，较少受到观察者主观因素的影响，可以在较短的时间内获得大量真实、确定的信息。同时，结构式观察往往是以量化的统计方法对资料进行整理，不仅结果客观可靠，而且也易于进行处理和分析。然而，结构式观察也有明显的不足。由于结构式观察的行为乃至整个观察计划都是事先界定并控制的，在观察进行时只能按照既定的计划及步骤进行，无法根据当时情况及时调整观察内容与方法，无法在观察过程中发挥个人的创造力，也就很难在观察过程中有新的发现，对观察行为的深入理解也会受到限制。

（二）非结构式观察

非结构式观察又称非正式观察，事先没有系统翔实的计划，而是在一定主题想法的

① 方莉华，李旭曦. 蚯蚓的秘密：一个基于观察和支持的微课程故事 [J]. 学前教育，2020 (1)：27-30.

引导下逐步展开的。整个观察活动是开放、弹性、可变的，观察的出发点、内容、范围都会随着观察者与幼儿行为的变化而发生变化。非结构式观察常用于不规则性、突发性的幼儿行为，也比较适用于教师获取有关日常教育活动设计和实施等方面的信息或者幼儿身心发展特点的感性经验。接下来的章节中将要讲到的日记描述法、轶事记录法等均属于非结构式观察。

非结构式观察允许观察者根据当时的具体情况调整观察内容，因而比较灵活，可随时随地生成，易于实施。另外，观察者是亲自深入现场进行观察，能够重复针对一个固定对象或场景进行资料收集，通过亲眼所见、亲耳所闻掌握事件发生的来龙去脉，发现一直未被发现的行为意义或行为产生的原因，深入全面地了解观察对象。但是，这也依赖观察者本身的理性思考，如果观察者的动机不足或者感情用事，观察就会流于主观。此外，非结构式观察的样本量一般较少，无法对较多对象进行观察，观察结果只能说明被观察者个体的行为，如果要解决一些普遍的问题，就必须通过大量样本的结构式观察来验证。

五、长期观察、短期观察和定期观察

案例一

1920 年，我国著名幼儿教育家陈鹤琴先生迎来了生命中重要的“杰作”——其长子陈一鸣出生了。当年的陈鹤琴是南京高等师范学校和东南大学的教务长，留洋归来的心理学、儿童教育学教授。初为人父的他开始了对儿子的连续观察，将陈一鸣在各种场合、环境中的表情、动作用文字和照片详细记录下来，并对这些表情和动作所反映的生理和心理特征进行分析研究。

比如，第 1 天的记录是这样的：(1) 这个小孩子是在 1920 年 12 月 26 日凌晨 2 点零 9 分出生的。(2) 出生后 2 秒钟就大哭，一直哭到 2 点 19 分，连续哭了 10 分钟，以后就是间断地哭了。(3) 出生后 45 分钟就打哈欠。(4) 出生后的 2 小时 44 分，又打哈欠，以后再打哈欠 6 次。(5) 出生后的 12 点钟，生殖器已经能够举起，这大概是膀胱盛满尿的缘故，随即就小便了。(6) 同时大便是一种灰黑色的流汁。(7) 用手扇他的脸，他的皱眉肌就会皱缩起来。(8) 用手指触他的上唇，上唇就动。(9) 打喷嚏 2 次。(10) 眼睛闭着的时候，用灯光照他，他的眼皮就能皱缩。(11) 两腿向内弯曲如弓形。(12) 头颅很软，皮肤带红色，四肢能动。(13) 这一天除了哭之外，完全是睡眠的①。

第 226 天的记录是这样的：他祖母时常抱他下楼到外边玩耍，今天他被抱在祖母手里时看见了楼梯，身子向着楼梯就要下去，他祖母特意转身向房里走，他就哭了；再抱向楼梯，他就不哭；后来抱他下楼去，就很开心了。这里可以表示他：(1) 知道方向。(2) 喜欢到外边玩。(3) 记得从楼梯可以出去。(4) 意志坚强②。

① 陈鹤琴．儿童心理之研究：上册［M］．上海：商务印书馆，1925：54．

② 同①59．

1岁4个月时是这样的：有一天早上他手触着没生火的冷火炉，就缩手在衣裳上擦着，他以为火炉是有火的。这里有几点：(1) 他把火炉同“热”联系起来。(2) 小孩子容易患错觉的毛病。(3) 他以为手上的热可以擦去（这个动作他并没有看见人做过，人也没教过他，大概是自然发生的）①。

陈鹤琴通过观察和实验，有趣地记录了一个崭新的生命按照既有的节奏不紧不慢地发展的过程。家庭变成了实验室，妻子和母亲成了他的助手，儿子成了研究对象。这项观察和研究整整持续了808天，相关的照片和文字记载汇集成十余个笔记本。直到1925年，相关观察和研究终于整理成他一生中最重要的专著《儿童心理之研究》。

案例二

幼儿姓名：涵涵　　　　性别：男　　　　编号：23

年龄：3岁6个月　　　　观察日期：××××年9月20日

观察目的：了解涵涵的入园适应情况

9：00—9：30，发完点心后，我突然间听到一声响亮的声音——“这是我的汽车，不是你的。”我扭头看去，只见涵涵快速把汽车拿过来，藏在身后，而一边的龙龙心急地叫着。“涵涵，你的玩具呢？”我问道。他对我的问题不作答，其他小朋友连忙说：“他没有带玩具。”是啊！我这才想起来，涵涵今天没有带玩具来。于是，我问他：“你是不是最喜欢玩汽车呀？那你也把你最喜欢的玩具带来幼儿园，和大家一起玩，好吗？”看他不说话，我继续说：“这是龙龙的汽车，如果你想玩，应该对龙龙说什么呢？”在大家的帮助下，涵涵不仅把玩具还给了龙龙，而且还对龙龙说：“我和你一起玩，好吗？”

11：00—11：30，今天中午涵涵又开始在床上滚来滚去，一会儿碰碰这个，一会儿碰碰那个，爬上爬下，弄得别的小朋友无法睡觉。

15：00—15：20，每次游戏前，我都要提醒小朋友听到信号及时来排队，比比谁的动作快，可是总有几个孩子贪玩一会儿，涵涵就是其中之一。今天，当我一抬手，示意孩子排队时，没想到涵涵是第一个。他还兴奋地提醒我：“我是第一个排队的。”可还没等我来得及高兴时，他却又走开了，走到队伍的后面和其他孩子玩了。

分析：涵涵是家里的独生子，可能在家里比较受父母宠爱，这使得涵涵的依赖性比较强，比较以自我为中心。虽然涵涵已经渐渐开始在集体生活中学习一些交往策略和规则，但还没有很好地树立起规则意识，未能完全适应幼儿园集体生活②。

案例三

为了了解晨晨绘画能力的发展状况，同时做出有针对性的指导，丁老师在连续4个月的区域活动时间重点关注晨晨的绘画行为，并进行了记录。下面是丁老师的两次观察记录。

场景一：在美术区开展的线描画“百花园”活动中，我先给小朋友展示了四幅不同姿态的“花朵”线描画范画，以激发幼儿绘画兴趣，然后让小朋友说说范画中装饰花朵时所

---

① 陈鹤琴．儿童心理之研究：上册［M］．上海：商务印书馆，1925：70.

② 幼儿园小班观察记录［EB/OL］．(2016-10-15)．https://wenku.baidu.com/view/b95998a73b3567ec112d8a0b.html.

用到的点、线、面以及花朵的绘画方法。在让小朋友说说还可以用哪些点、线、面装饰花朵时，我发现一向保持沉默的晨晨小朋友也举起了小手。于是，我抓住机会请他来回答。虽然他的回答与前一位小朋友类似，但是我还是及时表扬了他。在绘画时，他好像还沉浸在刚才的喜悦中，用了许多他刚才说到的线条装饰起了花朵。我及时给予引导，在我的引导下，他用小点装饰了花蕊，用螺旋线、相连弧线、锯齿线、圆形等装饰了花瓣，用粗细不同的直线装饰了叶子。

场景二：在美术活动线描画“美丽的毛衣”活动中，我先引导幼儿在已有的经验上进一步认识凹凸线和十字点，然后指导他们大胆运用点、线、面有规律并对称地装饰毛衣。在绘画活动中，我发现晨晨能运用以前学过的锯齿线、波浪线、螺旋线，还有本次活动中学到的十字点装饰毛衣，只是线条分割的时候没有掌握好距离，在疏密方面略显欠缺。于是，我及时走过去表扬了他，并告诉他画线的时候两根线条之间的距离要掌握好，他笑着点点头。但当我问他是否知道自己所用的线条名称时，他摇摇头。

通过在区域活动时对晨晨绘画行为的重点观察和记录，丁老师总结出目前偶尔还要手把手地指导晨晨绘画，但现在晨晨已经能通过老师的语言提示独立运用一些简单的线条、点、面自主装饰了，进步还是非常大的。然而，他还存在以下几个问题：(1) 手眼协调能力有待提高，特别是对图形分割、距离的把握是他的弱项，导致他不敢下笔。(2) 想象力有待增强，缺少线描画点、线、面结合的经验。在自主搭配方面的能力较弱，而且缺少一些线描画点、线、面等方面的基础技能①。

以上三个案例的主要区别在于观察时间的长短不同，观察内容涉及的范围大小也不同。案例一中陈鹤琴先生对自己的孩子进行了长期观察，观察内容也涉及幼儿发展的各个方面；案例二中观察者仅仅对幼儿某天在幼儿园的行为表现进行观察，即时了解幼儿的入园适应情况；案例三中观察者对在区域活动时间幼儿的绘画行为进行了一段时间的反复观察，了解幼儿绘画行为的发展情况。根据观察的时间及内容安排，可将观察分为长期观察、短期观察和定期观察。

（一）长期观察

长期观察是一种连续的、在较长时间内对幼儿行为进行的观察。例如，案例一中陈鹤琴先生在研究儿童的一般发展规律和特点时对自己孩子进行的观察就属于长期观察。日记描述法是一种长期观察的方法，观察者可以对幼儿进行少则几个月、多则几年甚至十几年的观察。由于观察时间比较长，所以可以全面、细致地了解被观察者的行为，但也正因为是长期观察，所以比较费时、费力，难以坚持，同时也可能会干扰被观察者的正常生活。

（二）短期观察

短期观察是在比较短的时间内对幼儿行为进行的观察。目前学前教育领域大多数的观察都是短期观察。相对于长期观察来说，短期观察对于观察者的精力和时间要求比较集中，观察者可以在较短的时间内对幼儿有一个即时的了解。但正因如此，短期观察只能对

---

① 幼儿园观察记录：中班幼儿个案观察记录表：绘画行为观察［EB/OL］.（2013-10-18）. https://edu.pcbaby.com.cn/125/1253953.html.

被观察者有一个片刻的印象，难以获得比较全面、深入、整体性和过程性的了解。例如，案例二中，丁老师了解了当天涵涵的适应情况，并根据这一即时信息做出有针对性的干预和指导，但是丁老师难以深入了解涵涵入园适应的变化过程以及涵涵适应行为背后的原因。

（三）定期观察

定期观察是在某个指定的时段内对幼儿的行为进行反复观察，观察内容一般比较集中，往往是对某一行为进行的观察。例如，案例三中观察者对晨晨的绘画行为进行了反复观察。在定期观察中，观察者可以通过重复观察对初步的观察结果进行验证，因而观察结果比较可靠。定期观察的缺点在于往往只能看到某个特定时段的情况，难以让观察者对幼儿的行为发展形成系统、整体、连续的认识。

长期观察、短期观察和定期观察并不是截然分开的，它们是相对的。在观察时，一般根据不同的观察目的采用不同的观察方式，也可以采用短期观察与长期观察相结合的方式。

六、描述观察、取样观察和评价观察

案例一

幼儿姓名：莎莎　　　　性别：女　　　　编号：16
年龄：4 岁 3 个月　　　　观察日期：××××年 11 月 25 日
开始时间：9：20　　　　结束时间：9：30
观察地点：欢乐时光保育中心
观察者：祝老师

观察背景

孩子们在进行自由游戏活动，看起来比较开心。班上有 15 个孩子，今天只来了 12 个。根据与家长的电话沟通了解到，另外 3 名孩子生病了。尽管孩子们整体情绪很好，但他们比平时更安静，不像往常那么大声说话。

观察记录

9：20：莎莎比其他孩子晚到 35 分钟，她到的时候其他孩子都到了，并已经开始各自的活动。她把衣服放到自己的小柜子里，然后站在教室门口四处张望。她站了大约半分钟，只是眼睛转来转去地看其他孩子和他们的活动。

9：22：莎莎从走廊走向教室一角的图书区。她走的时候，每走一步右脚尖都要蹭一下地，这样大概走了 5 步。她路过智力拼图桌时，那里有两个孩子，但她没与他们交流。她又走到摆有几本书的桌子旁。雪儿、萌萌和格格坐在桌旁，雪儿和萌萌合看一本书，格格看他们两个“读书”。莎莎坐下来，没有与那三个孩子说话。

9：24：雪儿和萌萌没有抬头看莎莎，也没有向莎莎做出任何表示。格格说：“嘿，莎莎，想和我一块儿读吗？”莎莎歪一下脑袋，说：“我不知道怎么读。”格格回答说：“我们可以一起看图画。”莎莎朝大积木区看了看，没有看着格格，说：“好的！”格格笑了笑，走到一个放了很多书的书架前。莎莎从桌上拿起一本书，浏览了一下。这时格格拿着一本书回来，说："我喜欢这本书，一起看这本吧。"莎莎只是点了点头。然后格格挨着莎莎坐下来，但莎莎稍微挪开了一下，与格格保持了半米左右的距离。

9：30：雪儿抬头看了看，说："嘿，你们两个在做什么？"格格微微扬头，抬起下巴说："没什么，我们正忙着呢。"莎莎没说什么，但从桌子旁站起，走向了大积木区①。

案例二

幼儿姓名：君君　　性别：男　　编号：22

年龄：2 岁 10 个月　　观察地点：小三班教室

观察者：魏薇

观察记录

君君是今年初刚入园的一个孩子，有点内向，平时不爱讲话。入园以来，他每天都会尿裤子，有时甚至一天两三次，尿了也不跟老师说。我们多次提醒，但是防不胜防。于是我们决定对孩子进行为期两天的观察，看看他在什么情况下尿裤子最多，又是什么原因导致的。

事件	时间	事件发生背景	记录
1	2016-03-11	上午区域活动时间	君君很专心地在玩积木摞高游戏；摞好再推倒，然后再摞好再推倒……整个区域活动时间，他都在专心地工作。活动结束时，我们一摸，裤子湿了。
2	2016-03-11	下午区域活动时间	君君起床以后就钻进了建构区专心地探索，在这个过程中又尿湿了裤子。
3	2016-03-12	上午区域活动时间	君君依然进入建构区，裤子依然尿湿。
4	2016-03-12	下午区域活动时间	在建构区，裤子又湿了。

分析

通过两天的观察，发现君君 4 次尿裤子都发生在区域活动时，在其他活动中，没有发生尿裤子的行为。

原因可能是其他活动时间比较短，活动完毕，老师会提醒孩子们如厕和喝水等；而区域活动时间比较长，老师忙于指导孩子工作，忽略了对他的提醒，而他又因为太专注，就不自觉地尿了。

建议

在活动前，先提醒孩子做好准备；活动中间，再提醒孩子一次②。

案例三③

幼儿姓名：毛毛　　性别：女　　编号：18

① 本特森. 观察儿童：儿童行为观察记录指南［M］. 于开莲，王银玲，译. 北京：人民教育出版社，2009：89-90.

② 王冬梅. 教师怎样了解幼儿［M］. 北京：中国轻工业出版社，2016：109-110.

③ 侯素雯，林建华. 幼儿行为观察与指导这样做［M］. 上海：华东师范大学出版社，2014：78.

年龄：4岁8个月　　　　　　　　观察地点：中四班教室

观察者：马燕　　　　　　　　　观察目的：毛毛在区域活动中的游戏行为

类目	项目	经常	偶尔	很少	从未
自主性	1. 能独立完成一项活动			√	
	2. 会主动选择活动	√			
	3. 能主动收拾玩具		√		
	4. 分享活动时能主动提出自己的看法			√	
注意力	1. 喜欢逗留该区达10分钟以上		√		
	2. 认真思考解决问题	√			
	3. 不受环境影响改变活动		√		
合作性	1. 能与同伴交谈	√			
	2. 能与同伴合作完成一件工作		√		
	3. 遵守集体游戏规则	√			
	4. 会轮流使用活动材料			√	
创造力	1. 会利用不同的材料做整体的造型			√	
	2. 能简述其作品造型的意义			√	
	3. 能提出解决问题的方法		√		
	4. 能提供不同的答案		√		

上述三个案例的观察方法分别为描述观察、取样观察和评价观察，三者的主要区别在于观察内容的连续性和完整性不同以及观察记录的方式不同。

（一）描述观察

描述观察是指在观察过程中观察者详细观察记录幼儿连续、完整的心理活动事件和行为表现的一种观察方法。例如，案例一中教师对幼儿入园10分钟之内的行为进行了连续而完整的观察记录。日记描述法、轶事记录法、实况详录法等都属于描述观察。

描述观察能够保持行为事件发生的本来顺序，完整地展现事件的真实面貌，获得的资料完整、自然、真实、生动。但是，由于描述观察要求记录的完整性，往往会花费较多的人力、物力，样本的数量不能过大；而且资料均是以描述性的文字呈现，难以进行量化分析，因而更加费时费力。

（二）取样观察

取样观察是依据一定的标准选取被观察对象的某些心理活动和行为表现进行观察记录，或者选择在特定时间内的行为进行观察记录的一种方法，非常适用于希望对幼儿正在发生的某个行为，而不是某段时间内所发生的一切进行观察记录的情况。例如，在案例二中，教师想对君君尿裤子的行为进行观察，她只需记录君君尿裤子这一个行为事件，而不需要像案例一那样记录幼儿全部的行为活动。在观察之前，观察者要做好大量准备工作，包括确定观察内容、安排观察时间等。常见的取样观察包括时间取样观察和事件取样观察两种。

由于是对预先选定的行为进行观察，因此取样观察具有很强的针对性，省时省力，比较适用于对群体儿童或较大样本的观察。但是，取样观察也有不足之处。例如，在时间取样观察中，观察者往往只记录了要观察的行为是否发生及发生的频率，很少对该行为发生的前因后果进行记录；事件取样观察虽然记录了行为的因果，但是记录的资料不够完整、详细，难以进行更为深入的分析。

（三）评价观察

评价观察是观察者在对幼儿行为观察的基础上，运用表格符号、数字等对其行为或事件做出判断的一种方法。例如，案例三中教师根据平时对毛毛在区域活动中游戏行为的观察，对观察量表中的项目进行判断和勾选。评价观察得以实施的基础在于，观察者对被观察者平时的观察。评价观察最常见的有行为检核表法、等级评定法和频次记录法，其适用范围比较广泛，很多行为都可以运用这种方法进行观察与评价。

评价观察的主要优点在于其便捷性。相对于描述观察法和取样观察法，这一方法既便于观察者记录，也便于对记录结果进行整理和分析，节省了人力和物力，且只需极少的训练就可掌握这种方法。例如，案例三中教师只需对毛毛在区域活动时的行为表现是否符合行为观察量表中的项目进行判断和勾选。评价观察的主要缺点在于，观察者根据自己日常观察所获得的主观判断来评价，难以把握评价尺度，容易带有主观偏见。例如，评价者很可能会高估或低估了被评价者，也可能因为对评价表中某些项目的理解出现偏差，导致不能准确评价。另外，评价观察只能得到量化的行为结果，很难对行为的原因等进行深入分析。

从上述介绍中可以了解到，根据不同的标准可以将观察方法分为不同类型，但是这些观察方法之间不是完全独立的，而是彼此交叉的。例如，描述观察既可以是参与式观察，也可以是非参与式观察；取样观察既可以是直接观察，也可以是间接观察。各种观察方法都有其特征、适用范围和条件，以及各自的优势和不足。在对幼儿的行为进行观察时，应根据实际情况，选择适宜的观察方法。

思考与练习

1. 为什么要观察幼儿的行为？通过观察幼儿的行为，我们能了解到什么？
2. 完整的观察过程包含哪些要素？
3. 日常观察和专业观察有哪些区别？
4. 请从众多观察方法中选择适宜的方法，比较3名幼儿在合作行为发展水平上的特点和差异，并制订观察计划。

阅读导航

1. 海鹰. 教师观察幼儿行为需厘清的几个基本问题［J］. 幼儿教育，2015（30）.
2. 王福兰，任玮. 幼儿在园亲社会行为的观察研究［J］. 学前教育研究，2006（Z1）.
3. 万中，刘敏. 幼儿游戏中教师的干预与干涉［J］. 学前教育研究，2013（8）.
4. 柳剑. 幼儿教师运用观察记录法中存在的问题与对策研究［D］. 长春：东北师范

大学，2009.

5. 左茹. 开展幼儿观察记录活动的价值与实施要求 [J]. 学前教育研究，2009 (7).

6. 王小兰. 观察记录：幼儿发展评价的一种途径 [J]. 教育测量与评价（理论版），2010 (12).

7. WAGONER L C. How to observe young children [J]. Childhood Education，2013.

第二章

成为专业的幼儿行为观察者

本章导读

要想成为一名专业的幼儿行为观察者，不但需要在专业的观察训练和实践中感知和解读幼儿的行为，努力提高专业观察所需的各项能力，而且需要不断修正作为一名幼儿教育工作者的专业理念，提升专业知识储备，这样才能一步一步朝向专业观察之路迈进。

学习目标

1. 能够在观察实践中不断反思和提升专业观察者必须具备的各项能力。
2. 学会反思和提升作为幼儿教育工作者进行专业观察时需要具备的能力。

李老师是一位有着多年观察经验的幼儿园教师，她正在观察几名在积木区玩耍的4岁幼儿。其中一名幼儿多多说："嘿，这块小积木比那块大积木重！"她的玩伴小凯回答："是的，我知道。我们还需要几块积木才能建完这座高塔。"多多继续说："但我们不能把这块大积木放到那块小积木上，那样不稳。"……

和李老师在一起观察的是多多的妈妈。多多妈妈不停地抱怨，她觉得她的女儿把一块积木放到另一块积木上面，这样学不到任何东西。作为幼儿园教师和专业的观察者，李老师提示多多妈妈可以观察幼儿的搭建行为和社会互动情况，还可以多听一听幼儿与玩伴合作搭积木时说了什么、幼儿之间是否进行了互相指导。接着，李老师向多多妈妈解释，孩子选择特定大小的积木，使这些积木与他们正在设计和搭建的东西相匹配时，他们就获得了对大小尺寸以及质量大小的认识。比如，多多说"这块小积木比那块大积木重"，说明她已经了解到大小和重量之间并不必然直接相关；多多说"不能把这块大积木放到那块小积木上，那样不稳"，这一认知可能与她的已有经验有关，她可能曾经把一块大积木放在一块相对小一点的积木上，发现那样的结构不稳定。

在幼儿园或者早教机构中，上述情景经常发生。虽然多多妈妈和经过专业训练的观察者李老师看到的外显行为基本一样，但是李老师却看到了多多妈妈忽略掉的幼儿行为，而且能够解释隐藏于表面行为背后的意义，如幼儿正在展现或正处于发展过程中的技能和概念，幼儿在游戏中正在发生的学习等，并由此做出一些假设和推论。

面对同样的情景，不同的人会感知到不同性质和数量的信息，做出不同的判断。一名专业的幼儿行为观察者应该能够敏锐地捕捉到幼儿行为所传递的信息，做出准确的判断，而这依赖于一系列专业能力的习得和反复的观察训练。本章将介绍成为一名专业的幼儿行为观察者需要具备的各项能力，为成为专业的幼儿行为观察者指明方向。

第一节 成为专业的观察者需要具备的能力

日常观察几乎是每个人与生俱来的能力，这种观察比较随意且不需要对观察结果承担责任。然而，与日常观察不同，专业观察必须对观察的个体行为或团体行为背后的原因提出合理的解释，或对个体或群体的行为特征和发展规律做出可靠的推断，为了解和解决专业问题、更好地完成专业职责服务。因此，专业观察者需要在制订观察计划、收集资料、分析资料及求证判断上进行一定的训练，使得观察过程可行而有效、观察结果准确又深入。概括而言，成为专业的观察者需要具备以下几方面的能力。

一、具有内在的观察动机

观察动机大致可以分为两种：一种是外在动机，指观察者受外在原因的推动必须进行观察，如因工作需要或领导要求而进行观察记录；另一种是内在动机，指观察者受内在情感的驱动而进行观察，如个人的兴趣、好奇心等，观察者发现必须通过观察来解决问题，主动自愿进行观察。由于源自外因进行的观察可能是观察者为了应付工作不得不进行的观察，因而经常会出现观察目的不明确或将教学目标等同于观察目的等情况。

下面是一位教师的观察记录：

> 今天区域活动时，天天先在益智区摆弄了一会儿迷宫，接着到美工区给画册上了会儿色，然后又到娃娃家给小宝宝喂奶，最后来到自己的储物柜，在自己的《区域活动检查表》上给益智区、美工区、娃娃家打钩。

上面的观察记录像是在记流水账，看不出教师想要说明什么，观察目的不明确，因而难以从中获得有效信息。下面这则中班教师的观察记录，仅仅停留于观察本身，而没有基于观察进行深入分析，了解幼儿的兴趣和需求。

观察记录

孩子们在玩钓鱼游戏时总是很快将“一池鱼”钓完，并按照大小分别放在两个大小不同的塑料筐里，然后将“鱼”重新倒入“鱼池”，继续玩，往往要连续进行好几遍。我们班孩子的能力真强①。

---

① 虞永平. 幼儿园课程建设是系统和长期的工作 [J]. 幼儿教育，2020 (Z1)：4-9.

上述案例的描述，说明教师已经多次看到幼儿的活动过程。但该教师没有进行真正的观察，没有留意幼儿的表情，没有对任务结构和行为挑战进行足够分析。案例中固定用40厘米长的钓鱼竿、20厘米长的钓鱼线、直径1.8厘米的磁铁“钓鱼”，且只要求幼儿按照大小分类，这种活动对中班孩子来说挑战性较小，对幼儿的促进作用较有限。如果教师仔细分析，增加钓鱼竿和钓鱼线的长度，减小磁铁的面积，增加“鱼”和“鱼筐”的分类维度等，提高挑战难度，更能促进中班幼儿思考与学习。也就是说，观察不能仅仅限于观察，而是要在观察的基础上进行分析，在环境、材料等方面给予幼儿适当的支持，让幼儿真正面对适宜的挑战。

可见，如果观察者不明确观察目的，在观察记录时将难以有针对性地收集资料并进行客观分析；而具有内在动机的观察者知道观察是为解决什么问题，从而有助于通过观察记录促进幼儿发展。

二、下操作性定义的能力

在进行观察记录时，为简化观察到的复杂行为或现象使其便于记录，往往需要对目标行为进行分类，并对每类行为下操作性定义。进行目标行为分类时，观察者需要遵循两个原则：一是相互排斥原则，即划分的各行为类别之间要相互排斥，使观察到的行为只属于不同类别中的一个类别。二是详尽性原则，即凡是与观察主题相关的行为，都能放在某一个类别中，不会出现观察到的行为无从归属的情况。在对分类后的行为下操作性定义时，为了确保观察者可以根据此定义的描述准确捕捉行为并对行为进行归类，必须用可感知、可测量的方法对行为做出界定和说明，通常采用名词、动词、形容词等简洁明了地进行定义。

例如，帕顿对2～5岁幼儿在游戏中的参与行为进行观察时，将幼儿游戏分为6类：无所事事、旁观、单独游戏、平行游戏、联合游戏、合作游戏。这种划分方法既符合相互排斥原则，也符合详尽性原则。他对6类游戏的操作性定义如下：

（1）无所事事：幼儿未做任何游戏活动，也没与他人交往，只是随意观望或走来走去、东张西望。

（2）旁观：幼儿基本上只是观看别的幼儿游戏，有时凑上来与正在游戏的幼儿说话，提问题、出主意，但自己不直接参与游戏。

（3）单独游戏：幼儿独自一人游戏，只专注于自己的活动，根本不注意别人在干什么。

（4）平行游戏：幼儿能在一处玩，但各自玩各自的游戏，既不影响他人，也不受他人影响，互不干涉。

（5）联合游戏：幼儿能在一起玩同样的或类似的游戏，互相追随，但没有组织和分工，每人做自己想做的事情。

（6）合作游戏：幼儿为某种目的组织在一起游戏，有领导、有组织、有分工，每个幼儿承担一定的角色任务，并互相帮助。

三、选择或编制观察工具的能力

如果观察时需要记录行为出现的时间、行为的频率、行为的强度等信息，则可以运用观察工具来进行记录，如行为检核表、等级评定量表等。

观察工具的运用关系到观察者最终能否收集到可靠、客观、全面的信息以实现观察目的，因此选择恰当的工具非常重要。观察工具已经为观察者设计好收集行为事实资料的方法，也会在一定程度上过滤观察者的主观介入，所以必须谨慎地选择观察工具。除能收集到可靠的观察资料外，工具涉及的项目必须能囊括所有目标行为可能发生的情境或目标行为的类型等，以有效地解释要了解的问题。如果无恰当的工具，观察者可以就观察所需界定、需记录的行为和记录方法自行编制观察工具。

为了解小班幼儿在游戏活动中的替代行为，两组教师准备对幼儿在娃娃家游戏时的替代行为进行观察记录①。

第一组教师制定的观察记录表如下：

时间	幼儿编号	游戏行为描述	有物的替代	无物的替代

第二组教师制定的观察记录表如下：

时间	幼儿编号	替代类型				
		使用一种替代行为	同一情节中使用多物替代	同一物品多种替代	不同物品进行同一替代	对物品简单改编后再用以替代

第一组教师进入观察现场，对娃娃家中的幼儿开展了20分钟的观察记录后发现，自己对替代行为类型的划分过于简单了，因为即使是有物的替代也分为不同的类型。比如，A幼儿把椅子叠起来当桌子，B幼儿把椅子当汽车座椅、椅背当方向盘、椅子腿当油门，这两者之间的替代是有差异的。但是，幸好设置了“游戏行为描述”这一项，这张观察记录表能够把幼儿每一次替代行为详细记录下来。

第二组教师实施观察后发现，他们只能用数据表示娃娃家中幼儿不同替代行为发生的频率，无法对当时幼儿具体的行为表现进行描述。

两组教师进行了比较和讨论，修改后的观察记录表如下：

时间	幼儿编号	游戏行为描述	替代类型				
			使用一种替代行为	同一情节中使用多物替代	同一物品多种替代	不同物品进行同一替代	对物品简单改编后再用以替代

① 浦月娟. 提升幼儿教师在角色游戏中观察力的行动研究［D］. 上海：上海师范大学，2015.

上述案例中，两组教师从不同的侧重点对幼儿游戏活动中的替代行为进行观察记录，各有优势和不足。可以看出，修改后的观察记录表既能客观翔实地记录幼儿替代行为的具体表现，又能对幼儿不同的替代行为加以区分，并用数据表示不同替代行为发生的频率。

具有良好信度和效度的观察工具能帮助观察者收集到与观察目的有关的客观的事实资料，而且便于记录与解释。观察者选择或编制观察工具的能力必须在训练中逐渐获得和提升。

四、叙述行为的能力

观察所获得的事实真相需要通过观察者的描述和诠释呈现出来。在这一过程中，观察者需要利用语言、文字或符号进行表达。观察中的表达方式有两种：第一种是叙述行为的实际发生过程。例如，在下面的案例中，观察者详细描述了事情发生的背景，豪豪和萌萌两个幼儿的动作、语言和神情，还原了事情发生的原貌。在观察记录时为了避免遗漏真相，有时需要进行这样详细的描述，但是这会使事件的表达变得十分零碎繁杂。

> 中班建构区场地中间摆放着基本成型的马路，豪豪挤在场地边缘，用积塑拼插汽车，拼了两辆后，就坐在地上玩车，过了一会儿，才把车拿到场地中间的停车场里。停车场是由鞋盒盖和纸筒拼搭而成的，空间并不是很大。在同伴的帮助下，豪豪顺利地停好了一辆车，脸上露出一丝微笑。停第二辆车时，豪豪试了几次都没有成功，因为停车场楼层的高度较低，小车无法放进去。于是，他拆了一层立体停车场，把多余的材料挪到一旁，再把自己拼插的第二辆汽车摆好。
>
> 此时，萌萌走过来，一不小心把立体停车场碰倒了。豪豪一边满脸埋怨地说“你干什么”，一边把停车场的材料全部从原来的位置一一搬出来，放到一边。他并没有马上修复停车场，而是小心地把停车场周围的围墙、马路逐个摆放了一遍，之后才邀请萌萌一起重建停车场。合作重建的过程中，他们先搭好停车场，再摆放第一辆汽车，结果汽车放不进去，停车场又倒塌了。豪豪用手上的小车与停车场比一比高度，最后和萌萌一起采用搭建一层摆放一辆车的方法修复了停车场。

第二种是以个人主观诠释的方式直接将行为意义说出，不用冗长的叙述，而是用简洁的语言概括行为意义。将上面的例子换一种叙述方式：

> 萌萌不小心将豪豪好不容易搭建起来的立体停车场碰倒了，豪豪很气愤。后来两人又一起修复了停车场。

这种方式简化了很多，但是在概括行为意义时可能会犯两种错误。第一，由于缺乏证据而做了夸大的解释。例如，以“好不容易”来表示豪豪搭建停车场的过程。第二，可能过分狭隘，未能反映事情的原貌，不足以解释幼儿行为背后的真正意义。例如，以“豪豪很气愤”来表示豪豪看到停车场被碰到后的一系列反应。

观察到的事实可以用文字详细叙述出来，也可以用简单的语言将其意义摘要出来。前者是描述事实发生的过程，是翔实的；后者则是通过观察者主观认定或判断直接将行为事实的意义表示出来。在专业观察时必须贴切地诠释意义，使行为解释符合事实。

五、追求可靠资料的态度

> 婷婷各方面都有明显的进步，积极性、主动性也有很大的提升。今天上午外教教英语的时候，婷婷开始主动举手回答外教提出的问题。下课后我主动找到婷婷，对她说："今天表现真棒！以后会做得更好的。"

上述记录的无疑是教师粗略的主观印象，教师观察时选择与自己主观印象相符的行为进行观察和记录，仅仅通过婷婷主动举手回答问题这一行为，就做出了"婷婷积极性、主动性有很大提升"的判断。但是，婷婷当时为什么会有这样的表现？婷婷回答了什么问题？回答是否正确？上课前婷婷是否有准备（比如，父母提前教婷婷相关内容了）？婷婷整节课的状态如何？……教师并未去深入了解。因此，教师观察记录中描述的信息或许只是事情的表象，据此做出的判断的准确性会受到质疑。

因此，追求资料的可靠性是专业观察中非常重要的态度。可靠资料必须是可以有效代表观察主题的事实信息，而信息是否可以有效地代表观察事实，需要观察者自己加以区分判断。观察者需要过滤掉不实（被夸大、扭曲）的信息，暂时忽视与观察目的无关的信息，才能发现实际可用的可靠资料，避免被扭曲、夸张或无关的信息误导。

追求可靠资料需要观察者不断反思以下问题：收集的资料与观察目的是否相关？资料的来源是否真实可靠？资料转换的系统是否合理？是否受观察者主观情绪、成见的影响？考虑到观察对象、时间、场所、次数等影响因素，是否应该再进一步收集更多的资料？……

> 虽然我在班级中多次强调不能给自然角的植物浇太多的水，不然它们会被淹死，但是最近每天早晨植物都会被浇许多水。一天晨间活动后，亮亮急急忙忙地拉着我的手来到自然角，皱着眉头说："老师，看，植物又被浇了好多水！"果然，花盆里的水都溢出来了。我大声地质问是谁干的，孩子们异口同声地说："是辰辰……"于是，我把辰辰请到我的身边。可不管我怎么问，他就是不承认，而孩子们的一再指认让我一时不知如何是好。到底是怎么回事？我暂时放下这件事，开始留心观察。
>
> 一天吃完早餐后，值日生拿着水壶又给植物浇了好多水。我故意问："是谁给植物浇了这么多水？"孩子们又异口同声地说："是辰辰……"

在上述案例中，开始时教师只是从其他孩子口中得出是辰辰给小植物浇了太多水的判断。但其他孩子也没有看到事情发生的经过，只是根据自己的思维定式——辰辰平时喜欢给植物浇水，判断浇水的是辰辰。教师经过进一步观察，发现"真凶"并不是辰辰。

所谓可靠资料往往是来自第一手的事实信息，而不是经过处理、解释或判断的二手资料，因为后者往往可能不实，被扭曲、夸张。用来了解幼儿的资料，如果得之于幼儿行为的表现，则比较真实可靠；如果得之于测验评分或其他教师、同伴、父母的评价，这些信息的出处是否合理、在传达过程中是否有误，就不得而知了。当然，如果第一手资料难以获得，经过处理的二手资料（如测验评分，教师、同伴或父母的评价等）也可以接受，但观察者应在保持怀疑的前提下再三求证或通过收集反证资料和事实资料来进行验证。

六、反省主观情绪或成见的能力

观察者运用感官接受刺激，在大脑中进行信息的加工处理，这一过程难免会掺杂观察者的主观想法。主观想法不仅体现在观察者对刺激的选择性注意上，即观察者在观察时较容易接收与主观想法相符的信息，而忽略相反或无关的信息，还体现在观察者对信息的加工上，如不知不觉地修改真实信息来支持自己的想法。下面是两位教师对同一事件的观察记录：

教师甲

彤彤打碎了吃点心的瓷碗，她咧着嘴哭了起来。见我走过来，她一脸无辜地盯着旁边的小宝，好像在告诉我瓷碗是小宝打碎的。彤彤平时就因为怕被老师骂，故意撒谎，将责任推给其他小朋友。

教师乙

吃点心时，小宝的瓷碗放在桌沿，彤彤一挥手，瓷碗就掉在地上摔碎了。彤彤看着地上碗的碎片，咧着嘴哭了起来。见小宝面无表情地继续吃点心，彤彤停止了哭泣。

上述案例中，对于同一事件两位教师记录的内容却存在差异。教师乙客观地观察和描述了事情发生的来龙去脉；而教师甲只观察到了事情的片段，便将日常对彤彤的印象与本次事件联系起来，对行为的原因进行主观臆测，做出的判断与事实不一致。可见，为求观察到的资料客观准确，观察者必须时时反省自己的主观情绪或成见。在接收信息的过程中要注意区分主观和客观部分，只有剔除个人的情感色彩或太早下的判断等，才能真正接收到真实可靠的信息。避重就轻、牵强附会或者用想象来补充不足等情况都会影响观察结果的真实性和可靠性。同时，时时反省自己的主观情绪和成见，还便于对一些被忽略的重要信息做出补救，也可使被扭曲的信息得到澄清。

七、提出行为假设的能力

由于有的观察需要观察者做出即时的反应，或者受观察对象不配合、不能表达内心想法等具体情境的限制，观察者接触到的事实往往有限，常常不能做出完整的判断。当观察者无法收集到相关资料作为解释判断的依据时，提出行为假设的能力就十分重要。

今天老师带混龄班的小朋友用皱纹纸“画”桃花树，如图 2－1 所示。在讲解了具体的操作方法后，便让大家自己动手做。小朋友们都开始做了起来，坐在角落的 3 岁的爽爽迟迟没有动手，眼巴巴地盯着其他小朋友。看着她一脸羡慕又无助的表情，我想她应该很想自己做，但是受年龄的限制，刚刚在集体教学时教师的讲解并没有让她成功掌握方法。我走过去问：“爽爽，你为什么不做呢?”爽爽一脸委屈，轻声地说：“我不会。”“爽爽，你能学会的。像这样，把纸放在一只手的手心，然后另一只手盖上去，这样转圈，揉啊揉，看，一朵花就做好了。你也来试试吧。”我一边讲解，一边拿了一张纸放在她手心，放慢动作和她一起做了一遍。爽爽开心地将揉好的“花”拿给我看。“爽爽做的花真好看，我们把它粘在纸上吧。”我将小胶棒递给她，说：“你想让花长在哪根树枝上，就在上面轻轻地点一下。”爽爽接过胶棒却迟迟没有动手。我说：“爽爽，你自己选一根树枝轻轻点一下，然后把花放在上面就好了，随便在哪儿都行。”爽爽还是没有动手。我示意她这几根树枝上都可以点。她指着一根树枝问我说：“这儿可以吗？”我点点头。她小心翼翼地点了一下，然后把花放了上去。但是，做好第二朵花之后，爽爽还是迟迟没有涂胶棒。我想她可能害怕自己点的位置不对，面临自主决策时害怕他人的否定。“爽爽，你随便选哪根树枝都行，都会很漂亮的。”爽爽指着一根树枝问：“这儿可以吗？”“当然可以，你看多漂亮啊！爽爽，你想让花长在哪儿，就在哪儿点一下，不用问我。”爽爽点点头，开始自己创作……

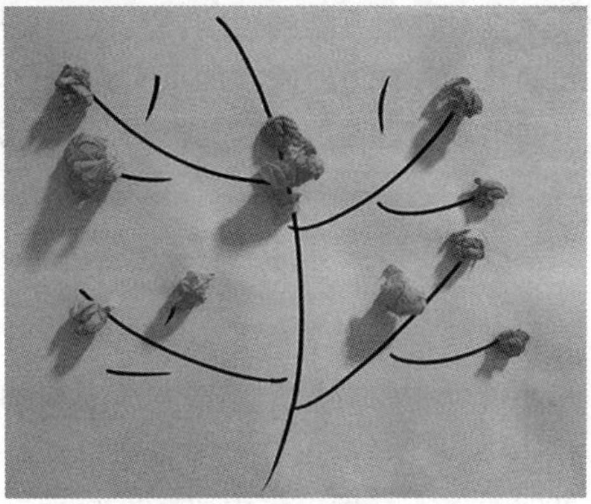

图 2-1　桃花树

在上述案例中，“她应该很想自己做”“她可能害怕自己点的位置不对”，这些都是观察者提出的假设，但是这些假设不是毫无由来的猜测，而是观察者根据幼儿的行为表现和对问题的回答提出的，有一定的依据，但又不是很充分。有时观察必须在观察过程中就提出这种假设，因为不可能等到真相大白之后才来判断、决定或处理问题，必须暂时做出一些决定或处理。

需要注意的是，这种大胆假设需要小心求证。当提出尚无充分证据、不确定的假设时，应保有谦虚怀疑的态度。如果缺乏这种态度，就会把假设当成结论，在观察过程中倾向于收集对判断有利的信息，而忽略对判断不利的信息，这就犯了先判断再观察的错误，从而可能掩盖事实。上述案例中，观察者根据幼儿的表现和自己的经验做出假设后，并没有立刻进行判断或开展教育指导，而是通过询问向幼儿求证，据此检验自己的假设，进而实施适宜的引导措施。

提出行为假设要基于良好的思考。所谓良好的思考至少包括两种能力：一是创造思考，即根据已知的事实大胆假设，提出合理的解释；二是批判思考，即对事实问题小心求证和反思，多方收集事实资料，以获得客观准确的证据。良好的思考是专业观察必备的条件，有了良好的思考能力，主观介入的成分才足以对客观信息发挥补充、质疑、求证和判定等功能。

第二节　幼儿教育工作者进行专业观察需要具备的能力和素质

除上述 7 种能力外，专业的幼儿行为观察者必须首先是一名合格的幼儿教育工作者。幼儿教育工作者在进行幼儿行为观察时，首先要树立科学的儿童观和教育观，自觉克服成人思维对观察判断的影响；其次，要把握幼儿的身心发展规律和学习特点，从本质上认识到幼儿行为背后所隐含的意义；最后，还需要对儿童心理发展理论有深入的了解，能够用不同学派的理论解释和分析幼儿的行为。

一、具有科学的儿童观和教育观

是否具有科学的儿童观和教育观是一切教育活动和研究活动成功与否的关键，科学的儿童观和教育观是观察者在观察活动中应该始终秉承的态度。儿童观是指人们对儿童的认识和看法，包括对儿童地位和权益的看法、对儿童特质和能力的认识程度以及对儿童期在个体发展过程中所起的作用的认知等。教育观是在儿童观的基础上，个体如何看待儿童教育目标、任务、内容、方法、途径等观点的综合。在社会发展的每一个历史时期，人们对儿童的态度和看法都不尽相同，儿童观在不断变革和更新，教育观也在随之不断演变。

在漫长的人类历史时期，儿童曾经一度被成人忽视，并没有被视为一个在兴趣、发展水平和需要等方面不同于成人的独特群体加以重视，而是被当成“小大人”。对儿童的教育服务于国家或家族的利益，教育儿童是为了把儿童造就成符合成年人期望的某种类型的人。到了教会统治的中世纪，在普遍信奉“人生而有罪”这一观念的背景下，儿童自然也具有“原罪”，此时儿童观的主流是“儿童生而有罪”，因此要求儿童尽早开始赎罪，教育以频繁的祈祷、严格的纪律和体罚、死记硬背教条教义的形式抑制儿童的自然本性，压制儿童的独立思考。文艺复兴时期，许多人文主义教育家已经认识到了儿童在能力、兴趣等方面和成人不同，有其独特性，认为应该用“爱”与“某种自然和温柔的尊严”对待儿童。他们提倡世俗性的、学科范围广泛的智育，恢复中世纪以来长期被忽视的体育和美育，培养儿童健康的身体、活泼的性格和多方面的才能。然而，将儿童视为父母私有财产的儿童观和“原罪说”的儿童观仍然占据统治地位，人文主义教育家们倡导的教育活动只涉及当时社会的中上层。17 世纪，英国教育家洛克提出了“白板说”，认为人刚生下来时就像白板一样，“可以随心所欲地做成什么样式”，与之相应的教育的使命就是统一地、阶梯式地把知识、价值观和技能传递给儿童，把儿童培养成为有社会责任感和文化教养的人，从而使“原罪说”失去立锥之地。18 世纪，法国教育家卢梭从观念层次上真正发现了儿童，认为儿童生来便具有一些自然赋予的冲动和美好的天性，儿童期的存在是自然规律，具有独立的存在价值，因此教育需要遵循自然的法则，保护儿童的天性，激发儿童的学习欲望，让儿童自由探索，在快乐中成长、在实践中发展；教师应充分了解儿童，获得儿童的信任，用爱心感化儿童，建立和谐的师生关系。之后，随着教育心理学化运动的兴起，科学儿童观开始出现。美国教育家杜威提出，“儿童的本能为一切教育提供了素材，指出了起点”，儿童具有一种发展的能力，主要通过主动活动以及经验的不断改造使自己成长和发展，强调儿童与成人在心理上存在很大差别。杜威的儿童观确立了“儿童中心”地位，他提出了“教育即生活”“教育即生长”“教育即经验的改造”“学校即社会”的教育观，即教育是儿童社会生活的过程，教育过程就是经验的不断改组改造，通过做中学、活动作业的方式将自然发展和社会效率、文化修养等多方面的要求统合起来[①]。进入20世纪后，众多学科领域（如心理学、教育学、人类学等）的学者（如格赛尔、皮亚杰、蒙台梭利等）从各自的学科视角出发，进行了多方面的较为深入的研究，丰富了关于儿童的认识。

通过回顾儿童观和教育观的发展历程，可以看到人们对儿童特质和能力的认识越来越深入，儿童及儿童权益越来越受到人们的重视和尊重，儿童观和教育观日趋科学化。目前被广泛认可的儿童观和教育观可以概括为以下几点：

（1）儿童是全方位不断发展的人，应该享有一切基本的人权和一些发展初始阶段的特别权利，如被保护的权利、受教育权；应该保障儿童的受教育权，且教育应以儿童的全面整体发展为核心目标。

（2）儿童期具有独立存在和为成人期做准备的双重价值，教育应着眼于那些儿童终生学习的品质以及对其一生的顺利发展有持续作用的基本素质，而不应只满足于眼前的需要和暂时性的发展，更不应以牺牲儿童期为代价进行超前教育。

（3）儿童不是“小大人”，具有其独特的文化，教育应该首先认识、尊重与珍视儿童文化。

（4）儿童发展具有一些共性的特点和基本规律，但是作为个体的儿童是富有差异的存在，教育应该重视和尊重儿童的个体差异。全面发展教育是指因材施教，使每一个儿童在社会化过程中实现其个性化的“全面发展”。

（5）儿童的基本活动是游戏，儿童在游戏中成长、学习与发展，幼儿园教育应当以游戏为基本活动。

（6）儿童天生好奇好问、求知欲旺盛，是主动的学习者，教育应为儿童的主动探索和学习创造条件，把尊重儿童的主体性和激发儿童的主体性结合起来，建立“教师主导、儿童主体”的双主体师生关系。

（7）儿童之间虽然存在性别、兴趣、能力的差异，但不存在高低贵贱之分，所有儿童应受到平等对待，包括特殊需要儿童，每个儿童都应以适合自己的方式受到他人的理解、尊重和帮助。

（8）儿童有权享有幸福的童年，任何人、任何教育都无权以任何理由剥夺儿童的这一权利。

近年来，幼教界普遍接受发展适宜性（developmental appropriate）的观念。此种观念也可用于幼儿行为观察与分析。所谓发展适宜性的观察与分析，就是尊重幼儿的发展水平、能力、经验、学习方式和兴趣爱好等，通过系统且丰富的资料收集，对幼儿的发展现状进行客观、深入的了解，尊重幼儿作为一个独立个体所特有的发展速度及模式，绝不要求幼儿追逐一个对他来说毫无意义的“标准”或要求幼儿将所有成长以“可测量”的方式呈现出来。

发展适宜性包含两个层面的含义：一是年龄适宜，即同年龄的幼儿在各方面发展应有一个大致相同的模式；二是个体适宜，即同年龄的幼儿仍有个别差异，不应认为同年龄孩子的需求、能力与发展速度完全一致。许多成人对发展适宜性的意义与重要性不了解，经

---

① 刘梅梅，陈云奔．杜威教育思想的社会价值取向［J］．教育评论，2013（1）：159-161.

常忽略幼儿的发展阶段，要求幼儿以成人认为合理、有效率以及有系统的学习方式来学习，并制定不适宜的学习目标，导致幼儿的学习兴趣低落，学习效果不佳。更有甚者，一些成人经常忽略每一个幼儿均为完整独立个体的基本原则，要求幼儿“学习”“配合”别人的发展步调，放弃自己原来独特的学习方式，这将对幼儿自我概念的建立造成一定影响。

> 3岁的东东正在玩搭积木的游戏。积木有红、黄、蓝3种颜色，每种颜色又有小、中、大3种型号。东东随意地把积木一块一块往上垒高，并小心翼翼地不让积木倒下来。教师看到后对东东说：“东东，你看看积木有几种颜色，把红的归红的，黄的归黄的，蓝的归蓝的，再这样从大到小往上垒，搭3座不同颜色的塔很好看呢，东东你试试好不好?”东东看了看自己垒的积木，停顿了一下，又很随意地拿起一块积木垒了上去①。

在上述案例中，教师依据成人的审美和想法对幼儿的建构游戏做出判断和指导。这种判断和指导显然不符合一个3岁幼儿的心理发展特点，未遵循发展适宜性中年龄适宜的观念对幼儿进行观察与分析，未能正确地理解幼儿的建构行为，其指导也不会产生任何效果。

> 区域活动时间，各个活动区都在热火朝天地进行着活动。突然，舒老师听到建构区传来热烈的喝彩声，原来是3个孩子搭了一座很高的积木塔。舒老师发现，积木塔中有的大积木搭在了上面，小积木却放在了下面，根据大班儿童应该能够懂得按大小进行排序的特点，就说：“你们能不能把大积木搭在下面，小积木搭在上面呢?”舒老师一边说着，一边想动手给他们示范，但是3个孩子嘟着嘴看着她。舒老师突然意识到了自己的失误，于是立刻微笑着询问道：“你们为什么这么搭呢?”3个孩子连忙争先恐后地回答：“这样搭难度比较大。”“我们想搭一座不一样的高塔。”“而且这样看起来更好看。”舒老师恍然大悟，不禁伸出大拇指。

从这一案例可以看出，教师常常希望幼儿能在符合自己年龄发展阶段的水平上进行游戏，一旦出现了偏差，就习惯性地想要纠正。其实，在幼儿游戏行为背后通常隐藏着他们对游戏独特的理解，如果教师仅仅根据自己对幼儿发展阶段的理解对幼儿的行为做出主观判断并生硬介入，往往会影响游戏的效果。相反，如果在具体情境中去理解幼儿，让幼儿充分地表现自己、表达自己的想法，会发现幼儿发展的独特性。

因此，在进行观察时，观察者首先应该意识到自己观察的对象是幼儿，其在身心发展特点上都不同于成人，不能以成人的标准对幼儿的行为做出判断和评价。同时，应该意识到幼儿是独立发展的个体，要用发展的眼光看待幼儿的行为。幼儿期是个体成长和发展的关键时期，幼儿蕴含着无尽的发展潜能，他们有自主探索、自由体验以及充分活动的权利和机会，观察者应该理解幼儿，尊重幼儿的权利，让他们自主探索和自由体验。另外，观察者还要关注幼儿发展的个体差异。幼儿发展虽然有规律可循，每个年龄阶段的幼儿具有普遍的发展特点，但是每个幼儿又都有自己独特的发展步调，成人应该尊重个体差异，允

---

① 万中，刘敏. 幼儿游戏中教师的干预与干涉［J］. 学前教育研究，2013（8）：56-60.

许幼儿适宜的、个性化的行为。

二、具有对幼儿身心发展规律和学习特点的把握能力

虽然每个幼儿的身心发展都有其自身在速度、水平、风格和特色等方面的特殊性和复杂性，但是幼儿的身心发展大体遵循着相同的发展顺序和共同的发展规律。幼儿身心发展规律和学习特点既表现在发展趋势上，又表现在发展的年龄特征上。

幼儿身心发展的共同规律和趋势主要体现在以下 4 个方面：第一，从简单到复杂。幼儿刚出生时，各方面的发展并不健全，心理活动简单而笼统；随着年龄的增长，幼儿各方面的发展逐渐健全，心理活动也变得分化而复杂。第二，从具体到抽象。幼儿的心理活动具有从具体形象到抽象概括的发展趋势，比如，幼儿期个体的思维以具体形象思维为主，直到学前期结束，抽象逻辑思维才开始萌芽。第三，从被动到主动。幼儿最初的心理活动直接受到外界刺激的支配和生理条件的制约，表现出无意性的特点，之后逐渐发展到能主动用自身意识控制调节心理活动，出现有意性的心理活动。第四，从凌乱到成体系。最初幼儿的各种心理活动之间缺乏有机的联系，在发展过程中才逐渐变成一个有系统、有组织的整体，并且具有一定的稳定性。

年龄特征代表着特定年龄阶段大多数幼儿的发展水平和状况，也反映了该年龄阶段幼儿的发展图景和可能性。3～6 岁是个体心理活动系统的奠基时期，是个性形成的最初阶段。在这 3 年里，个体心理发生着明显的变化。

> 以幼儿数概念的发展为例，幼儿掌握数概念包括 3 个方面的内容：一是对数序的掌握；二是理解数的实际含义，即可以手口一致地点数物品，然后说出总数；三是掌握数的组成，这是幼儿形成数概念的关键。我国幼儿数概念研究协作小组在广泛研究的基础上，提出大体上可以将 3～7 岁幼儿数概念的发展分为 3 个阶段①。
>
> 第一阶段，对数量的感知动作阶段，在 3 岁左右，这个阶段有以下特点：
>
> （1）对大小、多少的笼统感知。
>
> （2）会唱数，但范围一般为 1～5。
>
> （3）逐步学会手口协调的小范围（不超过5）的点数（实物形式），但点数后说不出物体的总数，个别幼儿能做到伸出同样多的手指来比画。
>
> 第二阶段，数词和物体数量间的联系建立的阶段，在 3～5 岁，这个阶段有以下特点：
>
> （1）点数后能说出物体的总数，即有了最初的数群概念，末期理解了数的守恒现象。
>
> （2）这一阶段前期幼儿能分辨大小、多少，中期能认识第几和前后顺序。
>
> （3）能按数取物。
>
> （4）逐步认识数与数之间的关系，如有数序的概念、能比较数目大小、能应用实

① 幼儿数概念研究协作小组．国内九个地区 3～7 岁儿童数概念和运算能力发展的初步研究综合报告［J］．心理学报，1979（1）：108-117.

物进行数的组成与分解。

(5) 末期开始做最简单的实物运算。

第三阶段，数的运算初期阶段，在 5 岁以上，这个阶段有以下特点：

(1) 大多能理解 10 以内的数的守恒现象。

(2) 计数能力发展较快，大多数从表象数字运算向抽象数字运算过渡。

(3) 序数概念、基数概念和运算能力等都有不同程度的延伸和提升，一般通过教学到后期可以学会计数到 100 或 100 以上，并学会 20 以内的加减运算，个别幼儿甚至可做百以内的加减运算。

当观察者对幼儿的身心发展规律和学习特点认识不足时，观察容易流于主观，观察结果对后续的学习活动和课程设计也将毫无帮助。观察者只有在观察之前对幼儿身心发展规律和学习特点有一定的了解，才能敏锐地捕捉幼儿的行为，从而正确解读幼儿的行为。以下是专家教师和新手教师关于同一场景的记录，他们对幼儿身心发展规律和学习特点的把握程度不同，因而对于幼儿行为的关注点和解释也有所差异。

专家教师

“卖蛋糕啦，今天我们便宜卖生日蛋糕!”游戏刚开始，老板搬了一张桌子，拿了两筒橡皮泥在教室中间玩起了蛋糕店的游戏。过了一会儿，娃娃家的妈妈推着手推车来了：“我买一个蛋糕。”老板高兴地递过去一个用一次性盘子和橡皮泥做成的蛋糕，说：“给你。”妈妈说：“我要有蜡烛的，我们宝宝今天过生日。”老板说：“好吧，你等等。”老板用橡皮泥搓啊搓，搓出 4 根“蜡烛”，问：“是 4 岁吗?”妈妈说：“3 岁。”老板又拿掉了一根，然后把 3 根蜡烛和蛋糕一起递给了客人。

新手教师

游戏开始了，老板搬了一张桌子，拿了两桶橡皮泥在教室中间吆喝起来：“卖蛋糕啦，今天我们便宜卖生日蛋糕!”这时，娃娃家的妈妈推着手推车来了：“我买一个蛋糕。”老板高兴地递过去一个用一次性盘子和橡皮泥做成的蛋糕：“给你。”妈妈说：“我要有蜡烛的，我们宝宝今天过生日。”老板说：“好吧，你等等。”说完用橡皮泥搓出几根“蜡烛”递给客人①。

对比上述两则观察记录可以发现，专家教师和新手教师在“生日蜡烛”这一情节的描述上有明显的详略之分。在随后的分享活动中，两位教师对自己的记录做出了解释：新手教师认为，“‘老板’与客人对话以及行为已经能够反映幼儿丰富的生活经验，‘生日蜡烛’的情节也是生活经验的反映，所以不一定再具体描述了”；而专家教师却认为，这个简单的“生日蜡烛”情节除了反映幼儿生日蛋糕上有生日蜡烛的生活经验外，同时还反映出幼儿数概念的发展，如“老板搓出 4 根蜡烛问妈妈”反映幼儿数物对应的发展，“老板根据妈妈的要求拿去一根蜡烛”反映了幼儿对加减运算的认识。专家教师对幼儿数学能力发展规律的把握帮助她敏感地注意到了新手教师未予以重视的细节，同时也帮助她从与新手教

① 浦月娟. 提升幼儿教师在角色游戏中观察力的行动研究 [D]. 上海：上海师范大学，2015.

师不同的角度解读幼儿的行为。从两则观察记录的对比中我们可以看到，要成为一名专业的幼儿行为观察者，对幼儿身心发展规律和学习特点的把握是必不可少的。观察者可通过阅读幼儿发展的相关文献资料（如教科书、杂志、期刊、报纸等），或者参加讲座、研讨会等方式充实相关知识。

三、具有扎实的儿童心理发展理论功底

了解并掌握儿童心理发展理论不仅能帮助观察者在实践和理论之间建立联系，借助理论的视角捕捉幼儿行为的意义、对观察到的行为做出正确的理论解释或支持论证自己的假设，而且能在进行观察之前为观察者设计观察方案提供科学依据，能在进行观察之后帮助观察者根据观察结果提出发展适宜性的教育策略。

> 区域活动时间，丁老师环顾四周，注意到3岁的安安正独自一人坐在一张桌子旁玩彩泥，便想凑近，看看他在做什么。安安笑着问丁老师是不是想和他一起玩，丁老师点点头，于是安安把彩泥递给了丁老师。丁老师把彩泥滚成一个大球，然后又把球分成两半，分给安安一半，并告诉安安："现在我们的彩泥一样多了。"安安点了点头，拿起自己那半个彩泥球，在桌子表面滚来滚去。这时，丁老师将彩泥碾成了一块大大的薄饼。安安看到丁老师的饼，非常感兴趣，专注地看，然后大喊："嘿！你的大！我要你那块！"

如果你是丁老师，观察到安安的行为，作为一名专业的幼儿行为观察者，你会如何解释上述现象呢？你可能会根据皮亚杰的认知发展理论来解释。安安是一名3岁的幼儿，他的认知发展水平处于皮亚杰认知发展理论的前运算阶段。从这一理论观点出发，安安还未掌握守恒概念，即不能理解这一现象：你既没有往里加彩泥，也没有拿走彩泥，只是改变了彩泥的形状，彩泥的量始终保持不变。安安只是被彩泥的外形迷惑了。可见，掌握儿童心理发展理论能帮助观察者理解和解释观察所得的信息，当把观察信息放置在一个与之相应的理论框架中时，观察者更能清楚地看到现象背后的意义。

思考与练习

1. 反省自己是否具备专业观察的基本能力和素质，需要从哪些方面进行提高。
2. 如何理解观察中的"发展适宜性"原则？
3. 请选择一种自己感兴趣的幼儿行为（如幼儿积木游戏中的合作行为）或针对自己的困惑和问题，选择或编制一份适宜的观察工具。

阅读导航

1. 陈婷. 幼儿园教育活动中教师观察行为的研究 [D]. 长春：东北师范大学，2013.
2. 李娟. 促进教师观察了解儿童学习与发展水平的研究 [D]. 上海：华东师范大学，2011.

3. 林添水. 区域活动中的幼儿行为观察［J］. 幼儿教育研究，2016（3）.

4. 肖正德. 专业主义视野下教师观察行为之发展［J］. 教育研究与实验，2009（1）.

5. 粟高燕. 观察记录撰写的原则及使用价值——来自《劳拉日记：瑞吉欧教育日记展评》的启示［J］. 幼儿教育，2017（Z3）.

6. PAT B. Developing an understanding of young children's learning through play: the place of observation, interaction and reflection［J］. British Educational Research Journal，2006，32（2）.

第三章

运用儿童发展理论科学观察幼儿

本章导读

儿童发展理论是对儿童身心发展一般规律的概括，是经过时间检验、广受认可的系统性知识，是了解幼儿行为的指南，可以帮助观察者更为科学、方便地开展观察活动，更为客观地分析幼儿的行为。本章将从幼儿的认知、语言、情绪、社会性四个方面的发展出发，通过实际案例详细阐述如何运用相关的儿童发展理论科学观察并分析幼儿的行为。

学习目标

1. 树立儿童发展的整体观，理解儿童发展整体观的含义。
2. 了解儿童发展理论对幼儿行为观察与分析的意义。
3. 在幼儿行为观察实践中，丰富对儿童发展理论的认识，学会综合运用多种儿童发展理论全面观察、深入分析幼儿的行为表现。

大班的刘老师平时非常注重观察幼儿的行为表现，但是最近的一次观察记录让她困惑不已。在一次数学活动中，刘老师发现班内一位幼儿已经能够掌握数量守恒的概念。但是，皮亚杰的认知发展理论表明，大班幼儿处于前运算阶段，由于思维的具体形象性，认识事物易受外部特征的影响，掌握数量守恒有一定的困难。这不禁让她对皮亚杰的认知发展理论产生了质疑：难道理论是错误的？如果理论与实践不符，那么理论还有什么用处呢？

上述案例中，刘老师对皮亚杰的认知发展理论产生了质疑。刘老师的困惑非常有代表性，不少幼儿园教师对儿童发展理论在幼儿观察中的应用存在一定的误区。那么，儿童发展理论真的没有用处吗？毫无疑问，答案是否定的。儿童发展理论对儿童心理与行为发展的一般规律进行了科学、系统的总结，是了解幼儿、观察并分析幼儿行为的理论工具。本章将在观察者形成幼儿发展整体观的基础上，阐述儿童发展理论在幼儿行为观察中的意义，并运用儿童发展理论解读幼儿行为。

第一节　幼儿发展的整体观

一、从不同视角看幼儿发展的整体观

（一）从心理学视角看幼儿发展的整体观

从心理学视角看幼儿发展的整体观，可以从幼儿的生理结构、心理结构以及身心发展的有机统一三方面进行理解。

从生理结构来看，人体是一个整体，由各个系统有机组成，各个系统相互联系、相互配合，缺一不可。在结构上，各系统不可分割，均是人体的必要组成部分。在功能上，各系统间相互作用，共同支撑生命体的运作。所以，我们应以整合的视角看待幼儿的身体发展，并促进幼儿身体整体、协调、和谐发展。

从心理结构来看，个体心理是一个由认知、语言、情绪、社会性等方面共同组成的有机体。认知、语言、情绪、社会性等不同方面从不同角度反映个体的心理状态，每一方面的心理状态在错综复杂的相互作用中最终形成了个体的心理状态。简言之，认知、语言、情绪、社会性等共同形成了个体的心理状态。此外，认知、语言、情绪、社会性等之间存在着相互作用、相互影响的互动关系。比如，幼儿较高的认知发展水平可以提高其情绪理解和情绪调节的能力，促进其语言表达和社会性的发展。因此，在观察、分析幼儿的心理发展水平时，应该从整体入手，兼顾幼儿心理发展的各个方面。

从身心发展的有机统一来看，生理、心理共同组成完整的生命体。没有生理，无法形成生命体的物质部分；没有心理，则缺乏生命体的主观意识。在完整的生命体中，生理、心理二者均不可或缺。此外，在生命体中，生理、心理交互作用，彼此影响。生理是心理的物质基础，心理是生理的主观反应。生理上的不适影响心理感受，心理上的不快影响生理的舒适感。因此，在幼儿发展过程中，身心统一、和谐发展是重要的教育目的。

（二）从学前教育学视角看幼儿发展的整体观

从学前教育学视角看幼儿发展的整体观，可以从教育目标、教育内容、教育形式、教育评价四个方面来理解。

在教育目标上，《3～6 岁儿童学习与发展指南》指出：“儿童的发展是一个整体，要注重领域之间、目标之间的相互渗透和整合，促进幼儿身心全面协调发展，而不应片面追求某一方面或几方面的发展。”这表明学前教育应关注幼儿发展的整体性，追求幼儿的全面协调发展。

在教育内容上，《幼儿园教育指导纲要（试行）》强调，幼儿园教育的内容是广泛的、启蒙性的，幼儿的学习是综合的、整体的，幼儿园教育内容的范畴划分是相对的，教育过程中应进行整合处理，以使幼儿通过真实而有意义的活动生动、活泼、主动地学习，获得完整的经验。可见，在幼儿发展整体观的引导下，幼儿园教育内容也是整合的、全面的。

在教育形式上，幼儿园教育主要采取主题活动和领域课程模式，利用各种游戏将健康、语言、社会、科学、艺术五大领域知识综合、统整地呈现在幼儿的教育教学活动中。

采用综合式而非分科式的教育形式，关注幼儿发展的整体性，也有助于幼儿的整体发展。

在教育评价上，幼儿园教育主张过程性、全面性评价，评价内容兼顾健康、语言、社会、科学、艺术五大领域，并非只关注学习技能。

（三）从个体与群体关系的视角看幼儿发展的整体观

幼儿发展的整体观还可以从幼儿个体发展和幼儿群体发展以及二者的和谐统一上进行理解。虽然每个幼儿都是一个独立的个体，有其独特的发展特点，但幼儿间的发展存在同一性、规律性，个体幼儿的发展规律包含于群体幼儿的发展规律中。树立幼儿发展的整体观的另一个含义是关注群体幼儿的整体发展，将个体幼儿发展纳入群体幼儿发展之中。教育目标并不是个别幼儿的发展，而是要面向全体幼儿，使全体幼儿在整体上都能得到全面、和谐、合理的发展。这不但符合我国的教育方针，而且也符合科学的教育观和儿童的发展规律①。在观察过程中，观察者需要结合整体幼儿的发展水平，对个体幼儿的行为表现进行分析。比如，观察者观察到小班幼儿经常说谎，常常说自己见过孙悟空、光头强等虚构形象。结合小班幼儿的心理发展水平可知，幼儿由于记忆不准、想象力丰富，可能会说出不符合实际情况的话语。因此，这种“说谎”是没有目的的说谎。

（四）从个体发展特点的视角看幼儿发展的整体观

从个体发展特点的视角看幼儿发展的整体观，可以从个体发展优势与弱势及其二者的统一来理解。多元智能理论指出，幼儿的智能是有差异的，每个幼儿都有自己的优势智能和独特的智能组合，都有可以发展和被挖掘的潜能。因此，我们要树立幼儿发展的整体观，切勿只注重幼儿的优势或弱势方面，应兼顾幼儿发展中的亮点与不足，促进幼儿的全面和谐发展。

二、运用整体观观察幼儿行为

幼儿的学习是综合的、整体的，幼儿的发展是多方面的、立体的。幼儿的学习与发展主要包括健康、语言、社会、科学、艺术五大领域。这五大领域如同五个手指，指指相连相通，相互配合并形成完整的手掌。幼儿在任何一个领域的学习，都需要其他领域的支持与配合；在任何一个领域的学习表现，均是与其他领域共同作用的综合效果。比如，幼儿语言的发展贯穿于各个领域，也得益于各个领域的促进。幼儿在运用语言进行交流的同时，也反映了较好的人际交往能力、逻辑思维能力、情绪理解能力等。幼儿学习与发展的整体观启示观察者用整体观观察幼儿的行为。下面以刘老师撰写的一则观察记录为例，详细说明如何运用整体观观察幼儿的行为。

观察记录表

幼儿姓名：杨洋	性别：男	编号：13
年龄：4岁10个月	观察日期：××××年6月2日	

① 李素梅. 论幼儿教育的整体观［J］. 前沿，2000（1）：20-21.

开始时间：9：00　　　　　　结束时间：9：30

观察地点：中班活动室

观察者：刘老师

观察记录

早上入园时，妈妈带着杨洋来园。杨洋见到我，高兴地说："刘老师，早！"我开心地回复他："杨洋早！""刘老师，我想和你讲一个事情。我妈妈昨天带我去了动物园，我看到了老虎、狮子，还有长颈鹿。"听到杨洋开心地讲述着，我说："杨洋，如果你愿意，老师今天邀请你和大家一起分享令你开心的事情好不好？"杨洋开心地说："刘老师，我愿意。"

分析

在情绪上，杨洋入园情绪状态很好，能够开心地入园。在语言表达上，他表达流畅，能够主动大胆地陈述自己的想法。在社会性发展上，他能够有礼貌地和老师问好，能够主动与他人交流，愿意和小朋友分享自己的经历。

刘老师观察了杨洋在入园时的行为表现，对他的行为进行了多方面的分析。在入园时，杨洋与刘老师仅进行了简单的交流，但是在简单的对话中，刘老师关注到杨洋在情绪、语言、社会性三个方面的行为表现。虽然上述观察记录较为简短，但从观察记录中可以看到，刘老师通过简单的行为能够看到幼儿的整体发展。

第二节　儿童发展理论对幼儿行为观察的意义

一、正确认识儿童发展理论

儿童发展理论是描述和解释儿童身心发展特点的一系列理论成果，揭示了儿童身心发展的一般规律，是了解、分析幼儿行为的指南。俗话说："思想有多远，人就能走多远。"这句话生动地说明了思想在指导实践的过程中发挥着"指向灯"的作用。对于观察者而言，科学的儿童发展理论可以照亮幼儿的观察之路，帮助观察者走得更远。儿童发展理论，尤其是那些经实践验证过的经典理论，科学系统地呈现了儿童身心发展的规律。如果观察者用这些理论"武装"自己的头脑，就可以对幼儿的行为表现做出一个相对准确的判断，从而更加科学地指导教育教学行为①。例如，如果教师了解依恋理论，那么当小班幼儿在入园时哭闹，教师便能够意识到这是幼儿分离焦虑的正常表现，而不会主观地认为幼儿在无理取闹。此外，有经验的教师还可以以此辨别幼儿依恋关系的类型并采取有针对性的教育策略。

然而，在学习和运用儿童发展理论的过程中，一些观察者对儿童发展理论的认识和应用存在着一定误区，主要表现为以下三个方面：

① 谢弗．儿童心理学［M］．王莉，译．北京：电子工业出版社，2010：32.

第一，理论无用。一些观察者认为理论是不可信的，理论无法真正地指导实践。他们认为，理论和实践之间常常存在着巨大的鸿沟，实践中幼儿的行为表现千变万化，理论描述的幼儿发展的一般规律很多时候难以在实践中得到验证，理论完全没有指导作用。

第二，理论即标准。一些观察者将理论看作评价幼儿发展水平的标尺，这种现象常常出现在提供了发展常模的理论中。不少观察者学习了这种理论之后，容易将常模中的年龄目标当作一把标尺。在幼儿的日常观察中，常用理论来衡量幼儿的发展状况，看看他们的发展有没有“达标”。没有“达标”的幼儿就容易被贴上各种各样的标签，如“动作发展缓慢”“智力发育迟缓”等。

第三，滥用理论。一些观察者在写观察记录时，将理论看作观察记录中的必要组成部分，认为理论是必不可少的，只有运用了理论才能对幼儿的行为进行科学的分析，因此在分析幼儿行为时总想套用一些理论。在对观察资料的分析和教育建议中，儿童发展理论被滥用的情况最为明显。比如，当观察者观察到攻击行为时，便直接运用班杜拉的社会学习理论，而不是从幼儿的实际情况出发思考攻击行为产生的原因。

上述三种错误观点和行为主要是因为观察者没有正确理解儿童发展理论在幼儿行为观察中的价值。因此，为了避免出现上述错误，观察者应正确认识并运用儿童发展理论。首先，儿童发展理论是对儿童发展规律的系统描述，是前人研究成果的精华。观察者学习和运用一定的儿童发展理论，可以更科学地理解幼儿的行为。其次，儿童发展理论揭示了儿童最一般的发展规律，并非统一的标尺。由于个体差异的存在，规律性的东西表现在个体身上便出现了差异，每一个幼儿的发展速度和行为表现都是千差万别的。最后，儿童发展理论可以指导观察过程，但并非所有观察都必须要使用儿童发展理论。生搬硬套儿童发展理论无法真正发挥理论的指导价值。

总而言之，儿童发展理论对幼儿行为观察具有重要的指导意义，是观察者的重要理论工具。但是，在实际观察中，观察者需要正确理解和运用儿童发展理论。

二、儿童发展理论对幼儿行为观察的意义

（一）为设计观察方案提供科学依据

儿童发展理论系统呈现了儿童身心发展的一般规律，这为观察者设计观察方案提供了科学依据和理论参考。设计观察方案，有利于明确观察活动的主题和目的，保证观察过程的有效性、科学性。观察者设计观察方案主要基于自身教育经验或者已有理论。长期从事幼儿教育教学工作的教师经验丰富，对幼儿行为有着深入的了解。他们可以基于自身的教学经验，设计观察方案。但是，这种基于自身经验的观察方案，对观察者的要求较高，且容易出现失误。相比之下，运用儿童发展理论设计观察方案更为便捷、有效，尤其适用于新手教师。

儿童发展理论总结了儿童身心发展的一般规律，揭示了儿童在认知、语言、情绪、社会性等方面的发展特点。不同理论从不同的角度解释了儿童行为的特点及原因。观察者可以根据相关理论和自己的观察兴趣，设计观察方案。比如，可以借助儿童游戏理论设计幼儿游戏水平的观察方案，参照认知发展理论设计幼儿认知发展水平的观察方案。

（二）为捕捉和分析幼儿行为提供理论支持

幼儿行为观察不是一个简单感知幼儿行为的过程，而是一项需要客观记录观察内容、正确解读幼儿行为的活动。在复杂多样的幼儿行为中，观察者只有捕捉到幼儿的关键行为，并对其进行科学的分析，才能够真正实现幼儿行为观察的目的和价值。这离不开儿童发展理论的支持。

下面分别是赵老师和李老师对同一时间地点同一游戏过程的观察记录，接下来将以此为例说明儿童发展理论对捕捉和分析幼儿行为的重要性。

观察记录表

幼儿姓名：佳佳、木木　　性别：女　　编号：10、21
年龄：3 岁 5 个月、3 岁 2 个月　　观察日期：××××年 3 月 23 日
开始时间：9：00　　结束时间：9：30
观察地点：小班活动室
观察者：赵老师

观察记录

区域活动开始了，小朋友们各自进入自己喜欢的区域。佳佳说："木木，我们一起玩吧。"佳佳拉着木木的手，一起走进了娃娃家。随后，两个孩子就开始玩过家家游戏。佳佳穿起了围裙，想要扮演"妈妈"。穿上围裙后，佳佳看了看自己，觉得很满意。木木正在做饭，她拿来了做火锅的材料，在锅里放了"辣椒""茄子""青菜"。另外，佳佳还切了一些"水果"。两个宝宝玩得特别开心，合作得很愉快。过了一会儿，区域活动时间结束了，两个宝宝开始进行收拾整理工作。在两个人的合作下，玩具很快整理好了。

分析

游戏中，佳佳和木木能够在一起愉快地玩耍，是一对很好的玩伴。游戏结束后，两个小朋友能够一起整理娃娃家，体现了她们的合作精神。

观察记录表

幼儿姓名：佳佳、木木　　性别：女　　编号：10、21
年龄：3 岁 5 个月、3 岁 2 个月　　观察日期：××××年 3 月 23 日
开始时间：9：00　　结束时间：9：30
观察地点：小班活动室
观察者：李老师

观察记录

区域活动开始了，小朋友们各自进入自己喜欢的区域。佳佳说："木木，我们一起玩吧。"佳佳拉着木木的手，一起走进了娃娃家。进入娃娃家后，佳佳先穿起了围裙，想要扮演"妈妈"。穿上围裙后，她看了看自己，脸上露出灿烂的笑容，还对着木木说："看，我是妈妈，一个好妈妈。"木木朝着佳佳笑一笑，自己慢慢走到厨房区，拿了做火锅的材

料，在锅里放了“辣椒”“茄子”“青菜”，一边做一边问佳佳：“佳佳，你喜欢吃蔬菜吗？我可喜欢吃青菜了。”此时，一旁的佳佳正在专心地切着“水果”，嘴里嘟囔着：“我喜欢吃水果。苹果在哪里呢？香蕉放哪里呢？”过了一会儿，熟悉的音乐声响起，区域活动时间就要结束了。伴随着音乐声，两个宝宝开始收拾整理。很快，佳佳和木木就收拾好了各自的玩具。

分析

区域活动中，佳佳和木木一起在娃娃家进行游戏。在一起游戏的过程中，佳佳和木木虽然有交流，但是她们之间没有合作也没有分工，只是做自己想做的事情，可见佳佳与木木的游戏水平处于联合游戏阶段。

仔细阅读后可以发现，上述两则观察记录在记录内容和分析上都存在着一定差异。在记录内容上，李老师的记录更为详细，关注到了两位幼儿间的互动。不仅如此，两则观察记录对幼儿在娃娃家的游戏水平有着不同的描述。赵老师认为“在两个人的合作下，玩具很快整理好了”，认为佳佳和木木是合作完成了整理工作。而李老师则细心地观察到佳佳和木木在游戏过程中只是做自己想做的事情，在游戏结束后分别整理自己玩过的玩具。因此，李老师认为这并不是合作。在分析部分，李老师参考了儿童游戏理论，准确分析出佳佳和木木的游戏行为处于联合游戏阶段。赵老师只是看到了表面行为，并没有分析出幼儿真正的游戏水平，误认为佳佳和木木的游戏行为体现了幼儿间的合作。两则观察记录相比较而言，李老师的记录更为详细，分析更为准确。

观察记录的不同，正是由于两位老师对儿童游戏理论的掌握程度不同。赵老师对儿童游戏理论接触不多，而李老师平时注重学习理论知识，较好地掌握了儿童游戏理论。儿童游戏理论增强了李老师察觉幼儿游戏行为的敏感度，使得她能够更为敏锐地捕捉到幼儿的关键行为，并对其进行正确的分析。

（三）为提出适宜的教育策略提供参考

儿童发展理论揭示了儿童身心发展的规律，这些规律不仅可以帮助观察者设计观察方案、解读幼儿行为，还可以为其提出适宜的教育策略。比如，格塞尔的成熟势力学说启示观察者，个体的发展取决于其生理成熟程度，成人应该尊重儿童的身心发展规律；斯金纳的行为主义观点启示观察者，强化可以塑造儿童的行为；班杜拉的社会学习理论启示观察者，儿童通过观察和模仿进行学习，成人应该以身作则……针对幼儿不同的行为表现，儿童发展理论对观察者提出适宜的教育策略有着不同的启示。

结束了对佳佳和木木的观察，李老师又对班中其他幼儿的游戏行为进行了观察。她发现，小班幼儿大多处于平行游戏或联合游戏阶段。理论基础扎实的李老师认为，教师应该充当幼儿学习的引导者，为幼儿提出发展适宜性的教育策略。她想到了维果茨基的“最近发展区”理论，即在成人的帮助下儿童能够达到自己即将达到的发展水平。结合儿童游戏理论，李老师知道合作游戏是本班幼儿在游戏中应该努力达到的目标水平。据此，李老师制订了长期的教育计划，以帮助小班幼儿达到合作游戏的水平。比如，在区域活动之前，李老师会先让幼儿想想要去哪个区域，要和哪位小伙伴一起玩，要一起玩什么。在区域活动之后，李老师还会对幼儿的游戏表现进行点评，表扬有互动合作、有组织分工的幼儿。

慢慢地，大部分幼儿习惯了在游戏前先思考游戏的伙伴和游戏目的，虽然还不能达到合作游戏的水平，但是大部分幼儿的游戏水平都得到了提升。

基于理论的行为观察是有基础的，而不是观察者的突发奇想；基于理论对行为观察结果的解释是可信的，而不是观察者毫无根据的推断①。儿童发展理论是研究者智慧的结晶，是经过科学验证的研究成果，对幼儿行为观察有着重要的指导意义。

第三节　运用儿童发展理论解读幼儿的行为

儿童发展理论是科学、系统的知识体系，是解读幼儿行为的理论工具。正如本章第一节所述，幼儿的发展是一个整体。在实际观察过程中，观察者需要秉持幼儿发展的整体观，以全面的视角观察幼儿的行为。但是，为了方便理解，本节将从认知、语言、情绪、社会性等方面阐述相关理论如何指导幼儿的行为。

一、幼儿认知发展水平的理论解读

认知是人类其他心理活动的基础，包括感觉、知觉、注意、记忆、思维、想象等。人类能够征服和改造自然、认识大千世界的千变万化，都与人的感觉、知觉、注意、记忆和思维等分不开②。认知是幼儿最基本的心理活动，是观察者应该重点关注的内容。

认知领域是现代心理学研究最多也是研究成果最丰富的领域之一。皮亚杰的认知发展理论就是其中的典型代表。根据皮亚杰的认知发展理论，0～2 岁幼儿的认知发展水平处于感知运动阶段，依靠动作去适应环境；2 岁左右，幼儿的认知发展有了新的飞跃；2～7 岁的幼儿进入认知发展的第二阶段，即前运算阶段。以前运算阶段为例，这一阶段幼儿的认知发展特征在行为上有何表现？以下是米老师对小班的一名幼儿琳琳在区域活动中的行为表现进行的记录，接下来将以此为例说明如何运用认知发展理论解读幼儿的行为。

观察记录表

幼儿姓名：琳琳　　性别：女　　编号：9
年龄：3 岁 2 个月　　观察日期：××××年 10 月 14 日
开始时间：9：40　　结束时间：10：00
观察地点：小二班
观察者：米老师

观察记录

琳琳在这次区域活动中选择当一名美发师。她拿了一条大毛巾、一把玩具剪刀和一台玩具吹风机等开始布置理发厅。当客人到来后，琳琳发现自己的理发厅提供的用具不够，

① 施燕，韩春红．学前儿童行为观察［M］．上海：华东师范大学出版社，2011：31．
② 黄希庭．心理学基础［M］．上海：华东师范大学出版社，2008：81．

她拿大毛巾为客人包住头发后，就没有毛巾帮客人擦脸了。于是，她掏出自己的小手帕，用它假装为客人擦脸。当用小手帕为客人擦完脸后，她又拿了个篮子充当水槽，将手帕洗干净后再继续使用。

过了一会儿，正在理发厅理发的小男孩强强哭了起来。琳琳跑过来对我说："米老师，我刚刚在为强强剪头发时，剪刀不小心划到他的脸了。"我走过去仔细看了看强强的脸，发现有些泛红，但是没有划破，于是对琳琳说："你划到了强强的脸，需要跟他道歉。下次要小心一点哦。"琳琳向强强道歉后，对他说："我书包里有小贴画，我送给你一张，你别哭了可以吗？"强强破涕而笑。琳琳从自己的小贴画中选择了一张珍珠项链的贴画递给强强，说："这是我最喜欢的贴画了，送给你吧。"可是强强皱着眉头说："还有别的贴画吗？"

到前运算阶段，随着语言的快速发展，幼儿频繁地借助表象符号（语言符号与象征符号）来代替外界事物。幼儿开始从具体动作中摆脱出来，凭借象征格式在头脑里进行表象性思维。在前运算阶段，幼儿动作内化具有重要意义。为说明内化，皮亚杰举过一个例子。

有一次皮亚杰带着3岁的女儿去探望一位朋友。皮亚杰的这位朋友家中有一个1岁多的小男孩，这个小男孩正在婴儿围栏中独自嬉玩，嬉玩过程中他突然跌倒在地，紧接着便愤怒而大声地哭叫起来。当时，皮亚杰的女儿惊奇地看到这幕情景，口中喃喃有声。3天后，皮亚杰在自己的家中发现3岁的女儿似乎照着那个1岁多小男孩的模样，重复地跌倒了几次，但她没有因跌倒愤怒啼哭，而是咯咯发笑，以一种愉快的心境亲身体验着她在3天前所见过的"游戏"的乐趣①。

皮亚杰指出，3天前那个小男孩跌倒的动作显然已经内化于女儿的头脑中。在表象思维的过程中，幼儿主要运用符号（语言符号和象征符号）的象征功能和替代作用，在头脑中将事物和动作内化。而内化并不是把事物和动作简单地全部接受下来，而是舍弃无关的细节（如上例皮亚杰的女儿并没有因跌倒而愤怒啼哭），在大脑中再建构，形成表象。

在前运算阶段幼儿的认知有一定的特点，其中之一是象征性思维的产生，即幼儿开始运用象征符号。例如，在上述观察案例中，琳琳用手帕代替毛巾，用篮子充当水槽。幼儿已能够将不同的事物联系起来，凭借符号对客观事物加以象征化。另外，这一阶段的幼儿只会从自己的立场和观点去认识事物，而不能从客观的、他人的立场和观点去认识事物。

皮亚杰曾举过这样一个例子：两个男孩去给妈妈买生日礼物，7岁的男孩选了一串珠宝工艺品，3岁半的男孩则选择了一辆小汽车，小心地包装好送给妈妈。

可以看出，这个3岁半男孩的行为是以自我为中心的，因为他没有考虑到妈妈的喜好与自己的喜好并不相同。

皮亚杰的认知发展理论对儿童的认知发展特点进行了详细阐述，这里仅介绍与上述案例中幼儿行为表现相关的特点。结合皮亚杰认知发展理论的相关论述，我们可以发现，琳

① 谢弗．儿童心理学［M］．王莉，译．北京：电子工业出版社，2010：123.

琳在游戏中表现出两次寻找替代物品的过程，分别是用手帕代替毛巾和用篮子充当水槽，这体现了用另一种物品代替原有物品的象征思维阶段的发展特征。另外，琳琳在向同伴道歉时送给同伴的礼物是自己最喜欢的物品，但是没有考虑到送礼物的对象是男孩，他可能不喜欢珍珠项链的贴画，这体现了幼儿思维的自我中心特征。因此，我们可以将米老师对琳琳的观察进行如下分析与评价：

分析与评价

大部分幼儿在游戏中比较喜欢使用教师提供的道具或材料，替代物的使用现象较少。但是，琳琳在游戏中发现没有毛巾时，能想出用手帕代替，没有水槽用篮子代替，主动找寻替代物，这一方面体现了她的认知水平已经达到了前运算阶段的象征思维阶段，符合这一阶段幼儿认知水平发展的一般规律；另一方面，也体现了琳琳较高的游戏自主性水平。此外，在向同伴道歉的事件中，琳琳为同伴选择的礼物体现了她认知发展水平的自我中心特征，说明她目前只会从自己的角度去认识事物，还不能从他人的观点去认识事物。

另外，皮亚杰认为，在假装游戏中，幼儿有 3 个进步：第一，随着时间的推移，假装游戏和与之有关的真实生活情境分离。比如，不到 2 岁的幼儿进行假装游戏时，多模仿，不灵活；2 岁后则较少用真实事物假装，幼儿会把积木当成遥控器、电话来使用。第二，在游戏中，幼儿的自我中心倾向减弱。当幼儿认识到可以用假装的物体进行假装游戏的时候，自我中心倾向就减弱了。第三，游戏中包含了更复杂的图式组合。幼儿渐渐能理解较为复杂的角色间的关系及情节。因此，处于前运算阶段的幼儿需要形象、具体、生动的场景、活动材料、活动形式和内容，在教育教学中要注重假装游戏的作用。

根据观察记录及分析，米老师为接下来的教育教学活动提出了以下建议：

建议

这一年龄段的幼儿，在认知发展水平上已经进入了前运算阶段，因此在假装游戏中，也有了“替代”的需要与行为。但是，我发现区角提供的材料大多是教师提供的成品，幼儿需要替换的场景不够充分。因此，除了丰富幼儿的生活经验外，还可以提供一些半成品或是在游戏中可用来替代的材料、道具等供幼儿自由选择。同时，也可以启发幼儿发挥想象力，以班上的多种玩具材料充当游戏中所需要的物品。教师也要多鼓励幼儿主动寻找替代品，从而促进幼儿象征性思维的进一步发展。

另外，对于幼儿自我中心的表现，也可以采取多种措施帮助幼儿去自我中心化。比如，让幼儿更多地参与集体活动，在同伴互动中了解他人可能与自己有着不同的看法；成人也可以通过讲故事、做游戏、角色扮演等方法引导幼儿设身处地认识他人、理解他人。

二、幼儿语言发展水平的理论解读

语言是交流和思维的工具。幼儿期是语言发展，特别是口语发展的重要时期。随着年龄的增长，幼儿的发音器官不断成熟，认知能力有了一定提高，幼儿的语言特别是口语得到了快速发展，主要表现在以下 4 个方面：（1）在语音方面，幼儿发音的准确程度逐步提高；（2）在词汇方面，幼儿词汇数量尤其是积极词汇量不断增加，词汇内容不断丰富，词类范围不断扩大；（3）在语法方面，幼儿逐步掌握各种基本语法结构形式，语言表达能力进一步发展；（4）在语言表征方面，幼儿从外部言语向内部言语过渡，并开始掌握书面语言。

观察者随时随地都能听到幼儿之间的对话，了解幼儿语言发展的水平。如何运用语言相关理论解读幼儿常见的语言发展表现呢？接下来，以小班肖老师的一则观察记录为例，详细讲解如何运用幼儿语言发展方面的理论分析幼儿的语言，并促进幼儿的语言发展。

观察记录表

幼儿姓名：开心　　性别：男　　编号：15
年龄：3 岁 2 个月　　观察日期：××××年 4 月 23 日
开始时间：8：00　　结束时间：8：30
观察地点：小班活动室
观察者：肖老师

观察记录

早上，小朋友们陆陆续续来到幼儿园。开心拉着爷爷的手，一蹦一跳地来到班级门口。爷爷让开心向老师问好，开心响亮地说：“老一xī一早！”爷爷在一旁赶紧纠正：“开心，是老 xī，老师的 xī。”爷爷尽量调整自己的发音，但发音依旧不准确。

晨间活动时，我发现开心在认真地玩塑料雪花插片，小嘴巴一直嘟嘟囔囔，还不时地笑一笑。我走过去，蹲在他的身边，听到他自言自语地说：“嗯，这个吧。红色呢？嗯，放在这里吧。不对不对。”看到我过来，开心笑了笑，似乎要展示他的作品。我小声问他：“能告诉老师，你搭的是什么吗？”“你 chaī xì 什么？”我愣了一下，又问：“开心搭的是什么呢？”开心皱着眉头，吃力地说：“老 xī，你 chaī 我搭的 xì 什么？”看着他的手势，我突然意识到他是想让我猜一猜他搭建的是什么，就说：“我觉得很像米老鼠。”他笑着点点头说：“就是米老 sǔ。”紧接着，开心指着作品继续给我讲解：“老 xī，这个红 shè 的是它的尾巴，它的尾巴是矮的。它眼睛是黑 shè 的，头发也是黑 shè 的，鞋子也是黑 shè 的。”开心高兴地分享他的作品，我笑着对开心说：“开心，你搭得特别好，把米老鼠的尾巴、眼睛、头发、脚都搭出来了，而且你能够清楚地表达你的作品，你真棒！”①

围绕幼儿语言发展，诸多学者进行了积极的探索与研究，形成了一系列成果，揭示了幼儿语言发展的一般规律，主要包括语音、词汇、语法、内部言语发展等方面。

在语音方面，3～4 岁是幼儿语音发展的飞跃时期，4 岁左右的幼儿能够掌握本民族的全部语音。除受生活环境影响外，幼儿的语音发展与发音器官的成熟程度有着密切关系。幼儿牙齿、唇部、舌头的运动不够有力，下颚不够灵活，发音不够有力，会导致发音不准

① 幼儿语言发展滞后个案及简单分析［EB/OL］.（2015-08-20）. http://www.docin.com/p-1264772810.html.

确，主要是在 zh、ch、sh、z、c、s 等辅音发音上存在困难。

在词汇方面，幼儿不仅掌握了大量词汇，而且加深了对词义的理解。研究显示，我国 3～4 岁幼儿的词汇量为 1 730 个，4～5 岁为 2 583 个，5～6 岁为 3 562 个[①]。此外，幼儿能够掌握名词、动词、形容词、副词、介词等词汇。幼儿虽然对词义理解更加深刻，但是仍存在理解不准确的现象。幼儿对词的理解过于笼统，常用一个词代表多个事物，也常把词的含义理解得过宽或过窄，有时候甚至自己“造词”。

在语法方面，幼儿能够逐渐正确使用各种句子，能在语言中反映事物的逻辑关系。随着年龄的增长，幼儿虽然能够使用更多的复句，但是复句所占比重较小，仍以单句为主。幼儿使用的单句中，主要包括主谓句和主谓宾句两种类型。幼儿使用的复句中，既有并列式、连贯式、递进式等联合复句，也有因果式、条件式等偏正复句。由于偏正复句是建立在抽象思维基础之上的，所以幼儿掌握得较慢[②]。此外，幼儿使用复句时，常不出现连词，如“我长得高，我站在后面”。

在内部言语发展方面，幼儿常出现有声的自言自语现象。心理学家维果茨基认为，幼儿期的自言自语，是幼儿的外部言语向内部言语转化的一种过渡形态，是幼儿思维的有声表现，体现了语言的自我调节机能。依照维果茨基的观点，幼儿在游戏过程中常出现有声的自言自语并非语言障碍，而是发展过程的正常现象。

结合幼儿语言发展的相关理论，可以将肖老师的观察记录进行如下分析：

分析

在语音上，开心发音不准确，在 sh、ch、s、c 4 个辅音上发音困难。这可能有以下两方面原因：其一，受家庭环境影响。通过观察记录可以发现，开心爷爷辅音发音不准。开心处于语音习得阶段，极易受到家人发音的影响。其二，发音器官不成熟。开心刚刚满 3 岁，他的发音器官尚未成熟，牙齿、唇部、舌头的运动不够有力、配合不够协调，这也可能导致发音不准。

在词汇上，开心能够熟练使用名词、动词、形容词、代词等词类，词汇量比较丰富。但对“矮”这一形容词的理解不够准确，错误地用“矮”来形容尾巴短。

在语法上，开心能够熟练地使用单句，多为主谓、主谓宾结构。此外，开心能够有逻辑地将单句组合形成并列句，比如“它眼睛是黑 shè 的，头发也是黑 shè 的，鞋子也是黑 shè 的”，这体现了开心在语言表达时的逻辑意识。

在内部言语发展上，开心表现出自言自语。这是因为开心的内部言语尚未成熟，有声的外部言语可以帮助思维进行工作。自言自语体现了开心思考搭建方式的过程，是语言发展过程中的正常现象。

此外，在语言表达上，开心具有主动表达的欲望，表达比较流畅，能够大胆地表达自己的想法。

---

① 朱智贤．儿童心理学［M］．北京：人民教育出版社，2009：174.

② 陈帼眉．学前心理学［M］．北京：人民教育出版社，2003：286.

言语调节是改善幼儿发音不准的重要方式，主要包括 3 种方式：（1）言语听觉调节。当幼儿能够意识到别人或自己说出的不同语音的差别时，他就有了正确发出语音的条件。当幼儿发音不准时，可以引导幼儿注意正确发音，再进行模仿。（2）言语运动觉调节。发音是一种言语运动，需要多种器官的配合，幼儿可以通过言语运动觉来进行自我调节。成人可以让幼儿触摸发音时鼻部、咽部、口腔等位置，感受气息、气流的方向与力度。（3）言语视觉调节。幼儿可以通过观察口形或者其他辅助形象，模仿正确发音的口形以帮助其准确发音。

根据观察记录与分析，肖老师为接下来的教育教学活动提出了以下建议：

建议

整体而言，虽然开心发音不准确，但是他能够主动表达，且表达流畅、有一定的逻辑性。针对开心在语言发展方面的情况，在今后的教学中，首先应该鼓励并表扬开心大胆地表达自己的想法。其次，应该运用多种方式帮助开心纠正错误发音。比如，老师在说话时，引导开心听一听老师的发音，摸摸老师的嘴巴，看看老师的口形。再次，开心发音不准确时，不要急于打断，待他表达结束后，再耐心地进行纠正。最后，与家长进行沟通，促使家长尽量营造良好的家庭语言习得环境。

三、幼儿情绪表现的理论解读

情绪是对一系列主观认知经验的统称，是个体对内部或外部事物的多种感觉、思想和行为综合产生的心理和生理状态。情绪一般由以下 4 种成分组成：（1）主观感受，通常具有积极或消极的特点。（2）相关的生理反应，包括心率的变化、皮肤电反应（汗腺活动）、脑电波活动等。（3）认知，即引发或伴随感受和生理变化的认知活动。（4）目标或采取行动的愿望，如影响他人的行为、交流需求或愿望等行动。

一个简单例子有助于我们理解情绪的上述 4 种成分。假设一个 3 岁的男孩看到自己的生日礼物是玩具卡车时神采飞扬，他的这种非常积极的主观感受伴随着心率加快和这些可能的认知活动——“我得到了我想要的”，并且这些“快乐”的伴随成分会驱动他马上去接近玩具或向满足他愿望的人表达感谢。因此，当幼儿产生一种情绪时，观察者虽然无法了解幼儿的主观感受和认知活动，但可以通过观察幼儿的生理反应和行为表现推断幼儿的主观感受和可能的认知活动。

情绪对个体发展的意义主要表现为以下 3 个方面：其一，情绪可以组织和调节行为。皮亚杰认为，“没有一个行为模式不会有情感因素作为动机”。其二，情绪影响个体的认知过程。认知过程与情感体验相互依存、相互影响。其三，情绪影响人际交往。比如，婴儿通过最初的微笑或哭泣等情绪与母亲互动，由此建立了母婴之间的情感纽带。对幼儿而言，情绪情感的表达较为直接，观察其情绪状态有助于了解其心理活动和发展状况。

莫莫是一位中班幼儿。一年前，她刚上小班时，情绪特别不稳定。早上入园时，看着妈妈离开的背影，总会号啕大哭。妈妈走后，她依然不能控制情绪，常常情不自禁地流泪。在游戏中遇到困难时，她总会推开玩具，哭闹一番。但是，进入中班后，莫莫的情绪状态发生了很大转变。为了深入了解进入中班后莫莫的情绪表现，李老师对莫莫在一次区域游戏中的表现进行了细致观察。

观察记录表

幼儿姓名：莫莫　　性别：女　　编号：15

年龄：4 岁 2 个月　　观察日期：××××年 9 月 13 日

开始时间：15：00　　结束时间：15：30

观察地点：中班活动室

观察者：李老师

观察记录

区域游戏开始了，莫莫来到益智区仔细挑选，最终选中了“五颜六色”的玩具。她来到我的身边，对我说：“李老师，可以请你当我的摄影师吗?”边说边翻开玩具题卡，在展示盘上摆好相应的色盘，完成第一关后高高地举起展示盘。“嗯，就像这样，你只需要用相机帮我记录一下，我想让妈妈看，妈妈会开心的。”我点点头，莫莫高兴地笑了起来。莫莫悄悄地告诉我她和妈妈有个秘密的约定。原来，妈妈要出差一周，莫莫答应妈妈不哭不闹，以最好的状态等着妈妈回来。

莫莫继续玩着游戏。每通过一关，她就会将展示盘放在脸蛋旁边，微笑地面对镜头，准备好拍照的姿势。到了第 15 关，莫莫轻轻皱起了眉头，尝试着各种方法，可是都没有成功。她停下手中的动作，小手托着下巴，仔细观察着题卡。慢慢地，她又开始尝试，但还是发现怎么换都不对。莫莫有点沮丧，眉头又皱了起来。她看着我，伤心地说：“李老师，这个太难了！”我走到莫莫身边，告诉她：“莫莫，你再试一试，也许下一次就成功了。”莫莫点点头，笑着说：“嗯，我可以的！”

过了一会儿，莫莫又拿起了色板，用力地点了点头，又开始了尝试。这次，她不再焦躁不安，而是冷静地更换色板的次序，旋转色板的方向通过一次又一次尝试，终于成功了！

莫莫带着自信的笑容，对我摆出胜利的手势，我马上抓起相机记录下这一刻[①]。

随着幼儿语言及自我概念的发展，其情绪能力有了很大进步，主要反映在情绪理解、自我意识情绪、情绪调节 3 个方面。

情绪理解指识别和解释他人情绪的能力。4～5 岁时，幼儿能够依据他人的身体运动推断一个人是否高兴，也能够预测玩伴表达了某种情绪后接下来要做什么。上述观察记录中，莫莫请李老师把自己完成任务的照片发给妈妈，因为莫莫知道妈妈看到照片后也会很高兴。这一行为表明，莫莫能够推测妈妈看到自己照片后的积极情绪。

自我意识情绪是以自我意识为基础的更为高级的情绪，常见的类型有羞耻、沮丧、自豪等。幼儿的自我意识情绪易受成人评价或观点的影响。如果父母或者教师对幼儿及其行

① 李博雅. 莫莫的游戏时间 [J]. 学前教育，2016 (Z1)：25-26.

为表现给予反馈，幼儿就能够体验到更强烈的自我意识情绪。

情绪调节指个体运用一定的策略和机制管理和改变自己或他人情绪的过程。根据来源，情绪调节分为内部调节、外部调节。内部调节指对个体的生理、心理、行为等方面进行调节，如自我暗示、深呼吸。外部调节指对个体以外的环境，如人际、社会、文化、自然等方面进行调节，与他人交谈便是常见的外部调节方式。

再次回顾上述观察记录，我们可以发现，莫莫自进入中班以来情绪能力有了很大进步，不再一味地哭闹，慢慢学会控制自己的情绪，在情绪理解、自我意识情绪、情绪调节方面有很好的表现。结合幼儿情绪发展的特点，我们可以将李老师的观察记录进行如下分析：

分析

与在小班时的表现相比较，进入中班后，莫莫的情绪能力显著提高。

首先，莫莫能够理解、推测妈妈的情绪。她知道如果妈妈看到自己开心的笑容，妈妈也会开心。

其次，莫莫发展了自我意识情绪。小班时，当妈妈离开时或者自己遇到困难时，莫莫多是以简单的哭泣表达情绪。进入中班后，莫莫已经具备了沮丧、自信等更为复杂的自我意识情绪。当多次尝试失败时，莫莫没有直接哭泣，而是有一点沮丧。当得到李老师鼓励时，莫莫不再伤心，而是充满了自信，继续进行游戏。

最后，莫莫能够调节自己的情绪。一方面，得知妈妈要离开一周，莫莫没有大哭大闹，而是选择以最好的状态等待妈妈。而且，在游戏过程中，莫莫一直不忘保持“最好的状态”，并以此作为暗示，使自己能够愉快地进行游戏。另一方面，在游戏过程中，莫莫多次尝试仍然失败，她虽然有点沮丧，但是在老师的鼓励下，能够抑制消极情绪，继续尝试游戏。

幼儿情绪能力的发展得益于教师以及家长的共同努力。在与家长沟通的过程中，李老师发现这是莫莫第一次与妈妈分开一周，虽然妈妈与莫莫做了约定，但是妈妈也非常担心莫莫会大哭大闹。在与家长交流后，李老师根据观察记录与分析，为接下来的教育教学活动提出了以下建议：

建议

在妈妈出差期间，莫莫情绪表现很好，这与妈妈做的“约定”息息相关。为进一步发展莫莫的情绪能力，需要继续加强家园合作。

首先，引导家长关注幼儿的情绪反应，注重幼儿情绪能力的培养。一方面，家长可以多与幼儿沟通，对于出差等事宜事先征得幼儿同意，尽量减少或避免其产生消极情绪。另一方面，当幼儿出现消极情绪时，家长需要鼓励、引导幼儿，培养幼儿的情绪调节能力。

其次，在平日的教育教学活动中，教师要积极主动地与家长沟通，了解幼儿在家的情绪状态。当幼儿遇到困难时，教师要鼓励幼儿克服困难，并及时表扬幼儿的积极表现。

最后，可以通过与幼儿分享具有复杂情感的故事，帮助幼儿体验和发展自我意识情绪。

四、幼儿社会性发展的理论解读

社会性是个体在社会生活中所获得并表现出来的符合社会规范的行为方式。社会性发展指个体从一个生物人，逐渐掌握社会的道德行为规范与社会行为技能，成为一个社会人，逐渐步入社会的过程①。社会性发展是幼儿全面发展的重要组成部分，促进幼儿社会性发展已成为现代教育的重要目标。在社会交往中，幼儿可以了解和认识人与人之间、人与社会之间的关系，学习社会道德准则和处理人与人之间的关系，克服任性、以自我为中心等不利于社会交往的行为，发展行为的调节能力和社会活动能力，充分发展个性，以形成适应社会要求的社会性行为②。

幼儿期是幼儿社会性发展的重要时期，影响幼儿未来多方面的发展。观察者在日常教育教学中，应该在儿童发展理论的指导下科学观察幼儿的社会性发展。以下是李老师对中班一名幼儿的社会交往行为进行观察时写的记录，接下来将以此为例说明如何运用班杜拉的社会学习理论解读幼儿的社会交往行为。

观察记录表

幼儿姓名：强强	性别：男	编号：19
年龄：4 岁 6 个月	观察日期：××××年 10 月 10 日	
开始时间：17：00	结束时间：17：05	
观察地点：中一班		
观察者：李老师		

观察记录

下午 5 点，小朋友们陆续离开了幼儿园，活动室里还有四五个孩子坐在一起玩雪花片。强强刚用雪花片插了一把“宝剑”，他的妈妈来了。我摸摸强强的头说：“看，妈妈来接你了。”强强头也不抬地说：“我还要玩一会儿。”妈妈站在门口说：“不行，赶快走！这都几点了？”强强大喊：“我就要玩！”妈妈生气地说：“你再不走，我走了！”“不，我还要玩一会儿。”……

我见状立即对强强说：“妈妈回去还要做饭，再玩一小会儿，好吗？”强强点点头。于是，我示意强强妈妈到活动室里等他一会儿，强强妈妈一脸不高兴地坐在强强身边。强强拿着自己插的“宝剑”在暖暖身边走来走去说：“我是奥特曼，打死你这个怪兽。”说完，他用“宝剑”刺向暖暖的后背。“宝剑”断了，强强用手当宝剑，在暖暖身上乱戳，暖暖哭着喊：“老师，他打我。”

强强妈妈看见暖暖哭了，站起身抬起手，“啪啪”给了强强两个耳光，大声地说：“看你再打人！”强强嘴巴一咧，大哭起来。强强妈妈生气地拉起强强的手，一边朝活动室门口走去，一边说：“你太淘气了！回家看我怎么收拾你！”

---

① 陈帼眉．学前心理学［M］．北京：人民教育出版社，2003：407.

② 谢弗．社会性与人格发展：第 5 版［M］．陈会昌，等译．北京：人民邮电出版社，2012：88.

班杜拉的社会学习理论或许能够为观察者分析上述观察记录提供理论支持。社会学习理论强调社会行为是通过观察学习或模仿学习获得的，强调观察学习在个体行为获得中的作用，认为个体的多数行为是通过观察别人的行为和行为的结果而习得的，依靠观察学习可以迅速掌握大量的行为模式。社会学习理论也非常重视榜样的作用。个体的行为虽然可以通过观察学习过程获得，但是获得什么样的行为以及行为的表现如何，则有赖于榜样的作用。榜样是否具有魅力、是否拥有奖赏、榜样行为的复杂程度、榜样行为的结果都将影响个体的行为表现。

结合班杜拉的社会学习理论，可以看到强强在社会交往中出现了攻击行为，而他的妈妈也是用攻击行为惩罚他的。基于此，我们可以对这份观察记录进行如下分析：

分析与评价

社会学习理论认为，观察学习是儿童攻击行为获得的重要途径。儿童在各种社会情境中，通过观察他人的行为和行为后果，习得了攻击行为。强强妈妈不恰当的惩罚方式为强强攻击行为的习得与发展提供了观察学习的途径，在“适宜”的情况下，强强可能会把妈妈惩罚自己的手段用来攻击他人。

班杜拉的社会学习理论强调个体的主动性，认为个体能够自发地预测自己行为的后果，并依靠反馈进行自我评价，所以个体的行为即使未受到外来的强化，自己也具有调控行为的可能性。个体对攻击行为的自我调节机制实际上有一个自我强化的过程，主要由3个子过程组成：自我观察、判断、自我反应。通过判断，个体对自己的行为得出积极或消极的评估结果，这一结果从认知上制约着自身是否做出攻击行为。如果判断结果是积极的，那么便会对其攻击行为起奖赏作用，驱使其发生攻击行为；反之，则起到抑制攻击行为发展的作用。幼儿虽然自我意识发展水平较低，认知成分在行为调节方面起的作用不大，但是教师也不要忽视幼儿内部因素对调控攻击行为的影响。教师、家长要让幼儿知道攻击行为的危害性，再通过移情训练等方式，让幼儿体验到自己的攻击行为给他人带来的痛苦。认知和情感因素的结合会产生内在的动力，使幼儿对自己的攻击行为感到羞愧，促使其自觉减少攻击行为。

根据观察记录与分析，李老师为接下来的教育教学活动提出了以下建议：

建议

强强的攻击行为可能是从家长不恰当的惩罚方式中习得的。因此，首先要与家长沟通，让家长了解不恰当的惩罚方式的弊端，停止对孩子进行体罚。同时，与家长交流适宜的管教方式。比如，当强强出现攻击行为时，可以进行一定的惩罚，但惩罚时应注意：(1) 惩罚要及时，让强强的攻击行为能得到及时反馈，且在惩罚时应向强强讲清楚错在哪里，应该怎么做。(2) 惩罚应和鼓励相结合。对强强的惩罚并不能“以其人之道还治其人之身”，可以采取停止玩玩具、看动画片等手段。当幼儿表现出家长期望的良好行为或行为有明显改进时，成人要及时给予表扬和奖励，以便帮助强强消除攻击行为，塑造良好行为。

思考与练习

1. 如何理解儿童发展的整体观？
2. 儿童发展理论对幼儿行为观察有怎样的意义？
3. 结合自己平时的观察记录，尝试使用儿童发展理论分析幼儿的行为表现。

阅读导航

1. 谢弗. 儿童心理学［M］. 王莉，译. 北京：电子工业出版社，2010.
2. 陈帼眉. 学前心理学［M］. 北京：人民教育出版社，2003.
3. 王淑娟. 论幼儿教育整体观之多元智能视角［J］. 教育与教学研究，2012，26（9）.
4. 李博雅. 莫莫的游戏时间［J］. 学前教育，2016（Z1）.

第四章

运用《指南》科学观察幼儿

本章导读

《3～6 岁儿童学习与发展指南》(简称《指南》) 描述了 3～6 岁幼儿在健康、语言、社会、科学、艺术 5 个领域发展中的典型表现，并提出了相应的教育建议。《指南》的颁发为了解幼儿、科学观察幼儿提供了框架式的指引。观察者应学习并理解《指南》，认识《指南》对幼儿行为观察的指导意义，运用《指南》深入了解幼儿、指导观察过程、科学分析幼儿的行为，从而提高其专业观察的能力。

学习目标

1. 学习《指南》，理解《指南》对幼儿行为观察的指导意义。

2. 运用《指南》深入了解幼儿、指导观察过程、科学分析幼儿的行为，从而提高专业观察的能力。

以前，我不会观察。每天要面对 30 多个孩子，每个孩子的行为有很多，我不知道什么样的行为值得观察和记录，也不知道观察记录之后该怎样分析幼儿的行为。学习《指南》后，我好像慢慢找到了观察的门道。《指南》详细介绍了五大领域中幼儿的典型行为表现，我就根据这些典型行为表现和班上幼儿的实际发展情况，明确我要观察幼儿在哪一领域哪个方面的发展。我在观察时慢慢地学会了在日常活动和游戏中有重点、有目的地观察记录幼儿的行为。在观察结束后，我会参考《指南》分析幼儿的行为，并结合《指南》中的教育建议提出一些更加具体、有针对性的指导策略。

以上是某教师运用《指南》观察幼儿行为后的感受。《指南》颁发后，它就像一座“灯塔”照亮了幼儿行为观察这条道路。无数幼儿园教师都在以《指南》为依据对幼儿行为进行观察。那么，《指南》对幼儿行为观察有着怎样的指导意义？如何运用《指南》科学观察幼儿的行为？本章将详细介绍相关内容。

第一节　了解《指南》

一、《指南》简介

为进一步推进我国学前教育科学发展，教育部于 2012 年 10 月正式颁发《3～6 岁儿童学习与发展指南》。《指南》是国家为深入贯彻落实《国家中长期教育改革和发展规划纲要（2010—2020 年）》和《国务院关于当前发展学前教育的若干意见》，采取的又一大举措。《指南》旨在指导幼儿园与家庭实施科学的保育与教育，促进幼儿身心全面和谐发展。

《指南》以 3～6 岁幼儿为对象，从健康、语言、社会、科学、艺术五大领域描述幼儿的学习与发展。按照幼儿学习与发展的最基本、最重要的内容，《指南》将每个领域划分为若干方面（子领域），每个方面（子领域）由学习与发展目标和教育建议两部分组成。目标部分分别对 3～4 岁、4～5 岁、5～6 岁 3 个年龄段末期幼儿应该知道什么、能做什么，大致可以达到什么发展水平提出了合理期望，指明了幼儿学习与发展的具体方向。教育建议部分列举了一些能够有效帮助和促进幼儿学习与发展的教育途径与方法。《指南》共包括五大领域、11 个子领域、32 个学习与发展目标、87 条教育建议。《指南》的具体结构如图 4－1 所示。

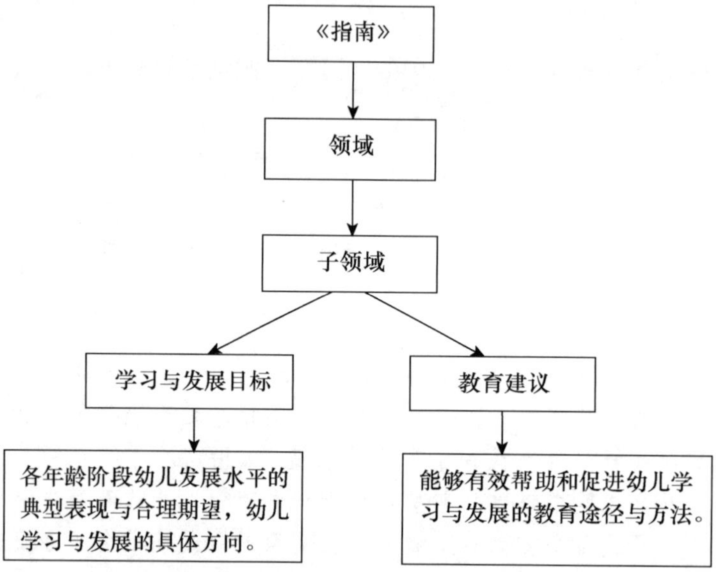

图 4－1　《指南》的结构

《指南》全面系统地指出了 3～6 岁幼儿在五大领域发展中的典型表现和目标，并提出了相应的教育建议。《指南》的颁发为了解幼儿、科学观察幼儿提供了框架式的指引。

二、学习与理解《指南》

为有效运用《指南》来观察幼儿行为，有必要学习与理解《指南》，深入体会《指南》

的本质及内涵。学习与理解《指南》，需要把握《指南》的整体性、引导性和发展性这3个特点。

（一）理解《指南》的整体性

《指南》由相对独立的五大领域综合而成，在结构上是分散的，但是在本质上具有整体性。《指南》制定的目的以及各领域间的联系均体现了《指南》的整体性特征。

从制定的目的来看，《指南》旨在促进幼儿的全面和谐发展，五大领域的内容紧紧围绕这一目的而展开。为实现幼儿的全面和谐发展，健康、语言、社会、科学、艺术五大领域缺一不可。幼儿的发展是一个整体，促进幼儿身心全面协调发展，需要注重五大领域之间的整合作用，而不应片面追求某一方面或某几方面的发展。这五大领域的内容作为一个整体，共同致力于幼儿的体、智、德、美全面协调发展。

从各个领域之间的联系来看，《指南》中各领域相互渗透、相互支撑，任何一个领域内目标的实现都需要依靠其他领域的支持与协助。以语言领域目标为例，《指南》指出，5～6岁幼儿在语言领域的“倾听与表达”子领域中应具备“愿意与他人讨论问题，敢在众人面前说话”的典型表现。这一典型表现不仅仅体现了幼儿在语言领域学习与发展的具体方向，还与其他领域的目标要求相互呼应。例如，社会领域提出“有高兴的或有趣的事愿意与大家分享”，科学领域提出“探究中能与他人合作与交流”，艺术领域提出“愿意和别人分享、交流自己喜爱的艺术作品和美感体验”，健康领域提出“能较快融入新的人际关系环境”。这些目标要求具有共同之处，即均要求幼儿具备与他人交流的能力。当然，每个领域对这一能力的目标要求有不同的侧重。《指南》中的五大领域紧密联系、密不可分，五大领域的关系正如陈鹤琴先生对“五指活动”理论的描述：“五个手指是手掌的一部分，其骨肉相连，血脉相通，共同构成了具有整体功能的手掌。”

总之，《指南》结构分明，内容相对分散，但各部分有着共同的目的，即为促进幼儿全面协调发展服务。因此，我们应该综合理解《指南》各组成部分之间的联系，切勿孤立片面地看待每个部分。

（二）理解《指南》的引导性

《指南》描述了3～6岁幼儿学习与发展的具体方向和基本水平，在使用《指南》时应理解它的引导性。《指南》可以帮助幼儿园教师和家长了解3～6岁幼儿学习与发展的基本规律和特点，建立对幼儿发展的合理期望，以便实施科学的保育和教育，让幼儿度过快乐而有意义的童年。可以说，《指南》是教师和家长科学育儿、促进幼儿发展的指南针，为幼儿发展评价提供了更加科学、具体的视角，但在使用《指南》时不应将其作为评价幼儿发展的标尺。也就是说，《指南》是一个系统综合、具有操作性的指导框架，是指导教师和家长科学育儿的重要参考，而不是一套规范化的衡量标准①。《指南》中的五大领域及其子领域是幼儿发展中最基本、最重要的内容，但不能涵盖幼儿身心发展的所有方面；每个领域中的学习与发展目标是幼儿在各个年龄阶段大致应该达到的发展水平，但不是所有幼儿都必须达标的标尺；每个领域中的教育建议可供教师与家长参考，而不要求教师与家

① 秦旭芳，陈铮．为幼儿成长搭建阶梯：《3～6岁儿童学习与发展指南》下幼儿发展评价的定位与实施［J］．教育导刊（下半月），2013（10）：10-13．

长必须采纳与实施。

《指南》不是统一的标准，也不可能成为统一的标准。幼儿的发展存在共性，但是没有任何两个幼儿的发展轨迹是完全相同的。每个幼儿都是一个独特的个体，有着自己的发展节奏。学习与理解《指南》应该充分体会其指导、引领的价值，切勿将《指南》视作“标准”。

（三）理解《指南》的发展性

《指南》目标部分提出了对各年龄阶段幼儿学习与发展水平的合理期望，但是这些目标并非是对幼儿发展结果的静态描述，而是对幼儿发展过程的动态表达。4～5 岁幼儿学习与发展的目标是对 4～5 岁幼儿学习与发展的合理期望，是 4～5 岁幼儿大致能够达到的典型表现。不仅如此，这同样为 3～4 岁幼儿的学习与发展指明了具体方向。例如，社会领域在“关心尊重他人”目标中指出，4～5 岁幼儿可以具备的典型表现有“会用礼貌的方式向长辈表达自己的要求和想法”“能注意到别人的情绪，并有关心、体贴的表现”“知道父母的职业，能体会到父母为养育自己所付出的辛劳”。幼儿园教师可以依据这些典型表现分析 4～5 岁幼儿学习与发展的水平，还可以依据这些内容采取适宜措施促进 3～4 岁幼儿的学习与发展。

《指南》通过各个领域、子领域以及学习与发展目标勾勒出了 3～6 岁幼儿学习与发展的最基本、最重要的内容，指明了幼儿发展的大致范围与过程。《指南》对 3～6 岁中各个年龄阶段的幼儿提出了合理的期望，这一期望不宜视为对幼儿静态的、终极的发展结果的描述，而应视为对幼儿学习过程与发展过程的描述和引导①。教师与家长要理解《指南》的发展性，用发展的眼光看待《指南》，灵活地运用《指南》。当幼儿实际发展情况与《指南》中的典型表现相一致时，可以参考《指南》进一步促进幼儿向更高水平发展。当幼儿与《指南》中描述有一定差距时，就有必要细读《指南》，并全面、认真地分析幼儿尚未达到的典型表现，然后积极采取有针对性的方法，帮助幼儿在已有的水平上进一步学习与发展。

第二节 《指南》对幼儿行为观察的意义

观察法是了解幼儿行为的重要途径，观察质量的高低影响着观察者对幼儿行为的了解程度。在平时的活动中，每位幼儿都会表现出大量的、不同的行为，面对幼儿丰富多样的行为表现，观察者有着众多困惑。例如，应该观察幼儿的哪些行为？该怎样观察幼儿的行为？观察之后，应如何分析幼儿的行为？针对观察结果，该怎样促进幼儿的发展？

《指南》系统展示了 3～6 岁中各年龄阶段幼儿在学习与发展过程中出现的典型表现，为科学观察幼儿行为提供了理论支撑，是观察者了解幼儿发展特点、制订观察计划、评价幼儿行为、完善教育教学的指路明灯。

---

① 李季湄，冯晓霞.《3～6 岁幼儿学习与发展指南》解读［M］. 北京：人民教育出版社，2013：35.

一、《指南》在幼儿行为观察中的意义

（一）帮助观察者直观了解幼儿的发展特点

《指南》系统地指出了3～6岁幼儿在各年龄阶段学习与发展的最基本、最重要的内容，这为全面、深入了解幼儿的发展特点提供了清晰具体的框架。《指南》像一幅描绘幼儿学习与发展的地图，可以让观察者直观地了解幼儿的发展特点。《指南》与以往颁布的纲领性文件相比，其最大的进步在于提出了具体、可操作的典型目标行为。在平时的观察中，观察者观察的主要目标和内容也是幼儿的具体行为表现。因此，《指南》是方便观察者，尤其是幼儿园教师进行科学观察的“秘密武器”①。

从横向来看，《指南》包含五大领域，每个领域包含着不同的学习与发展目标，涵盖了幼儿学习与发展最基本、最重要的内容，展现了幼儿可能出现的典型行为，有助于观察者了解幼儿学习与发展的特点。以健康领域为例（见表4-1），观察者可以清楚地看到，在健康领域中应该关注幼儿在身心状况、动作发展、生活习惯与生活能力这3个子领域中的实际发展情况。每个年龄阶段每个子领域所包含的具体目标，能够让观察者更加清楚地了解幼儿在某一方面合理的发展水平。因此，观察者通过《指南》可以从宏观到微观了解到每个领域中幼儿发展的重要方面和关键点。

表4-1　健康领域结构

领域	子领域	目标
健康领域	身心状况	具有健康的体态 情绪安定愉快 具有一定的适应能力
	动作发展	具有一定的平衡能力，动作协调、灵敏 具有一定的力量和耐力 手的动作灵活协调
	生活习惯与生活能力	具有良好的生活与卫生习惯 具有基本的生活自理能力 具备基本的安全知识和自我保护能力

从纵向来看，《指南》对3～6岁中3个年龄阶段幼儿的典型行为表现分别进行了描述，不仅具体详细，还具有连贯性，有助于观察者进行持续性的观察。以社会领域中人际交往子领域中的目标1为例（见表4-2），《指南》以“愿意与人交往”这一目标为主，分别呈现了3～4岁、4～5岁、5～6岁3个年龄段末期幼儿可以达到的合理预期。这一方面便于观察者清晰地掌握幼儿在3～6岁大致的发展顺序和发展水平。层层递进的关系可以让观察者清晰地知道幼儿下一阶段可能获得的学习经验是什么。另一方面，有利于观察者更准确地判断幼儿发展水平，以便采取适宜的教育措施，做到有的放矢。

① 管旅华.《3～6岁儿童学习与发展指南》案例式解读［M］. 上海：华东师范大学出版社，2013：26.

表 4-2 社会领域中人际交往子领域中的目标

（一）人际交往 目标 1 愿意与人交往		
3～4 岁	4～5 岁	5～6 岁
1. 愿意和小朋友一起游戏 2. 愿意与熟悉的长辈一起活动	1. 喜欢和小朋友一起游戏，有经常一起玩的小伙伴 2. 喜欢和长辈交谈，有事愿意告诉长辈	1. 有自己的好朋友 2. 有问题愿意向别人请教 3. 有高兴的或有趣的事愿意与大家分享

《指南》中具体的学习与发展目标，能够帮助观察者快速了解幼儿可能表现出的典型目标行为，使观察者在观察过程中做到心中有数，引导教师客观判断在观察记录中幼儿出现的行为是否符合一般发展规律①。在运用《指南》观察幼儿时，一位教师在反思笔记中这样写道：

> 我虽然做幼儿教师 10 多年了，也积累了很多观察经验，但还是有很多没有注意到的地方。我以前观察幼儿时，只是对幼儿的一部分行为进行观察，但是没有系统地理解幼儿的整体发展特点。学习《指南》后，我对幼儿的整体发展特点有了更加清晰的认识。其实，《指南》对于新老师的帮助更大，学习《指南》后，他们能够很清楚地知道每个年龄阶段幼儿的身心发展特点，这样就能够快速地确定观察内容。

从上述描述来看，无论是对于新教师还是对于专家型教师，《指南》都具有重要的指导意义，能够帮助他们清晰地掌握幼儿发展的基本要点。

（二）便于观察者制订合理的观察计划

观察是一种有目的、有计划的活动。观察者在进行观察前需要制订合理的观察计划。观察者在全面了解幼儿学习与发展基本内容的基础上，可以参照《指南》有目的地观察幼儿，制订合理的观察计划。《指南》包括五大领域，每个领域分为若干子领域，每个子领域包含目标部分和教育建议部分，这为观察者提供了具体而详细的指导框架，有助于观察者制订合理的观察计划。下面是观察者在运用《指南》进行观察时的感受及分析②（见表 4-3）。

表 4-3 运用《指南》进行观察时的感受及分析

教师感受	资料分析	优势概括
《指南》上有目标，让我们的观察更有方向。这些方向让我们知道，在观察过程中需要看哪些方面 《指南》能作为我们观察儿童的参考，使我们不会漫无目的地观察	《指南》为观察者“看什么”指明了方向	明确观察目的

① 刘海燕．学前幼儿行为观察：探测行为背后的心理［M］．北京：科学技术文献出版社，2014：49.
② 刘佳丽．教师运用《指南》观察儿童的策略研究［D］．成都：四川师范大学，2015：33.

续表

教师感受	资料分析	优势概括
有了《指南》以后，老教师不再是单纯地凭借经验观察，新教师能够较快地明确观察方向 没有《指南》的时候，年轻教师很多点看不到，有了《指南》以后观察得更仔细了	依据观察目的，有效确定观察目标	细化观察目标
《指南》涵盖多个领域，指引我们在区域活动、户外游戏活动等多个活动中去观察幼儿，让我知道并不是只有集体教学的时候才进行观察。幼儿参加的任何一个活动、做出的任何一个举动都可以进行观察 《指南》让我知道可以从幼儿的活动、游戏和生活入手，从一日生活当中捕捉到一些能够和《指南》相对应的点	让观察者明确观察的时机	把握观察时机
根据《指南》上的内容可以总结出 3～6 岁各个年龄阶段幼儿的特征。幼儿年龄不同，观察内容也有所不同。小班幼儿因为才上幼儿园，所以重点应该放在生活护理、幼儿情绪上；中班幼儿需要注重基本行为规则和行为习惯的养成；大班幼儿主要就是在每个活动中巩固行为习惯	让观察者更加清晰地了解幼儿的年龄特征	根据幼儿年龄调整观察重点

从上面表格中的教师感受可以看出，《指南》可以帮助观察者制订观察计划。合理运用《指南》，有助于观察者明确观察目的、细化观察目标、把握观察时机、调整观察内容。值得注意的是，在依据《指南》制订观察计划时，需要注意灵活运用《指南》。一方面，在参考《指南》时，观察者应该把握《指南》中每一个目标、每一个典型行为表现的本质内涵，不能生搬硬套，更不能咬文嚼字，不能将《指南》中的典型行为表现与幼儿实际行为生硬地对照。《指南》中典型行为表现是某一年龄阶段幼儿在某一方面典型、普遍的体现，不能涵盖幼儿所有的实际行为。另一方面，观察者应根据实际情况，适度调整观察目的和观察内容。观察计划有利于观察者在观察前做到心中有数，便于观察者明确观察目标，提高观察意识。但是，观察计划并非一成不变，实施观察计划时应该以幼儿的行为为核心，并依据幼儿行为灵活调整观察内容和重点。

（三）指导观察者科学评价幼儿的行为

《指南》有助于观察者科学地评价幼儿的行为表现。《指南》对 3～6 岁幼儿的典型行为表现进行了系统、细致的描述，为观察者评价幼儿行为提供了参照。没有理论指导时，观察者往往会凭借主观经验评价幼儿的行为，这种评价带有主观性，甚至可能错误解读幼儿的行为。以下是一位幼儿园教师的观察记录片段：

观察记录表

幼儿姓名：豆豆　　性别：男　　编号：4

年龄：3 岁 10 个月　　观察日期：××××年 5 月 23 日

开始时间：10：00　　结束时间：10：30

观察地点：幼儿园户外活动区
观察者：李老师
观察记录
今天上午，我带着孩子们进行户外游戏，大部分孩子都开心地在玩滑梯，只有豆豆一个人跑到了一边，蹲在角落处。我心想，豆豆为什么自己待在一边？是不是不喜欢和小朋友一起玩？我走过去，看到豆豆手里正在拿着一只小虫子。他对我说："老师，你看它的嘴巴那么小，怎么吃东西啊？"因为担心小虫子会咬到豆豆的手指，我对他说："豆豆，小虫子可能会咬人，你可以和小朋友一起去玩滑梯吗？你看滑梯多好玩啊！"豆豆还是一直看着小虫子，没有理我。看到豆豆不愿意离开，我想他可能性格比较内向，更喜欢一个人玩。

对于豆豆一个人玩小虫子的行为，李老师初步判断他是一个内向的孩子，不愿意与其他小朋友玩耍。很显然，李老师的评价带有一定的主观性，比较片面。豆豆独自一人玩小虫子的行为并不意味着豆豆不喜欢和小朋友玩，也不能依据这一行为直接判断豆豆比较内向。对幼儿行为的评价需要在了解幼儿身心发展特点的基础上进行。

在学习《指南》之后，我们该如何评价豆豆的行为表现呢？豆豆是小班幼儿，参照《指南》中关于3～4岁幼儿典型行为表现的描述可以知道，社会领域指出3～4岁幼儿"能根据自己的兴趣选择游戏或其他活动"；科学领域指出幼儿"喜欢接触大自然，对周围的很多事物和现象感兴趣"，"对感兴趣的事物能仔细观察，发现其明显特征"；艺术领域指出幼儿"喜欢观看花草树木、日月星空等大自然中美的事物"；语言领域指出幼儿"愿意在熟悉的人面前说话，能大方地与人打招呼"。在《指南》的引导下再次回顾豆豆的行为，可以发现豆豆的行为体现了很多优点。例如，豆豆对于自然事物很感兴趣，观察认真，并且能够清楚地表达自己的发现。此外，《指南》明确指出应该充分尊重和保护幼儿的好奇心和学习兴趣。在上述案例中，李老师既没有尊重豆豆的好奇心和学习兴趣，也没有看到豆豆行为中的闪光点，做出的评价过于主观、片面。《指南》以科学的儿童观和教育观为基础，能够引导观察者更为准确地解读幼儿的行为，更为科学地评价幼儿的行为。

（四）引导观察者反思，完善教育教学行为

《指南》可以引导观察者不断反思、完善自己的教育教学行为，为幼儿发展创造更好的环境。《指南》围绕5大领域，系统地呈现了幼儿学习与发展的目标，并且均附上了相关的教育建议。这些教育建议为观察者改善自身教育教学行为，为幼儿营造良好的学习环境提供了一定的参考。以语言领域为例，在语言领域的"倾听与表达"子领域提出了"愿意讲话并能清楚地表达"这一目标，并在此目标之后列出了3个年龄段的典型行为表现，给出了两点教育建议（见表4-4）。观察者在完成观察活动之后，可以结合幼儿的实际行为和相关的教育建议，有针对性地为幼儿创造更好的学习环境。此外，《指南》结构清晰，内容翔实，教育建议具有可操作性。观察者可以运用《指南》中的具体内容来反思自身的教育教学行为。

表 4-4 语言领域中"倾听与表达"子领域目标 2 的教育建议

教育建议： 1. 为幼儿创造说话的机会并体验语言交往的乐趣。 ■ 每天有足够的时间与幼儿交谈。如谈论他感兴趣的话题，询问和听取他对自己事情的意见等。 ■ 尊重和接纳幼儿的说话方式，无论幼儿的表达水平如何，都应认真地倾听并给予积极的回应。 ■ 鼓励和支持幼儿与同伴一起玩耍、交谈，相互讲述见闻、趣事或看过的图书、动画片等。 ■ 方言和少数民族地区应积极为幼儿创设用普通话交流的语言环境。 2. 引导幼儿清楚地表达。如： ■ 和幼儿讲话时，成人自身的语言要清楚、简洁。 ■ 当幼儿因为急于表达而说不清楚的时候，提醒他不要着急，慢慢说；同时要耐心倾听，给予必要的补充，帮助他们厘清思路并清晰地说出来。

《指南》作为纲领性文件，能够帮助幼儿园教师客观地反思并完善自己的教育教学行为。《指南》中的教育建议较为客观、普遍，像一个基本的操作指南，可以修正教师的行为。以下是某幼儿园教师运用《指南》反思教育教学实践的心得体会：

> 以前在完成观察记录之后，我可能会根据自己的理解实施一些教育措施，没有过多的参考，也不知道自己对不对。学习《指南》之后，我会参照《指南》中的教育建议，有针对性地改善自己的教育行为。《指南》中的一些教育建议是我之前没有想到的，看了这些教育建议之后，我的思路开阔了很多。当然，有时候我也会发现自己之前实施的一些教育措施是错误的。

的确，在教育教学活动中，教师的言行不可能完全正确，也不可能不受其自身经验的影响。《指南》恰恰在最大程度上帮助教师避免了主观臆断，为教师实施教育措施提供了客观依据，有助于教师反思和完善教育教学行为。

二、是否运用《指南》观察幼儿的区别

在观察幼儿时，没有运用《指南》与运用《指南》有什么区别呢？两者的区别在一定程度上，可以看作是日常观察与专业观察的区别。

没有运用《指南》进行观察时，观察者对于幼儿行为的观察可能较为随意。观察者往往只针对自己感兴趣或者引起自己兴趣的行为进行观察，并且大多依据个人的主观经验做出分析。这种观察是一种日常观察，是大多数人都具备的一种能力，但缺乏专业性。为更好地促进幼儿的身心发展，观察者应该进行专业观察。《指南》指导下的观察活动就是一种有目的的专业观察。

《指南》描述了 3～6 岁幼儿学习与发展过程中最基本、最重要的内容，为观察者观察幼儿行为提供了理论框架。观察中运用《指南》，可以帮助幼儿园教师明确观察目的、确定观察内容、规范观察过程、科学评价幼儿行为。没有运用《指南》进行的日常观察和运用《指南》进行的专业观察在观察目的、观察内容、观察记录和观察评价方面都有着一定的区别，如表 4-5 所示。

表 4-5　日常观察与专业观察的区别

	日常观察	专业观察
是否运用《指南》	否	是
观察目的	无目的，较为随意	有目的地了解幼儿的学习与发展情况
观察内容	感兴趣的或者引起兴趣的行为	依据观察目的和幼儿的实际情况，细化观察内容
观察记录	记录印象深刻的行为和事件	客观真实记录幼儿行为，重点记录幼儿有意义的行为
观察评价	依靠主观经验进行解释	依据幼儿学习与发展的目标，客观评价幼儿发展中的优点与不足

此外，日常观察和专业观察最根本的区别在于是否能够很好地促进幼儿的学习与发展。运用《指南》进行的专业观察，是参考 3～6 岁幼儿的学习与发展的目标制订出合理的观察计划，并且将观察结果与《指南》的教育建议相结合，进而提出促进幼儿进一步发展的有效策略的过程。运用《指南》进行的观察能够更好地了解幼儿行为背后的特点，进而有针对性地实施教育措施以促进幼儿的学习与发展。相比之下，日常观察无法很好地达到促进幼儿学习与发展的效果。

第三节　运用《指南》科学观察幼儿的行为

为充分利用《指南》科学观察幼儿的行为，观察者需要学习与解读《指南》，全面了解幼儿的发展特点，参考《指南》指导观察过程，根据《指南》科学分析幼儿行为，参照《指南》完善教育教学。本节将结合案例详细介绍如何运用《指南》科学观察幼儿。

一、学习《指南》，全面了解幼儿

（一）学习《指南》

全面深入地理解《指南》的结构与内涵，是运用《指南》科学观察幼儿行为的首要前提。

第一，观察者应该熟悉《指南》的具体内容。观察者需要明确《指南》包含哪些领域，每个领域包含哪些子领域，每一个子领域有哪些目标，每个目标对应哪些典型表现和教育建议，这样才能够保证在与幼儿互动的过程中更为敏锐地捕捉幼儿的行为并对其进行细致深入的观察。倘若观察者在观察幼儿时还需要翻看《指南》的描述，将幼儿的行为与《指南》中的典型表现一一进行核对，那么幼儿的重要行为便会稍纵即逝，观察者将很难有所收获。

第二，观察者需对《指南》形成一个整体印象，综合理解各组成部分的内容。为了清晰地描述幼儿学习与发展的基本内容，《指南》以五大领域的形式分别阐述，但是观察者应该综合理解各个领域的内容。事实上，幼儿的学习与生活是一个整体，综合涵盖了健康、语言、社会、科学、艺术五个甚至更多的领域。在对幼儿进行观察时，可以以某一领域某一方面为侧重点，但是不能仅仅只关注到某一方面的典型表现，这样易造成对幼儿行为的片面理解。下面是一位幼儿园教师进行观察时的感受：

> 我当时学习《指南》时是一部分一部分地学习的，各部分划分很明确。但是，在真正观察时我感到，如果只用某一个目标来观察幼儿，那么观察就很片面。在观察幼儿户外活动时，我发现幼儿的运动能力很好，小肌肉很发达，符合《指南》中健康领域的描述。但是，我也发现，在户外活动中有些幼儿与其他幼儿交流很多，有些幼儿就自己一个人玩。我们班的幼儿虽然在运动能力上都发展得很好，但是在其他方面存在着很大差异。所以，对幼儿的观察不能只看健康领域这一个方面。

在对幼儿的户外活动进行观察时，观察者常会参考《指南》中健康领域的内容，将观察重点放在幼儿的身体运动方面。这是一种常见的观察习惯。但是，这种观察往往是比较片面的，不能从整体上反映幼儿的实际发展水平。在户外活动中，观察者不仅可以观察幼儿在健康领域的表现，还可以将观察视角扩展到语言、科学、社会、艺术等领域。观察的内容可以是多方面的，例如，幼儿在自我介绍游戏中的表现（语言领域），幼儿在户外活动中与他人的合作情况（社会领域），幼儿在户外游戏时对滑梯的外形、颜色感兴趣（科学领域），幼儿一边玩着游戏一边唱着刚刚学过的儿歌（艺术领域）。因此，运用《指南》进行观察时，应该综合理解《指南》，灵活运用各部分内容。

（二）全面了解幼儿的发展特点

了解和促进幼儿的身心发展水平是观察的出发点和落脚点。因此，在运用《指南》观察幼儿时，观察者需要全面了解幼儿的身心发展特点。

了解幼儿的身心发展特点，观察者需要做好两个方面的准备。一方面，通过《指南》以及专业书籍从知识层面上大致了解幼儿的身心发展特点。《指南》从五个领域入手，详细阐述了3～6岁幼儿大致应该具备的典型行为表现，这些内容有助于观察者系统、直观地理解幼儿的身心发展特点。另一方面，需要了解班级中每位幼儿的发展水平。想要了解幼儿的发展水平，可以通过多种途径：第一，可以通过与家长谈话、发放问卷等方式了解幼儿的基本发展状况或存在的发展问题。但是由于家长并非专业的观察者，其表述带有一定的主观性、片面性，所以观察者需要通过对幼儿的进一步观察来客观看待家长对幼儿的描述及反映的问题。第二，可以询问有经验的教师。根据老教师的带班经验，结合《指南》中本阶段幼儿的学习与发展目标，进而判断幼儿当前的发展状况。

此外，观察者还应该尊重幼儿身心发展的个体差异。《指南》明确指出，每个幼儿在沿着相似进程发展的过程中，各自的发展速度和到达某一水平的时间不完全相同。观察者要充分理解和尊重幼儿在发展进程中的个别差异，支持和引导他们从原有水平向更高水平发展，让他们按照自身的速度和方式到达《指南》所呈现的发展“阶梯”。

了解幼儿的身心发展特点，可以帮助观察者更好地解读幼儿的行为，进而更好地促进幼儿的学习与发展。在具体观察活动中，观察者需要结合《指南》和实际情况了解幼儿当前的发展状况。

下面是一位幼儿园教师的观察记录。在色彩创意活动中，王老师发现大部分幼儿表现活跃，能够享受绘画过程，但是康康小朋友却没有很好地参与进去。《指南》的语言领域指出，3～4岁幼儿“喜欢用涂涂画画表达一定的意思”。王老师在了解《指南》的内容后，考虑到康康较为内向，便没有强迫康康立刻画画，而是在对康康的行为进行细致观察的基础上，及时耐心地引导，并适时给予帮助，使得康康也参与到本次色彩创意活动中来，并体会到绘画的乐趣。

观察记录表

幼儿姓名：康康　　性别：男　　编号：23

年龄：3岁10个月　　观察日期：××××年9月28日

开始时间：9：00　　结束时间：9：30

观察地点：小班活动室

观察者：王老师

观察记录

康康入园表现不错，就是不爱讲话，总是一个人玩游戏。老师跟他讲话他也不怎么回应，说话声音比较小。

今天我组织开展了色彩创意活动“蜗牛慢慢长大”。在操作前，先让幼儿集体观察蜗牛图片，请幼儿看一看、说一说蜗牛壳是什么样的。在这个过程中，康康的积极性不是很高，只是偶尔抬头看看图片，没有主动说出自己的看法。我告诉他可以仔细观察，也希望他能说一说。可是把他叫起来后，他只是看着我，什么也不说。

在后面的操作活动中，宝宝们都表现出极其兴奋的状态，跃跃欲试，有几位幼儿吵着要画“蜗牛慢慢长大”。我讲完绘画中要注意的事项后，幼儿开始小心地帮蜗牛“慢慢长大”，边画边说：“蜗牛蜗牛慢慢长，一圈、两圈、三圈。”不会画的幼儿也会向我求助：“老师我不会，老师帮帮我。”当我走到康康身边时，发现他还没有开始画，也没有拿笔。我问他：“要老师帮忙吗?”他不讲话，只是点点头。我握着他的手，拿毛笔蘸颜料，让他感受参与作画的乐趣，然后在纸盘中心向外一圈一圈地慢慢画。

等小朋友们画好后，我们大家一起欣赏自己“养”的小蜗牛。我以好朋友的身份对孩子们说：“我们共同养的小蜗牛很漂亮。”我重点表扬了康康，指出他在“养”蜗牛时很用心，能够做到慢慢地画蜗牛。这时，我看到康康拿着自己的作品在认真地看，脸上还露出了笑容。

二、依据《指南》指导观察过程

观察过程直接影响观察的质量，观察者应该重视观察过程。《指南》对五大领域及每个领域的典型表现均进行了具体的描述，提出了不同年龄阶段的幼儿在不同领域中的学习与发展目标，这对观察者进一步规范观察过程有着重要的指导作用。观察者可以依据《指南》指导观察过程，提高观察质量。

（一）确定观察主题

科学观察幼儿是一种专业观察，观察者需要明确观察主题。作为观察者的幼儿园教师每天要面对多个幼儿，每个幼儿都有着丰富多样的行为表现，教师无法对每个幼儿的所有行为都做到深入观察。因此，观察者应该在观察前明确观察主题，在观察时做到心中有准备，眼中有幼儿。观察者可以参考《指南》并结合幼儿实际发展情况，确定观察主题。《指南》包含多个领域以及一系列学习与发展目标，观察者可以参考《指南》的具体内容，选择某一个或几个领域中的一个或多个目标，确定观察主题，进一步明确观察重点。下面是一位教师在运用《指南》时的感悟：

> 在某一个活动中，我在观察之前会先确定重点关注幼儿在哪个领域哪个方面的发展，然后在《指南》中找到相关领域和年龄阶段，看看这个年龄阶段的幼儿有哪些特点，做到心中有数。然后再去有重点、有目的地观察幼儿。

《指南》详细地列出了各年龄阶段的幼儿在不同领域不同目标中的典型行为。观察者可以通过学习《指南》中的典型行为，进一步明确自己的观察主题。此外，因为《指南》对于目标、典型行为的描述相对宏观，所以观察者需要结合幼儿的实际情况进一步调整、细化观察主题。下面，以某位教师观察时的心得为例，来了解该教师是如何确定观察主题的。

> 大班幼儿非常喜欢在建构区进行搭建活动，尤其是男生。但是，建构区的小朋友在合作搭建时经常发生冲突。《指南》在社会领域中指出，大班幼儿能够与同伴分工合作，然而，我们班幼儿的行为表现与《指南》的相关内容不太相符。建构区是我们班幼儿喜欢的活动区之一，为什么幼儿之间总会发生冲突？幼儿在合作中遇到了哪些困难呢？带着种种疑惑，我决定在接下来的一段时间里重点关注建构区幼儿之间的合作情况。

上述案例中观察主题的确定来源于该教师对《指南》的理解和对本班幼儿的观察与了解。该教师参照《指南》中社会领域的相关表述，重点围绕幼儿间的合作情况展开观察。《指南》在“人际交往”这一部分提出的发展目标是“能与同伴友好相处”，其中5～6岁幼儿的典型行为表现是“活动时能与同伴分工合作，遇到困难能一起克服”。另外，上述观察主题的确定同时结合了本班幼儿的发展特点。该教师发现本班幼儿在建构区经常发生冲突，因此将建构区作为主要观察区。

（二）在幼儿活动中不断生成观察目标

依据《指南》明确观察目标，可以有多种形式。观察者可以在观察前制订观察目标，也可以在幼儿的活动中不断生成观察目标。由于观察条件的限制和幼儿行为的偶发性，观察者有时难以做到事先有准备，也不可能预料到随机发生的事件，这就需要观察者在幼儿活动中不断生成观察目标。这种形式的观察属于随机观察，是一种重要的观察形式。下面一则观察记录就体现了在观察过程中随机生成观察目标。

观察记录表

幼儿姓名：慧慧、毛毛、佳琪　　性别：女　　编号：3、23、28

年龄：4～5 岁　　　　　　　　　　　　观察日期：××××年 5 月 20 日
开始时间：9：00　　　　　　　　　　　结束时间：9：30
观察地点：中班活动室
观察者：吴老师

观察记录

“快来啊，快来啊，你们看这是什么？”慧慧高兴地说着。其他小朋友听到慧慧的声音，也都跑了过去。不一会儿，孩子们就围成了一个小圈，一个个都蹲下来，认真地看着地上的东西。慧慧说：“这是毛毛虫，我知道。”毛毛笑着说：“我也是毛毛，它是不是认识我？”旁边的佳琪说：“不对不对，毛毛虫是长的，它是短的。”“这是什么虫子啊？”“这是会咬人的虫子，我在书上见过。”大家七嘴八舌地讨论起来，对这只小虫子都很好奇。

通过上述观察记录可以发现，这是一个随机生成的观察活动。幼儿对小虫子的好奇，体现了他们对大自然的喜爱。《指南》在科学领域中也明确指出，4～5 岁幼儿喜欢接触新事物，经常问一些与新事物有关的问题。观察者根据幼儿观察虫子的行为随机生成观察目标，及时展开观察活动，捕捉到了幼儿有意义的行为。

在幼儿学习与生活中，常常会出现偶发事件。这些偶发事件同样具有观察和教育的价值，这便要求观察者具备在活动中生成观察目标的能力。生成性观察目标的确定对观察者的能力有着一定要求，只有经验丰富的观察者才能够掌握随机生成观察目标的能力。观察者具备丰富的经验，不断生成观察目标同样离不开对《指南》的深入学习。只有充分了解各个年龄阶段幼儿在不同领域的发展水平，才能够在偶发事件中快速生成观察目标。

（三）在幼儿游戏和生活中实施观察

《指南》明确指出，幼儿的学习是以直接经验为基础，在游戏和日常生活中进行的，要珍视游戏和生活的独特价值。《指南》对幼儿游戏和日常生活的重视，提示观察者要在幼儿的游戏和生活中实施观察。下面一则观察记录以幼儿游戏活动为观察场景，记录了幼儿在游戏中的行为表现。

观察记录表

幼儿姓名：柯斯桐、阮紫苓、关亦晨、刘懿萱
性别：女　　　　　　　　　　　　编号：7、19、23、24
年龄：5～6 岁　　　　　　　　　　观察日期：××××年 11 月 12 日
开始时间：15：00　　　　　　　　结束时间：15：30
观察地点：大班活动室
观察者：于老师

观察记录

理发店里，理发师柯斯桐询问顾客阮紫苓：“请问，有什么需要帮助的吗？”阮紫苓含蓄地说：“我想洗头。”柯斯桐笑了笑说：“我是理发师，不负责洗头发，你去那边找关亦晨吧，她是洗头的。”

阮紫苓走去洗头区，看着关亦晨说："我要洗头！"关亦晨说："好的，你快躺下。"阮紫苓躺下后，关亦晨有模有样地开始给她洗头，边洗还边关心地问道："水烫不烫？你的头哪里痒？"

头发洗完后，理发师柯斯桐已经在旁边等候了，她拉着阮紫苓的手走到镜子跟前，问："你想要什么样的发型呀？"阮紫苓不好意思地说："我要扎公主头！"这个时候一直在理发店里转悠的刘懿萱走过来说："柯斯桐，我帮你吧。我们一起帮她弄公主头。"①

在上述活动中，4 位幼儿自由地进行游戏，各自扮演着不同的角色。幼儿园教师则是以旁观者的身份观察并记录着幼儿的角色扮演游戏。案例中的幼儿较好地扮演着各自的人物角色，不仅理解"顾客""理发师"的职责，而且还运用恰当的语言表达自己的意愿。

幼儿在游戏和日常生活中的行为表现是真实的、自发的，具有重要的观察价值。在观察幼儿正在进行的游戏时，观察者需要注意以下两点：

第一，尽量不要干扰幼儿的活动。幼儿是游戏的主人，他们在游戏中可以自由地行动，自由地言语。如无特殊情况，观察者应作为旁观者，静静地观察幼儿的行为，尽量减少对幼儿活动的干扰。

第二，基于游戏和日常活动的观察，可以分为随机观察和有目的的观察。观察者可以在《指南》的指导下，有目的地确定观察目标，进而有计划地实施观察；也可以随时捕捉幼儿游戏和一日活动中有意义的行为，进行随机观察。

三、根据《指南》科学分析幼儿行为

（一）参考《指南》客观分析幼儿的发展水平

《指南》对 3～6 岁幼儿学习与发展的合理期望的表达，不仅是观察目标确定的依据，也是分析幼儿行为的具体参照。例如，《指南》的健康领域指出，5～6 岁幼儿可以做到"主动饮用白开水，不贪喝饮料"。这一典型行为可以作为观察者制订观察目标的依据，观察者可以观察某位幼儿在午饭期间主动喝水的行为，同时也可以将这一典型行为作为分析幼儿行为的参照。

在运用《指南》分析幼儿发展水平时，需要注意以下几点：第一，结合幼儿自身发展特点进行分析。运用《指南》分析幼儿行为时，必须要基于幼儿自身的发展特点。只有了解幼儿的发展特点，才能够合理解读幼儿的行为。第二，分析语言要客观积极。一方面，观察是对客观事实的陈述，观察者的分析语言要避免使用主观词汇；另一方面，幼儿是处于不断发展中的个体，切勿使用过于消极的评价。第三，理解幼儿发展的个体差异。幼儿发展存在着个体差异，部分幼儿可能存在着暂时的发展不足，但是随着年龄的增长，这种情况可能会有所改变。第四，积极看待幼儿的点滴进步。观察者应该积极看待幼儿的行

① 幼儿园观察记录：倾听幼儿的游戏语言［EB/OL］.（2014-04-27）. http://www.yejs.com.cn/Jswa/article/id/47776.htm.

为，寻找幼儿行为中的闪光点和每一点进步。表4－6呈现了观察者分析幼儿行为时可能出现的错误，供读者参考，以尽量避免类似错误的发生。

表4－6　分析幼儿行为的错误示例

错误示例	分析
区域活动时，他一个人玩耍，没有一个同伴。他好像不喜欢和其他幼儿一起玩	分析过于主观，观察者依据主观经验对幼儿的行为进行推测，并不能客观地反映幼儿的行为
在自我介绍环节，海宝支支吾吾的，不能流畅地在其他小朋友面前介绍自己。他在语言表达上存在缺陷	“缺陷”属于消极词汇，不宜用于分析幼儿的行为。此外，仅仅通过一次表现就断定幼儿语言方面存在缺陷，过于武断
户外游戏时，除了兔兔外，所有幼儿都会玩“钻山洞”游戏。其他的幼儿都很喜欢玩这个游戏，只有兔兔感觉很害怕。兔兔和其他的幼儿真是不一样	幼儿的发展具有个体差异，并非按照统一的节奏发展。观察者应该客观地看待幼儿在发展上的差异
阅读区域中，美美正在看《大卫，不可以》。旁边的家乐看到图片很漂亮，于是一把抢过美美手中的书。家乐平时也经常抢小朋友的东西，总是会与小朋友发生冲突	很显然，教师将观察重点集中在家乐抢东西的行为上。阅读观察记录，可以发现家乐的行为中存在着闪光点。家乐想要看绘本，这体现了他有一定的阅读兴趣。教师在观察时需要全面看待幼儿的行为，并着眼于幼儿的积极行为

（二）家园合作，分析幼儿行为背后的原因

家园合作是促进幼儿发展的重要途径，对分析幼儿行为有着重要作用，观察者可以通过家园合作的方式全面分析幼儿行为背后的原因。一方面，家长是幼儿学习与发展过程中的重要他人，《指南》高度重视家长在幼儿发展中的重要性。《指南》旨在帮助幼儿园教师提高科学保教水平，帮助家长提升科学育儿能力，实现家园共育。这启示观察者应该联合幼儿园与家庭两个方面的力量，全面分析幼儿行为背后的原因。另一方面，家庭是幼儿的重要生活场所，家长是幼儿的主要照顾者。家长对幼儿的生活和成长有着最为直接的观察和了解，幼儿园教师通过与家长的合作能够更加全面、准确地分析幼儿的行为，了解其行为背后的原因。下面是一位教师在观察活动中与家长合作的案例：

观察记录表

幼儿姓名：赫赫　　性别：男　　编号：17

年龄：4岁3个月　　观察日期：××××年11月12日

开始时间：12：30　　结束时间：13：00

观察地点：中班睡眠室

观察者：魏老师

观察记录

午休时间到了，音乐响起，小朋友们陆陆续续地爬到了自己的床上。中班的小朋友已经养成了午休的好习惯。每当午休音乐响起时，孩子们就能立刻意识到该睡觉了，可是赫赫还一直站在床边。赫赫刚从其他幼儿园转过来，对新环境还不能很快适应。我走过去，

拉着赫赫的小手说："赫赫，午休时间到了，咱们该睡觉了，和老师一起过去吧。"赫赫还是站在原地，一动不动。我蹲下来，看着赫赫说："赫赫，你看其他的小朋友都已经躺在自己的床上了，你看你的床就在那里。"赫赫既没有动，也没有说话，却突然放声大哭起来。

分析

赫赫妈妈接赫赫时，我向她描述了午休时发生的事情。赫赫妈妈听到后也很奇怪，因为赫赫在以前的幼儿园基本没有出现过这种情况。我又向赫赫妈妈了解了之前幼儿园的一些情况，通过深入交流之后才发现，原来赫赫是因为床位而哭，并非不喜欢睡午觉。在以前的幼儿园里，小朋友的床位只有一层，不是高低床；而我们班是高低床，恰巧赫赫的床位在上面。赫赫从来没有睡过高低床，因为不敢爬上床位才放声大哭。

案例中的教师通过与家长的交流，明白了赫赫哭泣的原因。对于赫赫的哭泣，教师很难依靠理论或者教学经验直接分析出原因。不适应新环境、不喜欢午休、身体不舒服等等都可以作为推断，但是这些猜测均不能准确解释赫赫的行为。通过与家长的简短交流，幼儿园教师便很快了解了赫赫行为背后的真正原因。可见，分析幼儿行为时，家长可能会提供更多的信息。

四、参照《指南》完善教育教学

观察旨在了解幼儿行为及背后的原因，以采取有针对性的措施促进幼儿的全面和谐发展。在了解了幼儿行为的原因后，观察者需要进一步提出合理的建议，通过适宜的教育方式促进幼儿发展。《指南》中的教育建议可操作性强，可以为教师完善教育教学活动提供参考。

（一）研读《指南》的教育建议，设计教学活动

《指南》在每个领域的目标中都列出了相关的教育建议。这些教育建议是家长和教师科学育儿的重要参考。《指南》中的教育建议具体明确，语言通俗易懂，便于观察者理解与运用。下面是一位幼儿园教师在运用了《指南》中的教育建议后的感受：

> 《指南》不仅有目标部分，还有教育建议部分。刚开始时，我重点学习目标部分，然后完善观察活动。后来，我慢慢发现《指南》的教育建议部分对观察后有针对性地设计教学活动有很大的指导价值。有时候，我会参考《指南》中的教育建议，进一步设计教学活动。

《指南》的教育建议具有重要价值，可以作为教育教学活动的指南针。一方面，观察者可以在对个别幼儿进行观察后，依据《指南》中的教育建议对幼儿进行个性化的教育。另一方面，观察者还可以根据对全班幼儿的观察，参考《指南》中的教育建议设计班级中的集体教学活动、区域活动、户外活动等。根据幼儿在观察中的行为表现，幼儿园教师可以参考《指南》中的教育建议设计出一系列教育教学活动。以下面一则观察记录为例。

观察记录表

幼儿姓名：琪琪　　性别：女　　编号：19
年龄：4岁8个月　　观察日期：××××年3月22日
开始时间：11：30　　结束时间：12：00
观察地点：中班活动室
观察者：李老师

观察记录

音乐响起，到了午饭时间。小朋友们已经养成了良好的习惯，都安安静静地坐在自己的位置上。今天的食谱是一荤一素搭配，有青菜和红烧鸡块。琪琪先吃了鸡块，但是鸡块都要吃完了，青菜还一口没动。我走到琪琪旁边，问："琪琪，你怎么不吃青菜啊？"琪琪噘着小嘴巴说："哎呀，这个青菜真难吃，我才不要吃。"旁边的涵涵也学着说："那我也不吃了，咱们都不吃。"

李老师观察到琪琪用餐挑食，特别不喜欢吃青菜，而且这种行为还影响了其他幼儿。《指南》在教育建议中指出，要"帮助幼儿了解食物的营养价值，引导他们不偏食不挑食、少吃或不吃不利于健康的食品"，"经常抽时间与幼儿一起看图书、讲故事"。学习《指南》后，李老师灵活运用了《指南》中的教育建议，不仅努力帮助琪琪改掉挑食的坏习惯，也由此设计了整个班级的教学活动。

教育建议

（1）在科学活动中，开展以食物为主题的教学活动，让幼儿了解食物的营养价值。

（2）在语言活动中，设计"我爱吃青菜"活动，通过绘本故事让幼儿明白吃青菜的好处。

（3）在阅读区，投放有关青菜的绘本，如《爱吃青菜的鳄鱼》，并引导琪琪进行阅读。

（4）午餐时，鼓励琪琪多吃青菜，表扬琪琪不挑食的行为。

（二）结合幼儿个性特点和家庭环境，提出有针对性的教育建议

无论对新手教师还是有经验的教师，《指南》的教育建议都具有重要的参考价值。需要注意的是，教师要结合幼儿自身的特点提出教育建议。具体来说，可以从幼儿现有的发展水平、幼儿的性格特点、幼儿家庭环境等方面来考虑。幼儿的个性千差万别，家庭环境也不尽相同，仅仅依靠《指南》中的教育建议是不够的。幼儿园教师需要结合幼儿的个性特点及其家庭环境，为幼儿发展提供综合且个性化的建议①。

下面继续以李老师的观察活动为例。随后，在与琪琪妈妈进行交流时，李老师发现琪琪在家里也总挑食。爸爸妈妈虽然知道这样不好，但又觉得琪琪年纪尚小，等长大后自然

① 刘彦华．幼儿园教育活动的设计与指南：从"活动设计"到"活动点评"［M］．北京：科学出版社，2014：73.

就好了，所以一直没有纠正琪琪。此外，李老师还发现琪琪很喜欢阅读绘本，在家中经常和妈妈一起阅读。针对这一情况，李老师认为家园合作可以更好地帮助琪琪养成良好的饮食习惯。于是，李老师又增加了几条教育建议。

教育建议

（5）开展家长教育活动，讨论如何让幼儿不挑食，保持教育策略一致。

（6）在家中，家长和琪琪一起阅读关于青菜的绘本，了解青菜的营养价值。

（7）吃饭时，家长积极引导琪琪吃青菜，并主动表扬琪琪良好的表现。

通过与家长的交流，李老师对琪琪有了进一步的了解。结合琪琪在家中吃饭的表现以及阅读绘本的习惯，李老师又增加了 3 条教育建议。在家中，琪琪的父母更便于实现一对一的指导，教育效果也更为直接。不难发现，这 3 条教育建议更具针对性，更易于培养琪琪不挑食的好习惯。家庭、幼儿园是幼儿生活的重要场所，对幼儿行为的塑造都有重要影响。幼儿园教师在为幼儿提出教育策略时，可以通过与家长的交流进一步了解幼儿，以保证教育建议的针对性和适宜性。

思考与练习

1. 如何正确解读《指南》?
2. 《指南》对于幼儿行为观察有什么意义？
3. 如何运用《指南》科学地观察幼儿？
4. 结合本章内容，运用《指南》实施一次完整的观察活动。

阅读导航

1. 李季湄，冯晓霞.《3～6 岁儿童学习与发展指南》解读［M］. 北京：人民教育出版社，2013.

2. 管旅华.《3～6 岁儿童学习与发展指南》案例式解读［M］. 上海：华东师范大学出版社，2013.

3. 王萍.《3～6 岁儿童学习与发展指南》解读［M］. 长春：东北师范大学出版社，2013.

4. 刘霞.《3～6 岁儿童学习与发展指南》对幼儿发展评价的启示［J］. 教育导刊（下半月），2014（1）.

5. 潘月娟. 比较、解释：观察评价的关键［J］. 幼儿教育，2016（31）.

第五章

描述观察法

本章导读

描述观察法作为幼儿行为观察方法中产生最早、运用最广的一种方法，具有简单、方便、灵活的特征。它包括日记描述法、轶事记录法、实况详录法、班级儿童日志等。观察者可以通过描述观察法，客观记录幼儿在日常生活中的行为表现，并对幼儿的行为发展水平进行分析与评价，以深入了解幼儿身心发展水平及其行为背后的原因，为后续教育教学活动的开展提供参考依据。

学习目标

1. 理解4种描述观察法的含义。
2. 掌握4种描述观察法的具体运用过程，理解观察记录的构成要素。
3. 学会运用4种描述观察法撰写客观、翔实的幼儿行为观察记录，并对幼儿行为进行合理分析与评价。
4. 能够将观察后的发现与教育教学实践相结合，提高对幼儿行为的理解与分析能力。

观察记录表

幼儿姓名：康康、壮壮　　性别：男　　编号：11、12

年龄：4岁2个月　　观察日期：××××年12月23日

开始时间：9：00　　结束时间：9：30

观察地点：中班活动室

观察者：张老师

观察记录

在区域活动中，建筑区的康康和壮壮搭起了一座高楼。我走到建筑区，询问孩子们：

"这面是大门吗?"康康点点头说:"是啊!"我接着指了指"高楼"前面的拱形积木问:"那大门前侧是什么?"康康说:"爬过去!"我微微皱眉,重复道:"爬过去?"旁边的壮壮摇摇头说:"走过去!"康康接着说:"是一边爬一边走。"接着,在我的不断提问下,康康向我介绍了他们搭的楼房。当我问这栋高楼是用什么形状的积木搭起来时,壮壮的回答并不清楚。最后,在我的引导下,康康和壮壮继续搭建了小汽车的轨道。

分析

建筑区的活动受到了幼儿的喜爱,可以在建筑区投放更多形状的积木。

这是张老师在观察了中班幼儿康康和壮壮搭建积木之后写的一篇观察记录。请仔细阅读后思考,这份观察记录的过程描写部分存在哪些不足之处?分析部分是否客观,是否与观察过程相符?如有不妥之处,应该怎样修改?观察记录还应包括哪些内容?相信通过这一章的学习,你能够更好地使用描述观察法观察幼儿的行为,并撰写观察记录。

第一节 日记描述法

一、日记描述法的含义与分类

(一)日记描述法的含义

日记描述法,又称日记式记录法,是指运用如同写日记的方法,以幼儿为观察对象,对其行为进行频繁且有规律的记录。

日记描述法强调记录所观察幼儿出现的发展性变化,需要观察者对观察对象进行长期的跟踪观察,并以日记的方式纵向记录幼儿成长过程中所表现的新行为或重要事件。日记描述的目标是"按顺序记录观察对象,通常是婴幼儿的行为流中新的行为事件"①。这些新行为通常属于某个或某些特定的发展领域,包括认知、动作、语言和社会性情绪等。比如,第一次翻身、第一次叫妈妈等。

日记描述法是研究幼儿身心发展最早采用的一种方法。早在1774年,著名的民主主义教育家裴斯泰洛齐就采用日记描述法对一个不到3岁的孩子进行了观察记录。这一记录虽然科学价值有限,却是儿童心理研究的先声。1876年,在《一个婴儿的传略》中,达尔文采用日记描述法观察记录了自己儿子的行为发展,包括反射活动、恐惧、愤怒等基本情绪,以及推理和道德等高级认知和情绪的发展过程,为学界提供了大量儿童发展的实证资料。1882年,普莱尔根据对他的孩子从出生到3岁的系统观察记录,撰写了《儿童心理》一书,为科学儿童心理学的产生奠定了基础。另外,皮亚杰许多关于儿童认知发展的结论也都源于对自己孩子成长过程的观察,他在著作

① WRIGHT H F. Observational child study. In MUSSEN P H. Handbook of research methods in child development [M]. New York: Wiley Inc., 1960: 80.

中也多采用日记描述法。陈鹤琴先生曾采用日记描述法对自己的孩子陈一鸣进行了为期 808 天的跟踪观察，详细记录了幼儿身心发展的特点和对各种刺激的反应状况，并辅以大量照片和图表，在这些丰富的原始资料的基础上编写了《儿童心理之研究》一书。

（二）日记描述法的分类

根据观察主题，可以将日记描述法分为两类：主题日记描述法和综合日记描述法。

主题日记描述法是指观察者只对幼儿某一种或几种特定发展领域表现出的新行为进行观察记录，而其他发展领域即使表现出新行为也不进行记录。例如，下面这篇观察记录是陈鹤琴先生想记录幼儿的语言发展状况，而对幼儿一系列语言方面的新行为进行的记录，并未记录观察过程中幼儿出现的其他发展领域的行为表现。

观察记录表

年龄：1 岁 8 个月

观察记录

（1）他若要你抱，他就说“抱抱”。“pih yee”，就是“给伊”（绍兴“给我”的土音）。

（2）他能叫“mamma”和“daddy”。叫得很清楚了，而且知道这两个字的意义。

（3）他依东西的声音而取名的趋势，比以前更加充分了。假使你问他“auto”（汽车）呢？他就说“woo-woo”。

9/3/22：

（1）今天他能说“book”了。不过到了晚上，他仍旧说“boop”。

（2）他说“clock”叫“cock”。

9/9/22：

（1）他能够说“bye-bye”。我每次离开他到学校去，总挥手对他说“bye-bye”。

（2）他能说句子了。近来他要母亲抱他，就对母亲说：“mam mam bao-bao.”

（3）他说“go”，就是“go out”的意思。

9/10/22：

学“good night”。自从他稍懂人事以来，每晚他去睡的时候，我们总对他说：“good night.”今天，特地教他数 10 遍。他说“good”叫“gōōd”。“night”这个字，他说得不清楚①。

综合日记描述法是指观察者对幼儿发展过程中各个领域表现出的新行为都进行观察记录，即只要所观察的幼儿出现新行为，无论这一新行为属于哪一发展领域，观察者都可以对其进行记录。

① 陈鹤琴. 儿童心理之研究：下册［M］. 上海：商务印书馆，1925：172.

二、日记描述法的运用

（一）选择目标幼儿作为观察对象

日记描述法的观察对象主要是与观察者长期接触、关系较为亲密的幼儿，或者是一些比较特别的幼儿[①]。比如，有的家长会用日记描述法记录孩子的成长过程。由家长进行观察记录可以为幼儿成长积累丰富的原始材料，从而帮助家长了解孩子的身心发展过程，分析幼儿行为背后的原因，探索解决幼儿发展问题的途径。

此外，有的教师或研究者会采用日记描述法追踪记录一些比较特别的幼儿的行为表现。其中，比较特别的幼儿通常指的是某方面发展相对迟缓或某方面能力比较欠缺的幼儿。比如，有社交退缩行为的幼儿通常不能很好地与他人沟通，教师可以通过长期观察，采用日记描述法记录这类幼儿生活的点点滴滴，从而了解幼儿的行为及其背后的原因，以便及时采取措施帮助幼儿克服内心障碍。

观察者锁定目标幼儿后，要先对幼儿的姓名、性别和编号等进行记录，为进一步的观察及日后的翻阅和研究保存基本信息。

观察记录表

幼儿姓名：李佳宁　　性别：女　　编号：1

（二）记录客观事实

观察者在采用日记描述法对幼儿的发展变化进行记录之前，首先要对观察次数、幼儿的年龄、观察日期、观察时间、观察地点、观察者等具体信息进行详细记录，以明确观察背景和幼儿从事活动时间的长短。记录观察日期和观察次数有利于后期整理观察日记，分出先后顺序。

其次，日记描述法应记录幼儿的新行为或者重要事件。在幼儿的成长过程中会有许许多多的第一次，这些新行为表现在幼儿发展的各个领域，并不仅仅表现在外在的肢体行为上，也表现在幼儿的内心世界中。比如，第一次主动与小朋友玩耍，第一次与母亲分享幼儿园趣事等。这些新行为可能相对来说不那么明显，容易被观察者忽略，这就要求观察者在与幼儿相处的过程中时刻保持敏感，将幼儿的新行为记录下来，从而更好地了解幼儿。

最后，观察者在采用日记描述法记录幼儿的发展过程时，不能仅局限于使用传统的纸和笔，还可以引入先进的工具和器材如照相机、录音机、摄像机等辅助观察，从而更加全面、清晰地记录幼儿发展过程中的每一件事情、每一个新行为。这种方法可以使幼儿的行为和顺序“冻结”，有利于保存原始数据，也有利于观察者反复观看，从而发现之前可能错过的信息。

下面是一位教师记录的她与一位名叫李佳宁的有社会退缩行为的幼儿互动的过程，该教师采用了日记描述法，记录了这一幼儿第一次入园、第一次走出教室、第一次笑等过

① 施燕. 学前儿童行为观察［M］. 上海：华东师范大学出版社，2011：38.

程。每个第一次对幼儿李佳宁来说都具有重要意义。这位老师敏感地抓住了这些新行为，对其进行记录和分析，并采取相应的教育策略，从而有效缓解了目标幼儿的社会退缩行为，使幼儿很快地适应了幼儿园生活。

第一次观察①

年龄：2 岁 9 个月　　观察日期：××××年 9 月—10 月

观察地点：小一班　　观察者：周云

观察记录

开学了，新生李佳宁在入园之后一个月的时间里，每天都双手缠绕着妈妈的脖子，双脚紧夹车椅，放声大哭，不肯入园。妈妈硬把她往教室里一推，嘴里骂骂咧咧地走后，老师过来劝她，但怎么劝也没用。一般约半个小时后，她才开始透过泪眼观察教室里的人，一遇到老师的目光就把头低得很厉害，且吮吸手指。一整天除了老师牵她的手去厕所外，无论怎么抱也抱不出门半步。她整天不讲话，只有中午老师喂饭时，才能看见她的嘴动。

第二次观察

年龄：3 岁　　观察日期：××××年 12 月

观察地点：小一班　　观察者：周云

观察记录

这天，李佳宁进教室时虽哭着，但脚知道往教室挪了。晨间活动时，有一块积木滚落下来，她用脚踢了一下，积木滚动了几下，停住了。她抬眼看了四周，趁没人注意，又踢了几下，忽然望见了我，便缩回了脚，坐好低着头，手指仍不紧不慢地在嘴唇上磨蹭。我拿积木给她，她不要。我走开后，她好一会儿才慢慢拿起来，但见到别人的眼光后又立即停止活动。

户外活动开始了，她又坐着不动，知道我要来招呼她，她双手扒住桌面，脚紧夹椅子，准备拼命大哭一场。我没有去理会她，只对小朋友们说："昨天的那个电话修好了，我们去玩打电话的游戏。"电话只是院内一个半人高的玩具，上面套着铁链，取下来就像一个电话听筒，小朋友都爱玩。当小朋友散出去后，我装作不经意地说："我要出去打电话了，教室里还有人吗？一起出去玩吧？"我说这话时，看也不看她，不给她犹豫的机会，拉着她的手走出来了。来到院子里，我让她先玩打电话，她拿起话筒就说："妈妈快来接我。"并不肯放手。其他小朋友说："你打好了，给我打打吧。"她松开手，又大哭，还"妈妈来，妈妈来"喊个不停。

第三次观察

年龄：3 岁 1 个月　　观察日期：××××年 1 月

---

① 周云．对一个有社会退缩行为的小孩的观察记录［J］．学前教育研究，2000（4）：31-32.

观察地点：小一班　　　　　　　　　　观察者：周云

观察记录

虽然李佳宁还是哭着进教室，但停止哭泣后会坐下，让老师帮她拿掉帽子，并让老师把手套放入她的柜子中。元旦节后的第3天，她穿着新衣进来，我说：“这衣服真好看，谁买的?”“妈妈。”她笑着回答我。这是她入园以来的第一次笑，羞涩的笑。从这个星期开始，她已能默默地参与大家的活动，如看书、做手工等。

（三）分析行为表现

教师或家长在对幼儿的新行为进行观察和记录后，还需要对其行为发展的情况进行分析。分析应基于实际的观察记录，也就是说，观察者在对幼儿行为进行分析时，要尽量保持客观、冷静的态度，避免受到主观情感的干扰。以教师第三次观察李佳宁为例，教师可以从以下几个方面对观察记录进行分析。

分析

李佳宁能坐下等着老师帮她拿掉帽子和手套，并且参与到同伴的游戏中，说明她已经逐渐习惯了幼儿园的一日生活，并且目前的游戏方式已达到了平行游戏的阶段。李佳宁的第一次笑，说明她当时能够放下内心的忧虑和恐惧，安全感的需要得到了满足，这是具有重要意义的事件。但是，在这种情况下，李佳宁还是哭着进教室，哭的原因可能不再是不想来幼儿园，也可能是其他的原因导致了她哭泣的行为。

（四）评价幼儿行为并提出建议

观察者在对幼儿的行为表现进行分析之后，还需要对幼儿的这些行为进行评价。在采用主题日记描述法撰写的观察记录中，观察者主要是针对所观察的幼儿某一领域的发展情况进行评价；在采用综合日记描述法撰写的观察记录中，由于幼儿各领域的发展具有不均衡性，观察者要对幼儿各个领域的发展状况分别进行评价，而不能笼统论之。在评价之后，根据幼儿各个方面的不同发展水平，教师或家长要对教师进一步改进教学或者家长改进家庭教育方式等方面提出相应的对策建议。仍以教师第三次观察幼儿李佳宁为例，教师可以从以下几个方面评价幼儿的行为，并为下一步教育教学提出建议。

评价

李佳宁的社会退缩行为得到了缓解，虽然与同班幼儿相比她仍较为害羞，但是与刚入园时的社会性水平相比，已得到很大程度的发展。

建议

教师可以通过适时增加游戏难度或者改变游戏方式等，引导和增进李佳宁与同伴之间的交流与合作，促进她由平行游戏逐渐向联合游戏、合作游戏发展。另外，教师也可以通过与李佳宁或者其家长的沟通，了解李佳宁早晨入园哭泣的真实原因，从而更好地解决这一问题。

现在，我们根据日记描述法的 4 个步骤，即选择目标幼儿作为观察对象、记录客观事实、分析行为表现、评价幼儿行为并提出建议，不断完善了关于“李佳宁入园适应”的日记记录，最终的记录如下。

第一次观察①

幼儿姓名：李佳宁　　性别：女　　编号：1
年龄：2 岁 9 个月　　观察日期：××××年 9 月—10 月
观察地点：小一班
观察者：周云

观察记录

开学了，新生李佳宁在入园之后一个月的时间里，每天都双手缠绕着妈妈的脖子，双脚紧夹车椅，放声大哭，不肯入园。妈妈硬把她往教室里一推，嘴里骂骂咧咧地走后，老师过来劝她，但怎么劝也没用。一般约半个小时后，她才开始透过泪眼观察教室里的人，一遇到老师的目光就把头低得很厉害，且吮吸手指。一整天除了老师牵她的手去厕所外，无论怎么抱也抱不出门半步。她整天不讲话，只有中午老师喂饭时，才能看见她的嘴动。

分析

李佳宁缠着妈妈，不让妈妈离开，表现出了一定程度的分离焦虑。面对这种情况，家长采取了较为强硬的责怪幼儿的态度。吮吸手指是婴儿期寻求安慰的方式，李佳宁吮吸手指的行为表示她很焦虑，她通过吮吸手指来满足自己获得安全的需要。回避教师的目光也充分显示了李佳宁对陌生环境、陌生老师的畏惧，这可能是因为她尚未对幼儿园环境、教师和同伴产生信任，安全感尚未得到满足。

评价

幼儿入园时存在与父母的分离焦虑是十分正常的现象，但是李佳宁在入园一个月之后仍然表现出强烈的哭闹行为，分离焦虑比较严重。而且，与同班其他幼儿相比，李佳宁比较害羞和孤僻。此外，李佳宁妈妈强硬、不理解的态度会导致幼儿更加缺乏安全感。

建议

教师应该多关注和陪伴李佳宁，多与她沟通和交流，帮助她适应幼儿园的新环境；另外，教师应该增强与李佳宁家长的沟通，了解幼儿的家庭环境和成长经历，并引导家长正确认识和对待幼儿的分离焦虑。

第二次观察

幼儿姓名：李佳宁　　性别：女　　编号：1
年龄：3 岁　　观察日期：××××年 12 月
观察地点：小一班

① 周云．对一个有社会退缩行为的小孩的观察记录［J］．学前教育研究，2000（4）：31-32．

观察者：周云

观察记录

这天，李佳宁进教室时哭着，但脚知道往教室挪了。晨间活动时，有一块积木滚落下来，她用脚踢了一下，积木滚动了几下，停住了。她抬眼看了四周，没人注意，她又踢了几下，忽然望见了我，便缩回了脚，坐好低着头，手指仍不紧不慢地在嘴唇上磨蹭。我拿积木给她，她不要。我走开后，她好一会儿才慢慢拿起来，但见到别人的眼光后又立即停止活动。

户外活动开始了，她又坐着不动，知道我要来招呼她，她双手扒住桌面，脚紧夹椅子，准备拼命大哭一场。我没有去理会她，只对小朋友们说："昨天的那个电话修好了，我们去玩打电话的游戏。"电话只是院内一个半人高的玩具，上面套着铁链，取下来就像一个电话听筒，小朋友都爱玩。当小朋友散出去后，我装作不经意地说："我要出去打电话了，教室里还有人吗？一起出去玩吧？"我说这话时，看也不看她，不给她犹豫的机会，拉着她的手走出来了。来到院子里，我让她先玩打电话，她拿起话筒就说："妈妈快来接我。"并不肯放手。其他小朋友说："你打好了，给我打打吧。"她松开手，又大哭，还"妈妈来，妈妈来"喊个不停。

分析

李佳宁虽然仍哭着入园，但是能够主动进教室，这说明她已经知道自己要进幼儿园了。用脚踢积木，说明她对积木感兴趣，想玩玩具；但是当看到教师的时候停止动作，说明她内心仍然存在对教师和新环境的恐惧，缺乏安全感。假装打电话的游戏，体现了李佳宁参加游戏的意愿；在打电话时哭泣，其实是她发泄内在情绪的一种方式。

评价

在户外假装打电话是李佳宁第一次参加户外活动，也是第一次从旁观游戏转变为单独游戏，她在逐渐适应幼儿园的环境，但是不安全感仍尚未消除，与同班幼儿相比，其社会性发展水平较低。

建议

游戏是幼儿的天性，教师应创造更多的游戏情景，吸引李佳宁的注意；可以采取让李佳宁与身边的幼儿玩相似玩具的方法，把单独游戏逐渐变为平行游戏。另外，教师要进一步与家长沟通，了解幼儿在家的表现。

第三次观察

幼儿姓名：李佳宁　　性别：女　　编号：1

年龄：3 岁 1 个月　　观察日期：××××年 1 月

观察地点：小一班

观察者：周云

观察记录

虽然李佳宁还是哭着进教室，但哭泣停止后会坐下，让老师帮她拿掉帽子，并让老师把手套放入她的柜子中。元旦节后的第 3 天，她穿着新衣进来，我说："这衣服真好看，谁买的？""妈妈。"她笑着回答我。这是她入园以来的第一次笑，羞涩的笑。从这个星期开始，她已能默默地参与大家的活动，如看书、做手工等。

分析

李佳宁能坐下等着老师帮她拿掉帽子和手套，并且参与到同伴的游戏中，说明她已经逐渐习惯了幼儿园的一日生活，并且目前的游戏方式已达到了平行游戏的阶段。李佳宁的第一次笑，说明她当时能够放下内心的忧虑和恐惧，安全感的需要得到了满足，这是具有重要意义的事件。但是，在这种情况下，李佳宁还是哭着进教室，哭的原因可能不再是不想来幼儿园，也可能是其他的原因导致了她哭泣的行为。

评价

李佳宁的社会退缩行为得到了缓解，虽然与同班幼儿相比她仍较为害羞，但是与刚入园时社会性水平相比，已得到很大程度的发展。

建议

教师可以适时增加游戏难度或者改变游戏方式等，引导和增进李佳宁与同伴之间的交流与合作，促进她由平行游戏逐渐向联合游戏、合作游戏发展。另外，教师也可以通过与李佳宁或者其家长的沟通，了解李佳宁早晨入园哭泣的真实原因，从而更好地解决这一问题。

三、日记描述法的优缺点

通过对日记描述法的分析，可以发现其优点主要集中在以下几个方面。

（1）日记描述法具有简单、方便、灵活的特点。日记描述法是观察者对幼儿采用记日记的方式进行观察和记录的方法，没有时间限制，观察者事先不需要做特殊的准备，也不需要进行特别的训练。在与幼儿接触的过程中，一旦幼儿出现新行为或者发生某些重要事件，观察者就可以进行观察和记录。

（2）日记描述法记录的内容具有翔实性。所谓翔实性，即观察者可以运用这一方法，将幼儿的真实行为表现记录下来。运用日记描述法所得到的资料，描述了幼儿在各个领域发展的具体情况，这有利于观察者了解幼儿发展的过程和幼儿发展可能存在的问题。

（3）日记描述法记录的资料具有永久保存性。观察记录可以保存很长时间，这不仅可以了解幼儿目前的行为发展水平和特点，还可以与被观察幼儿日后的发展情况或其他幼儿的观察资料进行比较，从而深入了解幼儿的发展水平。比如，幼儿从 3 个月时喜欢咕咕叫和长声尖叫，到 6 个月时会发出悦耳的声音，会笑、咯咯叫和尖叫，再到 9 个月时会有语调地咿呀学语，这就可以与儿童发展常模进行比较，从而了解该幼儿在语言领域的发展情况。

（4）日记描述法所记录的资料具有一定的广度。通过日记描述法记录的资料不仅包括幼儿发展过程中的新行为，还包括幼儿后续的行为发展；不仅包括幼儿发展的某些方面，还包括行为发生的背景和环境。这有利于完整地展现幼儿行为发展的过程，也有利于了解幼儿发展与环境的关系。比如，通过日记描述法的记录，我们可以准确地了解幼儿从咿呀学语到能够流畅讲话的具体发展过程；否则，只能大致知道幼儿学会说话的时间段，无法得知这一具体发展过程。

不过，日记描述法也有其局限性。

（1）日记描述法需要的观察时间较长，这就使得观察者的范围有所局限，需得是幼儿最亲近的人，如幼儿的家长或亲属等。根据不同的观察目的和观察主题，观察者所需的观察时间虽有所不同，但一般都要长达几周、几个月，甚至要更长时间。而采用日记描述法观察和记录幼儿发展过程中的新行为或重要事件，需要观察者与目标幼儿进行长期的持续性接触，从而便于跟踪观察和记录。因此，幼儿家长或亲属使用日记描述法较为方便，而幼儿教师由于受到班额和幼儿在园时间的限制，不便使用这一方法。

（2）观察者的主观倾向可能影响观察结果的客观性。由于采用日记描述法进行观察记录的主要是幼儿的家长或亲属，他们在观察和记录时，常常不可避免地带有一定的情感因素，这可能导致观察和分析结果具有主观倾向性，出现过高估计幼儿能力的现象。

（3）日记描述法所记录的目标幼儿行为代表性和普遍性较低。运用日记描述法观察幼儿时，大多数观察者会以自己的孩子为观察对象，教师则会选择少数几个幼儿为观察对象，这使得观察的样本量有限，而幼儿个体之间发展速度和发展水平的差异较大，所观察的少部分幼儿的表现难以代表同一年龄阶段其他幼儿的发展水平，从而导致观察结果缺乏代表性和普遍性，观察结论也会存在一定的偏差。

（4）日记描述法的记录内容可能与事实存在差异。采用日记描述法要记录的内容比较多，难以边观察边记录，在没有辅助设备的情况下，观察者就需要当场速记，事后再根据回忆对速记的内容一一进行补充，由于记忆能力的限制，可能会导致最终记录的内容与客观事实存在一定的差异。

第二节　轶事记录法

一、轶事记录法的含义与分类

（一）轶事记录法的含义

“轶事”指独特的事件，也可以是观察者感兴趣的、有意义的事件。轶事记录法指观察者将自己感兴趣，并认为有价值、有意义的幼儿行为和反应以及可表现幼儿个性的行为事件，用叙述性的语言记录下来，供分析幼儿行为所用①。

轶事记录法注重记录的真实性，强调客观性，记录的内容除了包括事情何时何地如何发生，及观察对象的言行，有时也会涉及幼儿行为发生的原因。对轶事的分析通常是在事情发生之后，由观察者补充的。

古德温和德里斯科尔认为轶事记录具有 5 个特征。第一，轶事记录是观察者直接观察的结果，真实性较强；第二，轶事记录是对特定事件即时、准确而具体的描述；第三，在

① 夏靖. 轶事记录法在幼儿评价中的应用 [J]. 学前教育研究，2003 (Z1)：50-52.

轶事记录中要对事件发生的背景进行描述和记录，从而有效避免将具体行为与影响行为或导致行为发生的事件相割裂；第四，观察者在分析行为或做推论时，需要将其与客观描述进行明确的区分；第五，轶事记录关注的事件可以是幼儿经常出现的典型行为，也可以是不经常出现的突发行为。

（二）轶事记录法的分类

根据观察是否有主题、成系统，可以将轶事记录分为两类，分别是有主题的轶事记录和无主题的轶事记录。

有主题的轶事记录是指观察者对幼儿某一特定的发展领域感兴趣，只记录与这个领域有关的事情。例如，在下面“小小演说家”这一例子中，教师想了解班上幼儿的语言发展状况，就可以采用有主题的轶事记录法来观察和记录幼儿在语言上的表现。

小小演说家

为了更好地促进幼儿语言表达能力的发展，赵老师在班级里开展了“小小演说家”的活动。在孩子们、家长和教师的共同努力下，这一活动办得有声有色。孩子们有说绕口令的，有背诵古诗词的，有朗诵儿歌的，也有讲故事的，可谓是热情高涨。为了更好地设计课程，促进幼儿语言表达能力的发展，赵老师想了解：

（1）孩子们是怎么准备演讲材料的？

（2）孩子们演讲的水平怎么样？

（3）“小小演说家”活动是否提高了幼儿的语言表达能力？

无主题轶事记录是指观察者记录一段时间内发生的事情，没有特定目的，只要觉得某行为有意义或者对某行为感兴趣，就可以进行观察记录。比如，教师想了解班级幼儿的发展概况，即使没有聚焦到某一特定的发展领域，也可以对幼儿的行为表现随时进行观察记录。

二、轶事记录法的运用

（一）选择目标幼儿作为观察对象

轶事记录法的观察对象主要是从观察者感兴趣的偶发事件或者具有重要意义的事件中选取。这些事件中的幼儿往往能够吸引观察者的注意。与一般幼儿相比，行为较为特殊的幼儿被记录的可能性更大；如果一般幼儿表现出较为突出的行为，也可以作为轶事记录的观察对象。观察者把这些事件记录下来，将会为更好地了解幼儿的发展特点提供资料。观察者感兴趣的偶发事件有很多，比如，某几个幼儿在表演区进行假装游戏、两个幼儿发生争抢玩具的问题后自己协商解决等。具有重要意义的事件是幼儿行为变化的转折点，比如，内向的幼儿开始主动邀请其他幼儿玩玩具、入园焦虑比较严重的幼儿在某次入园时没有大声哭泣等。如果观察者能够从感兴趣的偶发事件或者具有重要意义的事件这两个方面关注幼儿，就能够迅速锁定观察目标。

观察者在进行轶事记录前，要对幼儿的姓名、性别、编号、年龄、观察日期这些基本情况进行记录，为分析幼儿的发展水平及日后整理幼儿成长档案提供方便。

幼儿姓名：小禹	性别：男	编号：13
年龄：4岁1个月	观察日期：××××年12月16日	

(二) 记录客观事实

在采用轶事记录法进行观察记录时，首先要对事件发生的时间、地点、观察者进行记录，从而为观察者及阅读轶事记录的其他人，如同行、专家、幼儿家长等提供事件发生的整体背景，也可以为进一步分析提供更明确、具体的信息。

开始时间：10：00	结束时间：10：30
观察地点：小二班	观察者：郭雅馨

其次，观察者应依照事件发生的顺序进行迅速记录，描述要尽量客观、准确和完整。完整的轶事记录应该包括轶事的开始、进展和结尾三部分的内容。开始部分主要是对事件发生的背景和情形进行详细介绍；进展部分主要是指事件发生的具体过程，观察者不仅需要记录目标幼儿的行为表现和言语表达，还需要记录与其活动相联系的其他幼儿的活动过程，以及他们之间的互动；结尾部分则需要对有关事件的结果进行准确描述。为了更好地完善观察记录的信息，教师可以采用“5 W法”。

“5 W法”

谁（who）：所观察的幼儿

和谁（whom）：所观察幼儿和谁产生行为或语言的互动

时间（when）：事件发生的日期以及在哪个具体时间段

何地（where）：事件在什么地方或哪一个区域发生

什么（what）：幼儿做什么动作，说什么话，表情、姿势如何①

轶事记录对完整性的要求较高，如果观察者难以迅速记录下来，也可以采用符号或关键词的形式辅助记录。事后尽快将符号或关键词转化为文字，以防时间太久，记忆内容混淆，影响记录的客观性和准确性。下面提供了用关键词进行辅助记录的例子。

记录的关键词：

佳佳、磁力玩具、撒、滚落、提醒、不理会、盯、作品。

关键词整理：

在区域活动中，佳佳在玩磁力玩具时，把磁力棒和磁力珠撒了一桌子，还有一些滚落在地上。老师提醒他把地上的玩具捡起来，但是佳佳并没有理会，眼睛一动不动

① 侯素雯，林建华. 幼儿行为观察与指导这样做［M］. 上海：华东师范大学出版社，2014：20-21.

地盯着自己拼好的“作品”。

再次，轶事记录法也可以和照片一起使用，这样可以为记录每一个孩子的发展状况提供丰富的材料和视觉信息①。

最后，在进行轶事记录时，应该反复琢磨语言文字，在用词上尽量做到描述具体、清楚明了、通俗易懂。描述具体，即在记录事件时尽可能地细致一些，避免抽象概括和主观判断。比如，应使用“他的嘴角微微上翘”“他的眉毛皱起”等客观的词语或短语进行描述，尽量少用“他很高兴”“他很忧伤”等主观的描述。清楚明了，即观察者所做的轶事记录不仅要让自己能够回忆起当时事件发生的具体经过，也要让阅读轶事记录的人看得懂，能够通过记录了解当时的情景。通俗易懂，即观察者在轶事记录中用词要尽量平实，避免因使用一些修辞手法、文学语言而导致语言文字生涩难懂。

轶事记录法中应避免使用的语言和建议使用的语言，如表 5-1 所示。

表 5-1　轶事记录法中应避免使用的语言和建议使用的语言

避免使用	建议使用
◆ 大部分孩子……	◆ 有 15 个孩子……
◆ 他经常……	◆ 他每天有五六次……
◆ 她很快……	◆ 她用了 1 分钟……
◆ 她擅长于……	◆ 她每次都……
◆ 他喜欢……	◆ 他对我说……
◆ 看上去有些……	◆ 他每天……
◆ 仿佛……	◆ 我听到她说……
◆ 我觉得……	◆ 我看到她……
◆ 我认为……	◆ 每月有两三次……
◆ 他应该是……	◆ 他告诉我……
◆ ……	◆ ……

在下面这份观察记录中，观察者记录了小禹学唱歌的过程。请仔细阅读后思考，这份记录有哪些不足之处？

观察记录

徐老师教孩子们唱歌，小禹看到徐老师后很高兴。在徐老师上课的过程中，如果孩子表现好便会得到一张喜羊羊卡片，集齐两张卡片便有礼物巧克力。小禹得到一张卡片后，十分开心。当其他小朋友被邀请到台上唱歌时，小禹一直在做小动作，经老师提醒后，小禹再次将注意力集中到唱歌上。

为了使这份记录更加详细和具体，我们对这份记录进行了修改，增加了许多细节。比如，增加了对小禹课堂表现的动作细节描述以及小禹与老师之间的语言交流。

① 蔡春美. 幼儿行为观察与记录［M］. 上海：华东师范大学出版社，2013：186.

观察记录

上午吃完加点奶酪棒后，徐老师教小二班的孩子们一首英文歌 *Happy New Year*。

小禹看到徐老师后立即从凳子上跳了起来，边跳边拍手："耶！我们有好吃的啦！"在老师提醒后，小禹很快坐在凳子上并把小手放在自己的膝盖上。徐老师上课时表示，如果孩子表现好便会得到一张喜羊羊卡片，集齐两张卡片便有礼物巧克力。小禹听完后眼睛一直盯着老师手里的卡片，目不转睛。徐老师说："现在谁来唱刚刚我们学的第一句啊？"小禹"噌"一下把手举得高高的，嘴巴里面喊着："我！我！"徐老师请小禹上台唱过后，奖励了他一张卡片。小禹大笑，并拿着卡片朝我晃了晃说："看！我有一张卡片啦！"他旁边的小朋友也转过身来让我们看他的卡片。

当其他小朋友被邀请到台上唱歌时，小禹便在凳子上扭来扭去，一会儿看看工作架上的材料，一会儿用手捂住耳朵。徐老师看到后说："现在我看到妞妞特别认真，唱歌时一直看着我的眼睛，我看看谁也这么认真，就要奖励谁卡片啦！"小禹立马扭头看老师并说："我！我一直看着你呢！"徐老师说："我刚刚都没看到你一直看我哦！"小禹听后把双腿并拢，后背挺直，眼睛一直看着老师，并且跟着老师的节奏唱歌。徐老师看到后说："刚刚小禹真的很认真地看着我，并且一直跟着老师唱，来，奖励你一张小卡片。"小禹急忙跑去拿卡片，回到座位后立马转身跟我说："耶！我有两张啦！"

到最后要排队形合唱了，小禹一直不肯离开自己的凳子，凳子上有他获得的两张小卡片，他用手扶着凳子的前端，并对提醒他的徐老师说："那里有我的两张卡片呢！"看到我在拍照后，跟我做鬼脸："等会儿就有好吃的啦！"在合唱结束后，老师跟小朋友说把卡片收回去，放学时发巧克力，小禹试图把卡片放在自己的口袋里，被老师发现后犹豫地交给了老师，并跟老师确认："放学就会发巧克力，对吗？"得到肯定回复后，小禹便笑眯眯地与旁边的小朋友继续玩闹起来。

（三）分析行为表现

观察者在记录了幼儿的行为表现之后，需要对其行为特点进行分析。分析应该是观察者在对记录的每个句子进行精读的基础上，分析幼儿行为表现的含义，从而深入剖析幼儿在这次事件中的行为特点的过程。观察者在对轶事记录进行分析时，不可避免地会受到自身知识经验和以往对幼儿印象的影响，从而导致分析结果与现实情况有所差异。为了尽量减小这一差异，提高分析的客观性，观察者需要对幼儿进行长期的追踪观察，从而使观察结果更加趋近于幼儿发展的真实状况。

请阅读以下分析并思考，该分析有哪些不足之处？

分析

小禹喜欢唱歌。

其不当之处在于：第一，对记录的分析不到位，存在过度推论的情况。小禹在刚开始学唱歌的时候表现较好，并不代表他喜欢唱歌。第二，没有从细节出发分析小禹课堂表现的变化及原因，而是笼统地认为他"喜欢唱歌"。针对上述不足，可以做如下改动：

分析

从小禹在知道表现好可以得到卡片来换取巧克力、为了卡片认真唱歌以及护住卡片再三确认放学后是否有巧克力可以看出，小禹投入到课堂活动的积极性受外部动机——巧克力奖励影响较多。当其他小朋友被邀请上台时，他便会分散注意力，需要教师提醒才能重新集中注意力，这也是该年龄段儿童注意力发展的典型特征，即注意时间较短且注意力易分散。从小禹的整体表现来看，如边跳边拍手、高兴地向观察者展示卡片以及言语，可以看出小禹是一个较为活泼开朗的孩子。

（四）评价幼儿行为并提出建议

观察者在对目标幼儿的行为特点进行分析之后，还需要对幼儿的行为进行评价并提出相应的建议或改进措施。评价主要是为了衡量目标幼儿的行为发展水平，具体可以采用与班级或同龄其他幼儿进行比较的方式，也可以把所观察幼儿的行为与《指南》或者期刊中发表的专业研究结果、常模等进行对比，从而更好地了解幼儿的行为发展水平。

最后，也是轶事记录最重要的部分，就是观察者要针对观察、分析所得出的幼儿行为特点提出相应的建议或改进措施，从而更有针对性地促进幼儿发展，为制订更合理的教育教学方案提供支持和依据。仍以“小禹学唱歌”为例，观察者给出以下评价和建议：

评价

小禹与同龄儿童相比更加活泼，表现力较强；但偶尔会出现“管不住自己”的情况，需要教师的提醒，自控能力相对较弱。

建议

教师可以在引导幼儿进行活动时，根据幼儿注意力的发展特点适当对其进行奖励，以调动幼儿的积极性，并变换策略，吸引幼儿的注意力。

现在，我们根据轶事记录法的 4 个步骤（选择目标幼儿作为观察对象、记录客观事实、分析行为表现、评价幼儿行为并提出建议），不断完善了“小禹学唱歌”的轶事记录，最终的轶事记录如下。

轶事记录

幼儿姓名：小禹　　性别：男　　编号：13

年龄：4 岁 1 个月　　观察日期：××××年 12 月 16 日

开始时间：10：00　　结束时间：10：30

观察地点：小二班

观察者：郭雅馨

观察记录

上午吃完加点奶酪棒后，徐老师教小二班的孩子们一首英文歌 *Happy New Year*。

小禹看到徐老师后立马从凳子上跳了起来，边跳边拍手："耶！我们有好吃的啦！"在老师提醒后，小禹很快坐在凳子上并把小手放在自己的膝盖上。徐老师上课时表示，如果孩子表现好便会得到一张喜羊羊卡片，集齐两张卡片便有礼物巧克力。小禹听完后眼睛一直盯着老师手里的卡片，目不转睛。徐老师说："现在谁来唱刚刚我们学的第一句啊？"小禹"噌"一下把手举得高高的，嘴巴里面喊着："我！我！"徐老师请小禹上台唱过后，奖励了他一张卡片。小禹大笑，并拿着卡片朝我晃了晃说："看！我有一张卡片啦！"他旁边的小朋友也转过身来让我们看他的卡片。

当其他小朋友被邀请到台上唱歌时，小禹便在凳子上扭来扭去，一会儿看看工作架上的材料，一会儿用手捂住耳朵。徐老师看到后说："现在我看到妞妞特别认真，唱歌时一直看着我的眼睛，我看看谁也这么认真，就要奖励谁卡片啦！"小禹立马扭头看老师并说："我！我一直看着你呢！"徐老师说："我刚刚都没看到你一直看我哦！"小禹听后把双腿并拢，后背挺直，眼睛一直看着老师，并且跟着老师的节奏唱歌。徐老师看到后说："刚刚小禹真的很认真地看着我，并且一直跟着老师唱，来，奖励你一张小卡片。"小禹急忙跑去拿卡片，回到座位后立马转身跟我说："耶！我有两张啦！"

到最后要排队形合唱了，小禹一直不肯离开自己的凳子，凳子上有他获得的两张小卡片，他用手扶着凳子的前端，并对提醒他的徐老师说："那里有我的两张卡片呢！"看到我在拍照后，跟我做鬼脸："等会儿就有好吃的啦！"在合唱结束后，老师跟小朋友说把卡片收回去，放学时发巧克力，小禹试图把卡片放在自己的口袋里，被老师发现后犹豫地交给了老师，并跟老师确认："放学就会发巧克力，对吗？"得到肯定回复后，小禹便笑眯眯地与旁边的小朋友继续玩闹起来。

分析

从小禹在知道表现好可以得到卡片来换取巧克力、为了卡片认真唱歌以及护住卡片再三确认放学后是否有巧克力可以看出，小禹投入到课堂活动的积极性受外部动机——巧克力奖励影响较多。当其他小朋友被邀请上台时，他便会分散注意力，需要教师提醒才能重新集中注意力，这也是该年龄段儿童注意力发展的典型特征，即注意时间较短且注意力易分散。从小禹的整体表现来看，如边跳边拍手、高兴地向观察者展示卡片以及言语，可以看出小禹是一个较为活泼开朗的孩子。

评价

小禹与同龄儿童相比更加活泼，表现力较强；但偶尔会出现"管不住自己"的情况，需要教师的提醒，自控能力相对较弱。

建议

教师可以在引导幼儿进行活动时，根据幼儿注意力的发展特点适当对其进行奖励，以调动幼儿的积极性，并变换策略，吸引幼儿的注意力。

三、轶事记录法的优缺点

通过对轶事记录法的分析，我们可以发现其优点主要集中在以下几个方面：

（1）轶事记录法具有简单、方便、灵活的特点。观察者在使用轶事记录法时，不需要预先考虑好所要记录的内容，也不需要进行特殊的准备或进行特别的训练。在活动中，只要观察者遇到自己感兴趣的或有意义的事件，认为值得记录，那么无论行为是什么或在什么时间发生，都可以一一记录下来。这也是轶事记录法成为最常用的观察方法的原因之一。

（2）轶事记录法所记录的内容较为翔实。这一方法不但使观察者将自己感兴趣的或者有意义的事情记录下来，而且还详细说明了幼儿行为发生的背景及前因后果，为了解幼儿行为及行为原因提供了详细的资料。不仅如此，详细的轶事记录还有利于观察者发现影响幼儿语言、情绪、社会性等各方面发展的因素，从而使教育干预更具针对性。

（3）轶事记录法所记录的资料具有永久保存性，一旦记录保存下来，任何时候都可以进行翻阅。也正是由于这一特点，轶事记录所提供的幼儿信息资料具有连续性。观察者可以不断地将幼儿目前的发展水平与之前的行为表现相比较，从而发现幼儿的变化与成长。比如，幼儿在挫折情境中的情绪调节能力的变化、幼儿在游戏中参与程度的变化等。

（4）轶事记录法所记录的资料具有一定的广度。只要观察者认为是“轶事”就可以进行记录，所记录的内容不但包含幼儿发展的各个方面，而且包含轶事的场景和情境，涵盖的内容较为广泛。

与其他观察法一样，轶事记录法也有其局限性。

（1）观察者在使用轶事记录法进行观察记录时，容易受个人主观偏见的影响。由于轶事记录主要是观察者对自己感兴趣的或认为有意义的事件进行的记录，在记录时，观察者往往会因为个人的好恶而产生一定的偏见，或者所记录的内容不能反映事情的全貌。比如，观察者看到一个平时性格孤僻的幼儿主动邀请另一个幼儿玩玩具，认为这一事件很有意义，是该幼儿社会交往能力提高的表现，那么在记录时，可能会忽略目标幼儿在游戏过程中的不友好行为。

（2）轶事记录的连续性固然是其一大优点，但教师在轶事记录中很容易记录对幼儿的消极偏见，而正因其具有连续性，这些偏见所导致的后果可能不会随着记录的停止而消失。这些记录会永久地保存在幼儿的成长档案中，跟随幼儿从一个班级到另一个班级，从一个教师到另一个教师。而后面的每位教师对幼儿的初步印象很大程度上源于幼儿的成长档案，如果幼儿成长档案中的记录与评价偏消极，就很有可能会对后面教师看待幼儿的方式、评价幼儿的能力产生消极影响。

（3）轶事往往发生在教师带班或师幼互动过程中，教师对轶事的记录可能会干扰师幼互动。由于使用轶事记录法的观察者大部分为幼儿教师，当事件发生时，如果教师当场拿出纸笔对幼儿的行为表现进行记录，必然会干扰师幼互动的正常进行，甚至造成活动的中断。而且教师记录的行为，也会引起幼儿的好奇，使幼儿的注意发生转移。

（4）轶事记录往往是观察者根据事后回忆进行补记，易导致记录内容与事实产生差异。与日记描述法相同，使用轶事记录法时观察者难以边观察边记录，常常事后根据回忆对当场速记的内容进行补充，这可能导致记录的内容与事实存在一定出入，使观察者不易获得事件的全貌，进而导致后期对事件的分析也有偏颇。

(5) 采用轶事记录法记录的幼儿行为样本代表性不高。由于轶事记录主要是观察者针对某个或某几个幼儿的有意义行为进行记录，而这些幼儿的行为可能并没有在其他幼儿身上发生，这些幼儿的行为发展水平并不能代表同龄幼儿的行为发展水平①。

第三节 实况详录法

一、实况详录法的含义

实况详录法，又称连续记录法，是指观察者详细、完整地记录被观察者在一段时间内（半小时、一小时或者半天，甚至更长时间）自然状态下发生的所有行为，然后对所收集的原始资料进行分析的方法。

与日记描述法、轶事记录法相同，实况详录法也是一种描述性的观察方法。实况详录法的主要目标是获得详细、客观的行为记录，而非进行推论、解释或评价。实况详录法不仅要详细描述目标幼儿的行为表现，而且要对其行为发生的情景和场所以及行为发生的前后顺序都进行详细的记录。另外，观察者要具体地描述行为，而不是用一些泛泛的词语或短语简单叙述。

实况详录法与日记描述法、轶事记录法虽同属于描述观察法，但有一定的特殊性。与日记描述法相比，实况详录法不仅可以对某一特定幼儿进行观察记录，还可以对一个幼儿团体进行观察记录。与轶事记录法相比，实况详录法虽然也是用描述的方式对幼儿行为进行记录，但却比轶事记录法更加完整和翔实。轶事记录法只是记录观察者感兴趣或者有意义的事件，而实况详录法则是将所有与观察对象有关的行为都记录下来。

二、实况详录法的运用

（一）选择目标幼儿作为观察对象

实况详录法的观察对象选择范围较广，观察者既可以选取个别幼儿进行观察，也可以在活动中选取幼儿互动团体进行观察。当观察对象是个别幼儿时，观察者既可以对任意一位幼儿的日常行为进行详细描述，也可以在条件允许的情况下，对幼儿“日常行为”以外的反常行为或很少出现的行为进行详细记录。另外，观察者也可以从感兴趣的偶发事件或者具有重要意义的事件中选取目标幼儿，这与轶事记录法选取观察对象的方法相似。不同之处在于，轶事记录法只是记录该幼儿的一部分行为，而实况详录法则是将该幼儿的全部行为都记录下来。

除了可以选取个别幼儿为观察对象，观察者还可以选择活动中的互动团体进行观察。

---

① 于冬青，柳剑. 轶事记录法运用中的问题及运用策略研究［J］. 幼儿教育，2010（15）：22-24.

互动团体是指幼儿之间以互动为纽带的交往团体，其中互动可以是语言互动，如几个幼儿一起在表演区游戏，也可以是非语言互动，如几个幼儿一起画画等。

与轶事记录法相同，观察者在采用实况详录法对目标幼儿进行观察记录之前，要详细记录幼儿的姓名、性别、编号、年龄和观察日期等基本情况。

幼儿姓名：小远　　性别：男　　编号：1

年龄：4岁5个月　　观察日期：××××年11月26日

（二）记录客观事实

首先，观察者在采用实况详录法对目标幼儿或幼儿团体进行观察记录时，需要观察记录的内容不仅有目标幼儿或幼儿团体本身，还包括目标幼儿在与他人或幼儿团体之间互动过程中所说的每一句话、所做的每一件事。另外，目标幼儿或幼儿团体做出这些言行举动时所处的背景和环境也需要详细记录。一份好的采用实况详录法所撰写的观察记录可以在很大程度上还原事件发生的整体过程，可以让其他阅读观察记录的人想象出现场的画面。所以，观察者在撰写记录的过程中，需严格按照行为发生的先后顺序进行记录，不能颠倒顺序或以概括性的方式进行主观推测，从而保证观察记录的客观性与真实性。比如，未受过专业训练的观察者可能这样记录：

> 小远和同伴一起用纸筒搭建筑，过程中遇到了一些困难。在同伴的共同努力下，终于把建筑搭好了。

上述记录过于简略，对于小远搭建筑的背景、地点、时间、搭建过程和动作表现等都没有进行说明。观察者在观察的时候对这些细节是清楚的，但随着时间的流逝和记忆的淡忘，这样简略的记录难以用于后期的分析。小远搭建了什么？是怎样搭建的？遇到了什么困难？怎么解决的？观察者在记录时，对这些细节都要进行详细描述。下面这则观察记录则比较详细。

观察记录表

开始时间：8：40　　结束时间：9：10

观察地点：中班　　观察者：魏晓宇

观察记录

区域游戏时间到了，小远早早地吃完饭来到了纸筒区。他对同样在纸筒区游戏的飏飏和迪迪说：“我们用纸筒搭一个三角形的写字楼吧。”飏飏说：“好。”说着，孩子们就从架子上一个一个地拿纸筒搭了起来。孩子们先用纸筒围出了一个三角形，在搭第二层的时候，迪迪把一个纸筒直直地放在了另一个纸筒上，小远看见了说：“你这样搭容易倒，要放在两个纸筒中间。”说着就拿起迪迪刚刚放下的纸筒，调整到了底层两个纸筒中间的位置。迪迪仔细地看了一会，也继续搭了起来，这次迪迪也把纸筒放在了下一层两个纸筒的中间。

等搭完第六层的时候，小远说："写字楼里面都是亮亮的，咱们给写字楼里面放一盏灯吧。""那我去小商店买一个去。"飏飏说着就去小银行取了钱，然后去小商店买了一盏灯笼。"可是怎么把灯笼放进去呢？"飏飏看了一眼灯笼，又看了一眼纸筒建筑说道。"直接放进去吧。"迪迪说。"不行，灯都是挂在房顶上的，可是我们没有房顶。"小远说道。看见我站在一旁，小远说："老师，我们想挂灯笼，却没有屋顶怎么办？"我蹲下，说："那你们想想办法，怎么才能给纸筒封顶呢？"小远说："你看它中间都是空的。""那你以前在建筑区是怎么给建筑封顶的呢？"我引导道。"啊，用长板，我们可以借建筑区的长板！"小远眼前一亮，笑着说道。于是，他跑到建筑区借了一块长板回来。然后小远拿着长板，飏飏把灯笼的提手穿过了长板，然后轻轻放到了"写字楼"的顶部。"太棒啦，我们的楼里有灯啦！"三个孩子高兴地欢呼。"我们再给顶上做点装饰吧。"小远提议。于是，孩子们又忙碌了起来。

其次，运用实况详录法对目标幼儿或幼儿团体进行连续记录的时间一般在一个小时以内①。这并非实况详录法本身的时间限定，而是因为观察者在使用该方法对目标幼儿进行观察时，注意力必须高度集中，需要连续不断地关注并记录观察对象的一举一动以及周围环境的变化。如果时间过长，观察者难免会产生疲劳感。所以，如果要对观察对象进行更长时间的观察记录，则需由多个观察者轮流进行。

再次，由于实况详录法对观察记录的客观性和翔实性要求较高，观察者在运用这一方法时不可避免地会遇到人工记录困难的问题。为了有效克服这一困难，观察者可以在对目标幼儿或幼儿团体进行观察时使用摄像机或录音机等设备来辅助记录。摄像机可以把观察对象的动作、语言、与他人的互动等行为以及观察对象所处的环境等都拍摄下来，然后观察者可以通过反复观看录像，将这些内容由录像转录成文字或编码进行分析，从而可以避免因人工记录速度慢而遗漏关键信息或者造成观察记录的内容存在片面性。摄像机镜头的角度会直接影响拍摄内容和效果，摄像的内容与当前发生的情况可能会存在一定的差异。比如，如果摄像机镜头没有调整好，可能会出现目标幼儿或幼儿团体走出摄像范围的情况，从而导致资料有所遗漏。为了尽量完整地记录观察对象的行为及其发生环境，必要时需要同时使用两台或多台摄像机，而且要对研究人员进行专业的培训②。

① 施燕．学前儿童行为观察［M］．上海：华东师范大学出版社，2011：47.

② 托宾，薛烨，唐泽真弓．重访三种文化中的幼儿园［M］．朱家雄，薛烨，译．上海：华东师范大学出版社，2014：11.

最后，观察者在运用实况详录法进行记录时要时刻提醒自己，该方法是一种完全客观的记录，在记录过程中不应掺杂自己的主观想法、推测或评价。当然，观察者有时会在观察幼儿的过程中产生一些想法或者对幼儿行为背后的原因有所推测，这些想法一闪而过，如果不及时记录下来可能会遗忘。所以，观察者可以将自己的这些想法或观点记录下来，虽然可能并不完全正确，但会对日后改进教学或进一步研究有所帮助。只是在记录时，观察者要注意将其与客观的观察记录区分开来。

（三）分析行为表现

与轶事记录法和日记描述法相同，观察者在采用实况详录法对幼儿的行为表现进行详细的观察记录后，还需要在观察记录的基础上对幼儿的行为表现和发展状况进行分析。由于实况详录法收集的资料具有客观性、翔实性等特点，观察者可以从不同角度反复分析这些实况资料。

仍以“小远搭建写字楼”为例，教师可以通过查看实况记录，分析小远的经验迁移能力、解决问题能力和同伴合作能力等，详细的实况资料可以为观察者进行定性分析提供依据。

分析

1. 在之前的区域分享中，教师与幼儿共同讨论了“怎样搭纸筒最坚固”这一问题。经过尝试发现错落地搭建比直接叠放更加不容易倒。从小远帮助迪迪调整纸筒的位置可以发现，小远习得了这一搭纸筒的技巧。

2. 当遇到不知如何给纸筒建筑封顶的问题时，小远主动向教师寻求帮助，并且在教师的引导下，将以前在建筑区的封顶经验迁移到了纸筒区，说明小远遇到问题能够主动想办法，而且迁移能力较好。

3. 从小远一次次的提出想法，孩子们一起合作可以看出，小远想象力丰富，并且具有一定的领导力。

（四）评价幼儿行为并提出建议

在采用实况详录法对幼儿行为进行分析后，还需要对幼儿进行评价，并为日后的教育教学提出改进措施和建议。由于实况详录法能够十分详尽地记录观察对象的行为，所以观察者可以将目标幼儿目前的表现与该幼儿先前的行为进行比较，从而发现幼儿的进步，并为进一步发展提供支持和帮助。仍以“小远搭建写字楼”为例，观察者得出以下评价和建议。

评价

与中班其他幼儿相比，小远有着较强的经验迁移能力，遇到问题能够主动想办法解决，并且在同伴交往中具有较强的领导能力。

建议

小远的生活经验较为丰富，在游戏中有许多有趣的想法和提议。对这些丰富有趣的想法，教师要提供支持，包括情感支持、方法支持、物质支持等。另外，可以多给小远提供分享和展示的机会，鼓励其他幼儿向小远学习。

现在，我们根据实况详录法的 4 个步骤（选择目标幼儿作为观察对象、记录客观事实、分析行为表现、评价幼儿行为并提出建议），不断完善了“小远搭建写字楼”的实况详录资料，最终的实况详录如下。

实况详录

幼儿姓名：小远	性别：男	编号：01
年龄：4 岁 5 个月	观察日期：××××年 11 月 26 日	
开始时间：8：40	结束时间：9：10	
观察地点：中班	观察者：魏晓宇	

观察记录

区域游戏时间到了，小远早早地吃完饭来到了纸筒区。他对同样在纸筒区游戏的飏飏和迪迪说：“我们用纸筒搭一个三角形的写字楼吧。”飏飏说：“好。”说着，孩子们就从架子上一个一个地拿纸筒搭了起来。孩子们先用纸筒围出了一个三角形，在搭第二层的时候，迪迪把一个纸筒直直地放在了另一个纸筒上，小远看见了说：“你这样搭容易倒，要放在两个纸筒中间。”说着就拿起迪迪刚刚放下的纸筒，调整到了底层两个纸筒中间的位置。迪迪仔细地看了一会，也继续搭了起来，这次迪迪也把纸筒放在了下一层两个纸筒的中间。

等搭完第六层的时候，小远说：“写字楼里面都是亮亮的，咱们给写字楼里面放一盏灯吧。”“那我去小商店买一个去。”飏飏说着就去小银行取了钱，然后去小商店买了一盏灯笼。“可是怎么把灯笼放进去呢？”飏飏看了一眼灯笼，又看了一眼纸筒建筑说道。“直接放进去吧。”迪迪说。“不行，灯都是挂在房顶上的，可是我们没有房顶。”小远说道。看见我站在一旁，小远说：“老师，我们想挂灯笼，却没有屋顶怎么办？”我蹲下，说：“那你们想想办法，怎么才能给纸筒封顶呢？”小远说：“你看它中间都是空的。”“那你以前在建筑区是怎么给建筑封顶的呢？”我引导道。“啊，用长板，我们可以借建筑区的长板！”小远眼前一亮，笑着说道。于是，他跑到建筑区借了一块长板回来。然后小远拿着长板，飏飏把灯笼的提手穿过了长板，然后轻轻放到了“写字楼”的顶部。“太棒啦，我们的楼里有灯啦！”三个孩子高兴地欢呼道。“我们再给顶上做点装饰吧。”小远提议。于是，孩子们又忙碌了起来。

分析

1. 在之前的区域分享中，教师与幼儿共同讨论了“怎样搭纸筒最坚固”这一问题。经过尝试发现错落地搭建比直接叠放更加不容易倒。从小远帮助迪迪调整纸筒的位置可以发现，小远习得了这一搭纸筒的技巧。

2. 当遇到不知如何给纸筒建筑封顶的问题时，小远主动向教师寻求帮助，并且在教师的引导下，将以前在建筑区的封顶经验迁移到了纸筒区，说明小远遇到问题能够主动想办法，而且迁移能力较好。

3. 从小远一次次的提出想法，孩子们一起合作可以看出，小远想象力丰富，并且具有一定的领导力。

评价

与中班其他幼儿相比，小远有着较强的经验迁移能力，遇到问题能够主动想办法解决，并且在同伴交往中具有较强的领导能力。

建议

小远的生活经验较为丰富，在游戏中有许多有趣的想法和提议。对这些丰富有趣的想法，教师要提供支持，包括情感支持、方法支持、物质支持等。另外，可以多给小远提供分享和展示的机会，鼓励其他幼儿向小远学习。

三、实况详录法的优缺点

通过对实况详录法的分析，我们可以发现实况详录法主要具有以下优点。

（1）实况详录法具有简单、方便、灵活的特点。实况详录法是观察者通过对目标幼儿或目标幼儿团体进行观察，运用描述的方法将幼儿的行为表现及其环境、背景详细记录下来的方法。在进行实况详录之前不需要准备专门的观察表格或编码对照表，如果不使用摄像机等设备的话，也不需要事先接受专业训练，只要观察者有机会观察目标幼儿，就可以使用平实的语言撰写内容丰富而翔实的观察记录。

（2）实况详录法所记录的内容具有翔实性和广度性。由于实况详录法需要将幼儿的一言一行、一举一动以及与他人的互动都进行完整的描述，所以与其他描述观察法相比，实况详录法能够最大程度上还原当时发生的所有事情。而且实况详录法可以把事件发生时的背景、环境都记录下来，这有利于观察者及其他阅读观察记录的同行和研究者探究不同的幼儿在各种不同的情境中如何表现和反应，从而发现幼儿的个人特征和发展水平。有研究者认为，情境与行为的结合十分重要，“每个人都知道，至少直觉上能感觉到，行动的含义和意义甚至它的发生，都直接取决于同时发生的情境”①。

（3）实况详录法具有永久保存性。观察者采用实况详录法收集的资料不会随着时间的推移而失去自身的价值，反而会因为观察对象年龄的不断增长而更加有意义。由于实况详录法可以将幼儿行为表现的任何细节都再现出来，观察者可以以此为基础，将幼儿目前的表现与先前的行为进行比较，从而发现幼儿的发展与进步，而不是仅与该幼儿的同龄人进行横向比较。而且，实况详录法是在自然条件下，没有人为干扰的环境中进行的，收集到的资料更加具有真实性。

（4）实况详录法的观察人数和观察时间长短不受限制。实况详录法的观察对象既可以是个别幼儿，也可以是幼儿互动团体，这也是实况详录法优于日记描述法之处。观察者既可以对一名幼儿进行观察记录，也可以选取活动中一起互动的多个幼儿进行观察记录。而且，观察者在运用实况详录法进行观察记录时，可以灵活地调整观察时间。观察者可以只

① WRIGHT H F. Observational child study. In MUSSEN P H. Handbook of research methods in child development [M]. New York: Wiley Inc., 1960: 87.

观察短短的几秒钟，也可以在能力允许的条件下，进行长时间的观察。

（5）实况详录法可以用于对幼儿园课程的评价。通过查看实况记录，可以发现幼儿的兴趣点、行为发展特点等，从而有利于教师及时调整课程目标、内容和教学策略。如果教师连续、有计划地运用实况详录法对班级幼儿进行观察记录，则可以为客观地评价幼儿发展、课程设置及课程实施效果提供依据。

实况详录法在使用时也有其局限性。

（1）实况详录法需要耗费观察者大量的时间和精力。采用实况详录法对幼儿的行为进行观察记录时，观察者要对幼儿的动作、语言和表情，以及目标幼儿与其他人、幼儿团体之间的互动过程进行认真观察，并迅速记录，这需要观察者的注意力高度集中，极易导致观察者产生疲惫感，从而使观察记录的质量受到影响。即便观察者采用摄像机等现代设备辅助观察，能够尽最大可能保持资料的完整性和客观性，但是由于没有一个事先制定好的编码表，很难将得到的行为数据进行量化处理，因为在观察记录的过程中，观察者无法记录某一行为出现的频次。要想获得幼儿行为的典型样本，观察者就需要在后期将大量视频或音频资料进行编码或转录，考察行为的频次，而这都需要耗费大量的时间和精力。

（2）实况详录法要求观察者具有较高水平的观察能力和快速记录能力。虽然实况详录法不需要提前制作观察记录表，但是它要求观察者记录下目标幼儿行为的每一个细节，其中包括幼儿的动作、语言、表情等，并且有时观察对象不仅包括一个幼儿，可能是由多个幼儿组成的互动团体，这就要求观察者具有较高水平的观察能力和快速记录能力。并且，观察者需要在快速记录之后，抽时间尽快将记录补充完整，否则可能会遗忘事件的一些关键环节，影响观察记录的翔实性与真实性。有研究者认为，也许这种观察应该仅限于在相对短暂的一个时间段内，因为写的强度实在太大了。

（3）采用现代化的观察设备辅助观察记录会增加观察费用。由于实况详录法对记录的翔实性要求较高，而当观察者的人工记录速度达不到要求时，可能会采用现代化的观察设备（如摄像机、录音笔等）辅助记录，这就增加了观察所需的费用。

（4）处理资料的难度大。如何有效处理实况详录法收集到的资料也是观察者在后期分析时面临的难题。

日记描述法、轶事记录法和实况详录法都需要对观察到的幼儿行为进行客观记录。这就需要观察者扩大词汇量，尽量使用非推论性、非判断性的词语。下面列出了3组记录，请分析哪种表述更为客观。

A：他笨拙地拿起小馒头，慢慢送到嘴边。

B：他用拇指和食指紧紧捏着小馒头，慢慢送到嘴边。

A：星星把自己的蜡笔与莹莹分享。

B：星星把自己的蜡笔递给莹莹。

A：他吃惊地看着我。

B：他睁大眼睛，张开嘴，看着我。

（以上3组记录均为B的表述更为客观。）

第四节　班级儿童日志

一、班级儿童日志的含义

班级儿童日志是一种能记下当天班级每个幼儿的在园表现或其中几个片段的方法。

班级儿童日志也属于描述观察法，但与日记描述法、轶事记录法和实况详录法的特点不同。日记描述法或者轶事记录法只能对某个目标幼儿或幼儿团体进行观察记录，实况详录法需要对观察对象的一言一行、一举一动都进行详细描述。而班级儿童日志的观察对象十分广泛，当天班级里的每个幼儿都是其观察对象，观察者要把这些幼儿的在园表现都进行观察和记录，记录不需要十分翔实，观察者可以使用简短的话语记录几个片段，记录的内容需简单而明了。

二、班级儿童日志的运用

（一）选择目标幼儿作为观察对象

班级儿童日志的观察对象包括班级所有幼儿。由于观察对象比较多，有些班级的幼儿数量甚至达到30人以上，如果观察者（主要是教师）每天都不加计划地进行日志记录，可能会导致日志看起来比较混乱，并且容易遗漏个别幼儿。因此，在记录班级儿童日志之前，教师需要根据班上幼儿的实际人数提前制定班级儿童日志观察表。

在班级儿童日志观察表上，教师要首先注明观察日期、观察目的以及观察者的姓名等基本信息。其次，班级儿童日志观察表上应该有班级每一个幼儿的名字。为了教师能够以最快的速度找到每个幼儿所对应的空白处进行记录，教师可以按照幼儿姓名首字母的先后顺序对幼儿进行排序。

班级儿童日志观察表

观察日期：××××年9月1日

观察目的	了解幼儿午餐的进餐情况	观察者	XY
波波			
橙橙			
嘟嘟			
莉莉			

琦琦 ____

____

（二）记录客观事实

教师在使用班级儿童日志观察表对班级幼儿的行为进行观察和记录时，首先要观察每个幼儿在自然条件下的行为表现。也就是说，教师应该记录幼儿的自主行为过程及其结果，而不应仅关注经过教师引导、干预之后的表现。比如，教师想要观察班级幼儿在区域活动结束后收玩具的行为。田田在听到区域活动结束的铃声之后，并没有主动将玩具收好，而是继续摆弄手中的玩具，一直持续到铃声即将结束，才在教师的提醒之下将玩具收好。那么，教师在记录时就不应仅仅记录“将玩具收好”，而是要说明“没有主动收玩具，经教师提醒后才收拾整齐”。当然，在自然条件下收集信息，并不是要阻拦教师引导幼儿的行为。为了实现观察目的，教师有时需要创造适宜的环境。比如，教师想要观察幼儿的绘画行为，可以将能够引起幼儿绘画兴趣的画笔、白纸、彩纸或连环画等放在桌子上，并告知他们如何做，以便引发幼儿的绘画行为。

其次，教师在班级儿童日志观察表上的记录应该能够影印或剪贴，以便日后将观察日志剪切后分别放入每个幼儿的成长档案中。这要求教师在设计班级儿童日志观察表时要注意在每个幼儿之间留下足够的空白，以避免记录时因为空间不够而把上一名幼儿的行为表现记录在下一名幼儿的位置上，导致整理时出现混乱。

最后，教师在班级儿童日志观察表上记录时所依照的标准应该提前设定，并且这一标准应该同等地适用于班级中的每一名幼儿。也就是说，对于不同的幼儿，教师要能够从相同的几个方面进行观察记录。比如，教师的观察目的是幼儿午餐的进餐情况，那么就可以分别从幼儿对食物的兴趣、吃东西时的态度、食量和进餐时的社交状况等方面观察幼儿的行为表现。在记录时，对于没有观察到或者忘记某个幼儿某方面行为表现的情况，要进行标注。以下是一份完整的班级儿童日志观察表，其中括号中标注的内容是观察者有疑问或者回忆不起来的情节。这是给观察者自己看的，以便事后对疑问进行确认或在下一次观察记录中对被忽视的幼儿给予特别关注。

班级儿童日志观察表

观察日期：××××年 10 月 12 日

观察目的　了解幼儿午餐的进餐情况　　观察者　XY

波波　能够用勺子吃饭，边吃边玩。食量比较少。不喜欢吃肉。用手指戳旁边的橙橙。

橙橙　能够很好地使用餐具，进食有条理。食量正常。不喜欢吃胡萝卜。与波波交谈。

嘟嘟　存在用手抓食物的行为。食量比较多。很喜欢吃肉，不吃蔬菜。没有与人交谈。

莉莉　用勺子搅拌食物，将食物弄得一塌糊涂。食量很小。对食物的态度？（忘

	记了）与保育员交谈。
琦琦	没来。（请假了？）

三、班级儿童日志的优缺点

通过对班级儿童日志的分析，我们可以发现其优点主要集中在以下几个方面：

（1）班级儿童日志能够记录班级中每个幼儿的具体情况。幼儿教师每天的工作繁杂，任务量很大，他们很难关注到班级中每一名幼儿在各个环节的表现。幼儿离园后，教师往往只能回忆起这一天表现比较“突出”的几个幼儿以及令人印象深刻的行为表现。比如，妍妍在益智区活动中，没有借助教师的支持，发现了新拼图的玩法；廷廷在户外活动中，出现推搡同伴、打人等攻击性行为。而那些十分听话、从不挑起事端、又不爱表现的幼儿往往容易被忽略。班级儿童日志可以使教师关注到班里的每个幼儿，并对其行为进行观察和记录，以便收集班集体中所有幼儿的信息，促使教师更加全面地了解幼儿。

（2）班级儿童日志记录迅速，使用方便。教师可以预先确定观察目的，并且将设计好的班级儿童日志观察表随身携带，等待班级幼儿出现符合观察目的的行为时，迅速进行记录。在记录时，不需要十分详尽，只要简单地记录幼儿行为表现及其结果即可。

（3）班级儿童日志所记录的信息资料可以作为基本信息转化为其他形式的记录，并且可以用于日后的对照比较。仍然以“幼儿午餐的进餐情况”为例，在上述案例中，嘟嘟存在用手抓食物的举动，并且偏爱肉食。教师可以对其进食行为进行干预，并与家长进行沟通，请求家长的配合。教师可以在之后的几周之内连续观察嘟嘟的进食行为，并将其作为基本信息转化为检核表，同时可以结合轶事记录法、事件取样法等，单独抽取嘟嘟的表现进行前后对比与分析。

班级儿童日志也有其局限性，主要体现在以下几个方面：

（1）观察者运用班级儿童日志能够记录的资料和数据有限。班级儿童日志需要教师根据观察目的和幼儿表现，在班级儿童日志观察表上进行快速、简要的记录，但它为教师的观察工作提供了便捷的同时，所记录的资料和数据比较有限，在后期进行翻阅和整理时可能会出现不明所以的情况。

（2）由于班级儿童日志所记录的资料较为有限，所以观察者只有重复记录，对照比较，才能发挥其作用和价值。在观察对象众多的情况下，观察者仅仅通过一次记录得到的资料和数据较少，且实用性不大，只能大致上了解幼儿的行为表现。若要清楚地掌握幼儿的发展水平和典型行为，教师需要进行长期重复的记录，并进行前后的对照比较，了解自身的教育干预措施是否恰当以及幼儿的发展变化。

（3）当有幼儿离开或进入集体时，观察表需重新制作。由于班级儿童日志要记录集体中每个幼儿的行为表现，所以每当有个别幼儿进入或离开集体时，为了记录的方便与美观，教师需要重新制作班级儿童日志观察表，这可能在一定程度上会增加教师的工作负担。

在本章的开始部分呈现了张老师对中班幼儿康康和壮壮搭建积木进行的观察记录。通过这一章的学习，我们可以发现这份观察记录有许多不足之处。比如，在观察的过程描述部分，教师对康康和壮壮的动作和语言描述较为简略，并且忽略了许多细节部分，不够具体和翔实；在分析部分，教师没有从所记录的事件本身出发分析康康和壮壮的发展情况，存在分析与记录内容不匹配的问题；此外，这份观察记录还缺乏对幼儿的发展情况进行评价并提出相应的建议。针对上述不足，张老师对这份观察记录进行了如下修改。

观察记录表

幼儿姓名：康康、壮壮　　性别：男　　编号：11、12

年龄：4岁2个月　　观察日期：××××年12月23日

开始时间：9：00　　结束时间：9：30

观察地点：中班活动室

观察者：张老师

观察记录

在区域活动中，建筑区的康康和壮壮搭起了一座高楼。我走到建筑区，蹲下身，手指指向“高楼”的正面，询问孩子们：“这面是大门吗?”康康点点头说：“是啊!”我接着指了指“高楼”前面的拱形积木问：“那大门前侧是什么?”康康俯下身，一边看着拱形门，一边回答道：“爬过去!”我微微皱眉，重复道：“爬过去?”旁边的壮壮摇摇头说：“走过去!”康康接着说：“是一边爬一边走。”我重复道：“一边爬一边走?”康康连跳了两下说：“还有跳呢!”我继续问道：“你们一共盖了几层?”康康一边用手指点数楼层，一边小声数着：“1、2、3，4，一共四层!”我点了点头问道：“第一层是什么?”康康坐下，看着“高楼”回答道：“一层是停车场!”我“哦”字还没说完，康康便接着说道：“二层是吃饭的地方，三层是看电视，四层是睡觉。”“四层?在四层睡觉?”我问道。康康笑着点了点头。我又指着“高楼”顶端问：“那这个是什么?”壮壮回答道：“这个是房顶!小人从旁边这样这样就上来了!”边说着，壮壮一边用手指从下向上地比画着。我追问道：“小人是怎么上去的?”壮壮指着“高楼”上的一块圆柱形积木说：“这是电梯，他们这样这样上来!”我点了点头，接着问：“你们都用什么形状的积木搭的呀?”壮壮用手指着回答道：“有柱、长方、方块……看!这是沙发。”我俯下身，问：“沙发在哪儿?”康康指着高楼中一块长方形的积木说：“在这儿!”壮壮指了指“高楼”底层说：“还有停车场!”我把目光移向壮壮手指的方向问道：“停车场?你们投放的小汽车在哪儿呢?”壮壮指了指摆放在高楼底层的小汽车模型说：“这里!”我顺着壮壮手指的方向望去，接着笑着点了点头说：“真的耶!这个房子非常的棒!”接着，我又问道：“小汽车是怎样开到车库的?”壮壮在“高楼”旁边的空地上用手指比画着说：“这样这样开到的。”“那它的轨道呢?你们可以用什么搭建一个轨道出来吗?”我追问道。“可以!”康康边说边转身从积木柜里拾取积木。我站起身，微笑着说：“好的，继续吧!搭出你们想要的轨道!”康康和壮壮微笑着点了点头，继续搭建起来。

分析

当我问大门前侧是什么时，康康出现了答非所问的情况，可见他对我的问题并没有完全听清或听懂，欠缺对个别语句的理解能力。从康康积极地与我交谈，可以看出他很乐意与他人交流自己的想法；并且康康在搭建“高楼”的过程中，对不同楼层的使用功能及不同积木所指代的事物有独特的构思，可见他具有较为丰富的想象力和创造力。

壮壮对于个别问题的回答表述不清，习惯用类似于“这样这样”的模糊语句，或是通过手指比画来替代言语回答，可见壮壮还需培养清晰恰当的语言表述能力。

评价

与班级其他幼儿相比，康康的语言表达能力和创造力较强，社会交往能力水平较高；而壮壮的语言表达能力相对较弱。

建议

对康康，教师可以采取适当的策略，进一步激发其探索、创新能力；对壮壮，教师要鼓励他用清晰恰当的语言表达自己的想法，并为他表达自己提供机会。

思考与练习

1. 描述观察法具体包括哪些观察方法？
2. 如何运用轶事记录法对幼儿的行为进行观察？
3. 班级儿童日志有哪些优缺点？
4. 结合以下案例，分析这则轶事记录的不足之处，并进行修改，同时请根据观察结果，为教师教学提出建议。

幼儿姓名：枫枫　　性别：男　　编号：8

年龄：4 岁 5 个月　　观察日期：××××年 12 月 13 日

开始时间：10：20　　结束时间：10：50

观察地点：中一班拼插区

观察者：林婷

观察记录

早操结束后，枫枫和帅帅在拼插区一起玩拼插玩具。他们打开黄色收纳盒，开始各自玩各自的。枫枫从黄色收纳盒中拿出一块白色的拼插底板，接着拿出绿色和红色的长形圆柱体，一个个插到白底上，自言自语道：“红炸弹，绿炸弹，我们有红炸弹还有绿炸弹对不对？”接着枫枫继续翻着箱子，找了一会儿又自言自语道：“没炸弹了。”这时他看了看帅帅手里拼接的玩具，走到帅帅身边，一边叫着“炸弹、炸弹”，一边拿帅帅手里的玩具，然后指着绿色的圆柱体对帅帅说道：“你看，炸弹。”接着拿着玩具走回自己的位置。帅帅面无表情，看了看自己的玩具，又看了看枫枫。枫枫看了看帅帅，指着自己的那堆玩具说道：“帅帅，你用了炸弹，你用了炸弹咱们就没炸弹了，怎么办啊？咱们不够用，咱们没子弹所以得用好多炸弹。”帅帅走过去，拿起自己拼接的玩具，开始拔绿色的圆柱体部分，发出“呀”的声音。枫枫拿过玩具，说道：“你把这儿摁了不就行了？你看。”说着两手拿着拼插底板，两个大拇指抵住绿色圆柱体的尾部，一堆绿色圆柱体便掉了出来。

分析

中班的孩子普遍喜欢象征游戏，而且自我中心性思维比较明显。

阅读导航

1. 夏靖. 轶事记录法在幼儿评价中的应用［J］. 学前教育研究，2003（Z1）.

2. 朱佳慧. 教师观察能力的现状及对策研究［J］. 幼儿教育，2015（Z3）.

3. 于冬青，柳剑. 轶事记录法运用中的问题及运用策略研究［J］. 幼儿教育，2010（15）.

4. 周云. 对一个有社会退缩行为的小孩的观察记录［J］. 学前教育研究，2000（4）.

第六章

取样观察法

本章导读

取样观察法是以幼儿行为作为观察样本的方法，具有方便、快捷的特征。它包括时间取样法和事件取样法。观察者可以通过取样观察法，事先锁定目标行为，并对目标行为进行分类，下操作性定义，然后采用计时或计次的方法来记录目标行为或事件，经过严谨、规范的分析和评价之后，为提高教学水平提供指导意见。

学习目标

1. 了解两种取样观察法的含义。
2. 掌握两种取样观察法的具体运用过程，理解观察记录的构成要素。
3. 学会熟练运用两种取样观察法对幼儿的目标行为进行观察和记录，并能够正确分析幼儿行为。
4. 能够将观察结果与幼儿园教育实践相结合，提高对幼儿行为的理解与分析能力。

喜娃幼儿园的张老师发现，园里的老师们平时在做幼儿观察记录时几乎全部使用的是描述观察法，对其他观察方法使用得非常少，这严重制约了老师们的专业发展。另外，描述观察法获得的是关于幼儿行为的大量文字描述，主观性相对较强，难以将其量化。因此，她希望能有机会学习一些新的观察方法，用于平时的幼儿观察与研究中，提升自己的专业发展水平。

随着幼儿园教师专业水平的不断提升，教师们不再满足于仅使用描述观察法对幼儿行为进行观察记录，希望能够掌握更为量化、客观、方便的观察方法。取样观察法就是这样一种方法。本章主要阐释时间取样法和事件取样法。

第一节　时间取样法

一、时间取样法的含义

时间取样法是指以一定的时间间隔为取样标准，观察记录预先确定的行为是否出现以及出现次数和持续时间的一种观察方法①。

时间取样方法最初是由美国明尼苏达大学儿童发展研究所儿童心理学家沃尔森教授于20世纪20年代为研究正常儿童神经性习惯而提出的一种观察方法。从沃尔森提出这一方法到现在，随着科研经验的积累和新技术手段的使用，这一策略日趋完善。总的来说，它的发展过程可以分为以下3个阶段：在第一阶段，时间取样法主要被用于研究儿童某一或某些特定的行为。许多早期著名的儿童发展研究都是采用时间取样法完成的。在这一阶段中，研究者们并没有提出时间取样法的完整步骤与程序，也没有提出时间抽样法严格、规范的形式，但正是在这一阶段的实际工作中发现的问题，为第二阶段的工作打下了基础。在第二阶段，研究者们致力于时间取样法的完善工作，特别是将注意力集中在制定实施时间取样方法的一些准则上，如样本时间的长度、间隔以及观察的次数等。在第三阶段，时间取样法作为儿童发展研究的特有方法，正成为自然研究和实验研究的重要工具。近年来，时间取样法在技术上取得了重要的新进展。研究者可以用摄像机和录音机将被试的有关情况记录下来，并使用计算机对数据进行组织、精练、整理和分析，从而使这一方法更为客观和科学②。

时间取样法通常用来观察和记录某一特定幼儿或者某个幼儿团体经常出现或者出现频率较高的行为，并且这种行为应该是外显的、容易被观察者观察到的。欧文和布什内尔在讨论时间抽样时曾提道：“如果在15分钟内，所观察的行为平均出现的次数少于一次，那么就不应运用时间抽样。”③ 比如，观察者可以采用时间取样法观察记录幼儿注意力分散的行为、幼儿的依赖行为、同伴合作行为等。这些行为出现频率相对较高，并且易于观测。观察者运用时间取样法进行观察记录后，可以根据时间取样法所得到的资料，统计幼儿出现某一目标行为的次数和频率，从而为进一步分析提供方便。但是，如果观察者想要了解幼儿矛盾解决等不易观察到的行为，就不太适合采用时间取样法。所以，观察者在选择观察方法时，要根据目标行为的特点选取合适的方法进行观察记录。

二、时间取样法的运用

（一）选择目标幼儿或幼儿团体作为观察对象

观察者在采用时间取样法对目标幼儿的行为表现进行观察和记录之前，首先要确定观

① 施燕. 学前儿童行为观察 [M]. 上海：华东师范大学出版社，2011：50.

② 林磊，程曦. 儿童心理研究中的时间取样观察法 [J]. 心理发展与教育，1992 (2)：32-36.

③ 本特森. 观察儿童：儿童行为观察记录指南 [M]. 于开莲，王银玲，译. 北京：人民教育出版社，2009：94.

察目标。由于时间取样法适用于观察出现频率较高的行为，如果观察者对目标行为发生的频率不太确定，就要进行预观察，以便确定这种行为是否适合运用时间取样法来记录。

锁定观察目标之后，观察者要根据观察目标确定观察对象的数量，并选择观察对象。与描述观察法中的实况详录法相似，时间取样法的观察对象选择范围较广。观察者既可以采用时间取样法观察某一特定幼儿的行为表现，也可以采用这一方法观察由多名幼儿组成的幼儿团体的某一特定行为表现。需要注意的是，观察者所选定的观察对象要具有一定的代表性，要尽可能使观察对象的行为代表所要研究行为的一般形态，而不是情况极其特殊的个案（个案观察除外）。

观察者在采用时间取样法对目标幼儿进行观察记录之前，要把幼儿的姓名、性别、编号、年龄和观察日期等基本情况进行详细记录，从而为今后整理班级幼儿成长资料提供方便，也为观察记录的分析提供背景信息。

幼儿 A 姓名：菲菲	性别：女	编号：7	年龄：4 岁 10 个月
幼儿 B 姓名：依然	性别：女	编号：8	年龄：4 岁 3 个月
幼儿 C 姓名：壮壮	性别：男	编号：9	年龄：4 岁 7 个月
幼儿 D 姓名：小禹	性别：男	编号：10	年龄：4 岁 5 个月

观察日期：××××年 10 月 23 日

开始时间：9：10　　结束时间：9：20

观察地点：建筑区

观察目标：观察建筑区幼儿的合作行为

观察者：杨老师

（二）记录客观事实

为了保证观察的有效性和准确性，观察者在采用时间取样法对目标幼儿的行为进行观察记录前，首先需要按照一定的标准对所要观察的目标行为进行分类。在分类的过程中，观察者要遵循相互排斥原则和详尽性原则。相互排斥原则是指行为类别之间相互排斥，也就是说，没有哪个行为可以同时被分到两个或两个以上的类别中，因为任何一个类别都是与其他类别相排斥的。如果出现了同一种行为既可以划分到类别 A 中，又可以划分到类别 B 中，那么这种分类方式就是不合理的。详尽性原则指的是所划分的类别要全面，所有的类别加起来要能够形成一个整体。也就是说，分类必须彻底，所给出的类别必须能够囊括所有行为，这样不管幼儿做什么，都可以被分到相应的类别中[①]。比如，帕顿根据儿童在游戏中行为的社会参与性，将游戏划分成六大类别：无所事事、旁观、单独游戏、平行游戏、联合游戏和合作游戏。这样的分类就符合上述两个原则。

其次，观察者在确定了目标行为的类别之后，要对各行为类别下操作性定义。操作性定义就是用可感知、观察的事物、现象对一个变量或概念的含义做出非常具体、明确

① IRWIN D M. Observational strategies for child study [M]. New York: Holt, Rinehart and Winston, Inc., 1980: 155.

的说明①。当几位观察者同时从事一项观察工作时，清楚、详尽的操作性定义可以让不同的观察者使用同一行为标准对幼儿的目标行为进行观察，从而提高观察的信度和效度②。否则，每个观察者按各自理解的定义去观察记录，其结果显然是无法进行统计分析和比较的。同时，明确的操作性定义也可以让阅读观察记录的人了解行为标准，从而为后期资料分析和解释提供方便。下面，以幼儿合作行为为例，说明其分类和操作性定义。

班级儿童日志观察表

幼儿合作行为的分类

（1）命令指挥　（2）自觉配合　（3）建议　（4）提醒　（5）解释说明

（6）探讨　（7）指导示范　（8）协商　（9）帮助　（10）邀请

操作性定义

（1）命令指挥：使用命令的口吻回应同伴的疑问或者向同伴发号施令，并且使用非常坚定的语气告诉同伴应该怎么做和做什么。

（2）自觉配合：合作的一方积极配合另一方，保持双方动作的协调。

（3）建议：针对一个人或一件事的客观存在，语气委婉地提出自己的见解或意见，告诉别人应该怎样做或者做什么才能更好地完成共同的目标。

（4）提醒：通过语言或身体动作从旁指点，引起同伴的注意，使其知道该做某事或不做某事。

（5）解释说明：合作一方向另一方分析说明对方应该怎么做或者自己要做些什么的原因。

（6）探讨：合作的一方与另一方，就同一问题进行探索、研究和讨论。

（7）指导示范：当一方向另一方提出请求时，被请求的一方给对方做出行为上的指示引导，以帮助对方为目的。

（8）协商：合作主体通过商量的办法来统一双方的意见，最后实现共同的愿望。

（9）帮助：幼儿用行动或者出主意的方法帮助同伴完成任务，这种帮助不需要请求，是幼儿主动发起的。

（10）邀请：主动请对方与自己一起游戏。

再次，在采用时间取样法进行观察记录之前，观察者还要根据观察目标和自身需要，确定观察时距、间隔时间和观察次数。时间取样法十分重视代表性，“观察时距、间隔时间和观察次数都要设计得能够确保对目标现象进行有代表性的时间抽样”③。其中，观察时距是指每次观察所要持续的时间。时距的长度取决于目标行为发生的频率、行为的持续

① 林磊，程曦．儿童心理研究中的时间取样观察法［J］．心理发展与教育，1992（2）：32-36.

② 杨丽珠．取样观察法：观察法（一）［J］．山东教育，1999（15）：11-12.

③ 本特森．观察儿童：儿童行为观察记录指南［M］．于开莲，王银玲，译．北京：人民教育出版社，2009：94.

时间和行为的复杂程度。在观察中，时距的长度应该接近于每一个单一行为发生的最小时间。间隔时间是指时距与时距之间间隔的时间，主要用来记录所观察到的目标行为。观察者通常利用这一时间进行叙述性的描述，从而得到更加详细的资料。间隔时间的长度取决于观察时距的长度、观察对象的数目以及所要记录的细节的多少。如果观察的时距较长、观察的对象较多，而且观察者所要观察记录的细节较多的话，间隔时间就要相应增长；反之，如果观察者只采用符号标记行为是否发生和发生频次，间隔时间就可以相应缩短，甚至不设置间隔时间。需要注意的是，时间取样法是在事先选定的时间段内，对目标行为进行观察记录。所以，如果观察对象在间隔时间内表现出目标行为，即便观察者注意到了这一表现，也不能进行记录。观察次数的多少主要是取决于观察多久才能获得有代表性的数据。一般来说，当观察者对观察行为比较陌生或者所观察的目标行为变化较大时，观察次数需要适当增多；相反，当观察者对观察行为比较了解或者所观察的目标行为变化较小时，观察次数可以适当减少①。

然后，为了保证观察记录的准确性和真实性，观察者在采用时间取样法对目标幼儿的行为进行观察记录时，还要预先根据观察目标和实际需求，制定系统的观察记录表。在观察记录表中，观察者除了要对观察地点、观察开始与结束时间和观察对象的基本信息进行记录之外，还要对行为类别、各时距中目标行为出现的次数和目标行为持续的时间等进行记录。观察者所制定的观察记录表需要简单、清楚和直观，从而保证在观察中能够比较方便、快速地记录幼儿目标行为。另外，观察者在制定观察记录表时，还要考虑自己的时间和能力。如果预计的时距太长，观察次数太多，而间隔时间又相对较短的话，一方面可能会导致自己过于疲惫，另一方面可能也会因此造成数据的缺失和不完整，降低观察结果的准确性。

时间取样法观察记录表

时间	1分钟				2分钟				3分钟			
观察对象	15秒	30秒	45秒	60秒	15秒	30秒	45秒	60秒	15秒	30秒	45秒	60秒
A幼儿	自觉配合	探讨			提醒		自觉配合	帮助		自觉配合		
B幼儿		探讨	邀请		解释说明		命令指挥		解释说明		解释说明	指导示范
C幼儿												
D幼儿												

① 蔡春美，等. 幼儿行为观察与记录［M］. 上海：华东师范大学出版社，2013：72.

续表

	4分钟				5分钟				6分钟			
	15秒	30秒	45秒	60秒	15秒	30秒	45秒	60秒	15秒	30秒	45秒	60秒
A幼儿	自觉配合	帮助				协商；探讨	自觉配合					建议
B幼儿	解释说明；指导示范			建议		协商；探讨	命令指挥			解释说明；指导示范		
C幼儿			建议		协商	协商				自觉配合	协商	帮助
D幼儿	自觉配合			自觉配合			帮助	提醒			协商	协商
	7分钟				8分钟				9分钟			
	15秒	30秒	45秒	60秒	15秒	30秒	45秒	60秒	15秒	30秒	45秒	60秒
A幼儿	探讨	探讨；帮助			建议	解释说明；自觉配合					自觉配合	
B幼儿		解释说明	指导示范			解释说明；提醒		命令指挥		解释说明		
C幼儿	探讨		帮助	帮助				自觉配合		邀请		自觉配合
D幼儿		探讨	自觉配合		提醒		帮助			建议		指导示范

为了使观察者能够更加快速、方便地对所观察到的幼儿目标行为类别、出现次数和持续时间进行记录，观察者可以在记录中采用统一的编码、符号和标识进行标注。这就要求观察者在采用时间取样法对目标幼儿进行观察记录之前，要预先设计好各部分的编码、符号和标识，并对其进行简单的说明和记录①。

时间取样法观察记录表

时间	1分钟				2分钟				3分钟			
观察对象	15秒	30秒	45秒	60秒	15秒	30秒	45秒	60秒	15秒	30秒	45秒	60秒
A幼儿	P	TT			TX		P	B		P		
B幼儿		TT	Y		S		M		S		S	Z
C幼儿												
D幼儿												

① 林磊，程曦．儿童心理研究中的时间取样观察法［J］．心理发展与教育，1992（2）：32-36．

续表

	4 分钟				5 分钟				6 分钟			
	15 秒	30 秒	45 秒	60 秒	15 秒	30 秒	45 秒	60 秒	15 秒	30 秒	45 秒	60 秒
A 幼儿	P	B				X；TT	P					J
B 幼儿	S；Z			J		X；TT	M			S；Z		
C 幼儿			J		X	X				P	X	B
D 幼儿	P			P			B	TX			X	X
	7 分钟				8 分钟				9 分钟			
	15 秒	30 秒	45 秒	60 秒	15 秒	30 秒	45 秒	60 秒	15 秒	30 秒	45 秒	60 秒
A 幼儿	TT	TT；B			J	S；P					P	
B 幼儿		S	Z			S；TX		M		S		
C 幼儿	TT		B	B				P		Y		P
D 幼儿		TT	P		TX		B			J		Z

标识：

M＝命令指挥　　P＝自觉配合　　J＝建议

TX＝提醒　　S＝解释说明

TT＝探讨　　Z＝指导示范　　X＝协商

B＝帮助　　Y＝邀请

最后，观察者可以在观察记录表中加入“备注”，用于记录与前面事件无关但是对结果有影响的事件。由于时间取样法只记录目标行为产生的次数和持续的时间等，而不能记录具体的行为表现和行为产生的背景，为了使观察记录更加丰富和翔实，观察者可以将时间取样法与描述观察法相结合，利用间隔时间对所观察到的目标行为细节和发生情境进行描述性记录。

（三）分析行为表现

与描述观察法相同，观察者在采用时间取样法对幼儿的目标行为进行观察和记录之后，还需要根据观察目标，对幼儿的行为表现和发展状况进行分析。由于时间取样法可以在短时间内收集大量的资料，观察者可以通过对观察记录的分析，结合柱状图、线形图等图表，准确而直观地呈现幼儿目标行为出现的频率和持续的时间等，从而更加深入地了解幼儿行为表现中存在的问题。

仍以“幼儿合作行为”为例，观察者可以通过时间取样法的记录结果，分析在建筑区游戏的每名幼儿的合作行为类型和各种合作行为出现的频次，从而推断每名幼儿合作游戏的发展水平。

分析

	M	P	J	TX	S	TT	Z	X	B	Y	总次数
A 幼儿		7	2	1	1	4		1	3		19
B 幼儿	3		1	1	8	2	4	1		1	21
C 幼儿		3	1			1		3	3	1	12

续表

	M	P	J	TX	S	TT	Z	X	B	Y	总次数
D幼儿		3	1	2		1	1	2	2		12
总次数	3	13	5	4	9	8	5	7	8	2	64

A幼儿的合作行为总次数为19次，其中自觉配合行为表现最多（7次），探讨、帮助行为表现分别为4次和3次。B幼儿是4名幼儿中合作行为表现最多的幼儿，总次数为21次，且是唯一表现出命令指挥行为的幼儿，也是解释说明行为（8次）和指导示范行为（4次）最多的幼儿，其他幼儿只有一次甚至没有表现上述两种行为。C、D幼儿倾向于自觉配合、协商与帮助，但自觉配合的行为次数没有A幼儿多。

从整体上来看，4名幼儿在游戏中自觉配合行为表现最多（13次），其次是解释说明、探讨、帮助、协商（分别为9次、8次、8次、7次）。这说明这4名幼儿的游戏发展阶段已经达到合作游戏，有了明确分工。B幼儿表现出命令指挥行为和较多的指导、说明行为，因而是“领导者”。

（四）评价幼儿行为并提出建议

观察者在采用时间取样法对幼儿的目标行为进行分析之后，还需要对幼儿的行为表现进行评价，并为日后的教育教学工作提出更具针对性的措施和建议。与描述分析法相似，在对幼儿的行为表现进行评价时，观察者可以依据儿童发展理论及相关知识，将目标幼儿现阶段的发展状况与发展常模进行对比，并根据目标幼儿的具体问题，提供适当的帮助。仍以“幼儿合作行为”为例，观察者得出以下评价和建议。

评价

幼儿B和幼儿A社会性发展较幼儿C、D水平高，B在4人的游戏中处于领导者的地位，能够表现出较多的指导、说明行为，A积极配合，能与同伴探讨，帮助同伴。幼儿在5～6岁时的游戏水平为合作水平，彼此有明确分工。从整体来看，4名4岁幼儿的游戏发展阶段已达到合作水平，发展水平较高。

建议

处于合作游戏水平的幼儿基本可以自主进行游戏，不需要教师过多干涉。因此，教师在指导幼儿游戏时要适当，如幼儿间的矛盾冲突尝试由他们自己解决。材料的投放要考虑到幼儿当前游戏发展水平，做到数量足够、种类齐全。在指导幼儿时可以着重对幼儿进行思想品德方面的引导，如培养其合作、分享意识等。

现在，我们根据时间取样法的4个步骤（选择目标儿童作为观察对象、记录客观事实、分析行为表现、评价幼儿行为并提出建议），不断完善了“幼儿合作行为”的观察记录，最终的时间取样法观察记录如下。

时间取样法观察记录表

幼儿A姓名：菲菲　　性别：女　　编号：7　　年龄：4岁10个月
幼儿B姓名：依然　　性别：女　　编号：8　　年龄：4岁3个月
幼儿C姓名：壮壮　　性别：男　　编号：9　　年龄：4岁7个月
幼儿D姓名：小禹　　性别：男　　编号：10　　年龄：4岁5个月
观察日期：××××年10月23日
开始时间：9：10　　结束时间：9：20
观察地点：建筑区
观察目标：观察建筑区幼儿的合作行为
观察者：杨老师

幼儿合作行为的分类

（1）命令指挥　（2）自觉配合　（3）建议　（4）提醒　（5）解释说明
（6）探讨　（7）指导示范　（8）协商　（9）帮助　（10）邀请

操作性定义

（1）命令指挥：使用命令的口吻回应同伴的疑问或者向同伴发号施令，并且使用非常坚定的语气告诉同伴应该怎么做和做什么。

（2）自觉配合：合作的一方积极配合另一方，保持双方动作的协调。

（3）建议：针对一个人或一件事的客观存在，语气委婉地提出自己的见解或意见，告诉别人应该怎样做或者做什么才能更好地完成共同的目标。

（4）提醒：通过语言或身体动作从旁指点，引起同伴的注意，使其知道该做某事或不做某事。

（5）解释说明：合作一方向另一方分析说明对方应该怎么做或者自己要做些什么的原因。

（6）探讨：合作的一方与另一方，就同一问题进行探索、研究和讨论。

（7）指导示范：当一方向另一方提出请求时，被请求的一方给对方做出行为上的指示引导，以帮助对方为目的。

（8）协商：合作主体通过商量的办法来统一双方的意见，最后实现共同的愿望。

（9）帮助：幼儿用行动或者出主意的方法帮助同伴完成任务，这种帮助不需要请求，是幼儿主动发起的。

（10）邀请：主动请对方与自己一起游戏。

时间	1分钟				2分钟				3分钟			
观察对象	15秒	30秒	45秒	60秒	15秒	30秒	45秒	60秒	15秒	30秒	45秒	60秒
A幼儿	P	TT			TX		P	B		P		
B幼儿		TT	Y		S		M		S		S	Z
C幼儿												
D幼儿												

续表

	4分钟				5分钟				6分钟			
	15秒	30秒	45秒	60秒	15秒	30秒	45秒	60秒	15秒	30秒	45秒	60秒
A幼儿	P	B				X；TT	P					J
B幼儿	S；Z			J		X；TT	M			S；Z		
C幼儿			J		X	X				P	X	B
D幼儿	P			P			B	TX			X	X
	7分钟				8分钟				9分钟			
	15秒	30秒	45秒	60秒	15秒	30秒	45秒	60秒	15秒	30秒	45秒	60秒
A幼儿	TT	TT；B			J	S；P					P	
B幼儿		S	Z			S；TX		M		S		
C幼儿	TT		B	B				P		Y		P
D幼儿		TT	P		TX		B			J		Z

标识

M=命令指挥　　P=自觉配合　　J=建议

TX=提醒　　S=解释说明

TT=探讨　　Z=指导示范　　X=协商

B=帮助　　Y=邀请

分析

	M	P	J	TX	S	TT	Z	X	B	Y	总次数
A幼儿		7	2	1	1	4		1	3		19
B幼儿	3		1	1	8	2	4	1		1	21
C幼儿		3	1			1		3	3	1	12
D幼儿		3	1	2		1	1	2	2		12
总次数	3	13	5	4	9	8	5	7	8	2	64

A幼儿的合作行为总次数为19次，其中自觉配合行为表现最多（7次），探讨、帮助行为表现分别为4次和3次。B幼儿是4名幼儿中合作行为表现最多的幼儿，总次数为21次，且是唯一表现出命令指挥行为的幼儿，也是解释说明行为（8次）和指导师范行为（4次）最多的幼儿，其他幼儿只有一次甚至没有表现上述两种行为。C、D幼儿倾向于自觉配合、协商与帮助，但自觉配合的行为次数没有A幼儿多。

从整体上来看，4名幼儿在游戏中自觉配合行为表现最多（13次），其次是解释说明、探讨、帮助、协商（分别为9次、8次、8次、7次）。这说明这4名幼儿的游戏发展阶段已经达到合作游戏，有了明确分工。B幼儿表现出命令指挥行为和较多的指导、说明行为，因而是“领导者”。

评价

幼儿B和幼儿A社会性发展较幼儿C、D水平高，B在4人的游戏中处于领导者的地位，能够表现出较多的指导、说明行为，A积极配合，能与同伴探讨，帮助同伴。幼儿在5～6岁时的游戏水平为合作水平，彼此有明确分工。从整体来看，4名4岁幼儿的游戏发展阶段已达到合作水平，发展水平较高。

建议

处于合作游戏水平的幼儿基本可以自主进行游戏，不需要教师过多干涉。因此，教师在指导幼儿游戏时要适当，如幼儿间的矛盾冲突尝试由他们自己解决。材料的投放要考虑到幼儿当前游戏发展水平，做到数量足够、种类齐全。在指导幼儿时可以着重对幼儿进行思想品德方面的引导，如培养其合作、分享意识等。

注：(1) 上述观察记录仅以时长为 9 分钟的一次观察所得数据为例，在实际的观察中，可以进行多次观察，并综合多次观察的数据撰写观察报告。(2) 上述观察记录中仅记录了目标行为是否出现，没有在每一个观察时距中记录目标行为出现的次数和持续时间，如果观察者希望进行更为细致的观察与分析，可以在每个观察时距中记录目标行为出现的次数和持续时间，并进行分析。(3) 在实际观察中进行纸笔记录时，在一个观察时距中记录每类行为出现的次数可以以写“正”字的形式代替数字，以避免出现随着行为出现次数的增多需要不断修改次数的情况。

三、时间取样法的优缺点

通过对时间取样法的分析，我们可以发现其优点主要集中在以下几个方面。

(1) 时间取样法具有高效性和客观性。时间取样法克服了传统观察法只适用于个别或少量观察对象的局限性，观察者可以利用观察记录表同时收集多个幼儿某一目标行为的数据，从而使观察者能够在短时间内收集大量的资料，获得有代表性的行为样本。此外，由于所观察的各类型行为有明确的操作性定义，所以采用时间取样法所得到的观察资料客观性较强。

(2) 时间取样法要求观察目的明确而具体，因而能对观察内容、观察过程进行较为有效的控制。观察者在采用时间取样法对目标幼儿的行为表现进行观察的过程中，只需要根据观察目标和自身需要，按照预先设计的观察时距、间隔时间和观察次数以及制定的观察记录表对幼儿进行观察即可，不需要干涉观察对象的活动，也不需要事先与观察对象建立联系，这在一定程度上为观察提供了方便。

(3) 时间取样法能使观察者在较短的时间内获得大量的信息。观察者采用时间取样法进行观察记录，有利于获得观察对象目标行为发生的频率，以及目标行为的时间间隔等信息，从而为后期的量化处理和统计分析提供资料①。对频率、时间间隔等信息的统计，也有利于观察者掌握观察对象的目标行为情况，并深入认识所要研究的问题。同时，观察记录表能有效地指导观察者进行观察，并对数据进行编码整理，与传统的描述观察法相比，既省时又省力，而且还能在一定程度上提高其精确性和客观性②。

不过，与其他观察法一样，时间取样法也有其局限性。

(1) 时间取样法仅适用于观察发生频率较高且易于观测的行为。由于时间取样法是对

① 贝蒂．幼儿发展的观察与评价［M］．郑福明，费广洪，译．北京：高等教育出版社，2011：44.

② 张秀春．时间取样观察法的优缺点及其适用性问题［J］．辽宁师范大学学报，2004（2）：52-54.

目标幼儿或幼儿群体在一段时间内的行为表现进行观察，并且观察的内容仅限于确定的目标行为，这就导致采用这种方法只能观察幼儿的某种经常发生的外显行为，而不能对偶然发生的或者内隐性的行为进行观察。

（2）时间取样法在观察时仅关注幼儿所表现的特定目标行为，并且只需要对目标行为是否发生、发生的频率和时间长度进行记录，这就会导致无法捕捉到情境的详细细节、幼儿的行为究竟怎样、行为发生的先后顺序以及行为是否随时间变化而变化等情况。所以，时间取样法得到的资料缺乏连续性，对行为的分析可能也会因脱离发生的背景而出现偏差，难以解释各行为间的相互关系和相互作用。

（3）由于使用这种方法时需要用编码系统对目标行为进行记录，在观察过程中，观察者可能倾向于寻找适合预先确定类别的行为，而忽视对正在发生的整个事件的观察与描述，也就可能漏掉对研究有重要意义的环境和情景信息，对实际看到的现象产生偏见。正如欧文和布什内尔所说，“你是在寻找合适这些类别的事件，而不是在描述正在发生什么，运用事先确定好的类别可能会使你忽略一些重要行为，这些行为可能有助于你理解你正在研究的行为或模式”①。

（4）为了确定时距、间隔时间以及目标行为分类方式，观察者往往需要进行预观察，这在一定程度上增加了观察者的工作量。另外，由于受到观察时距的限制，观察者只能对幼儿的目标行为进行零碎的记录，无法保存完整的行为系统。尤其是当观察时距设计得过短时，可能一个目标行为能够延续两个甚至更多的时距，从而造成观察者所记录的目标行为频率和持续时间产生偏差，影响观察结果的准确性。此外，有些观察者关注的目标行为集中在一种行为类型，尤其是当这种行为类型是问题行为时，可能容易使观察者或阅读观察记录的人形成对观察对象的偏见。

第二节 事件取样法

一、事件取样法的含义与分类

（一）事件取样法的含义

事件取样法是指以特定的行为或事件的发生为取样标准，对目标行为进行观察记录的一种方法②。

观察者在采用事件取样法进行观察记录时，通常是在自然情境中等待目标行为的出现，当所要观察的行为出现后立即进行记录，同时也可以记录行为发生的背景和原因、行为的变化过程和行为的结果等内容。与时间取样法的不同之处在于，事件取样法的核心是“事件”，观察者只需要选择某一特定的事件进行观察和记录即可，只要目标事件出现，便

① IRWIN D M, BUSHNELL M M. Observational strategies for child study [M]. New York: Holt, Rinehart and Winston, Inc., 1980: 159.

② 施燕. 学前儿童行为观察 [M]. 上海：华东师范大学出版社，2011：61.

可进行记录，对观察时间不做规定，观察所得到的资料具有连续性和自然性；而时间取样法的核心是“时间”，观察者采用时间取样法所记录的幼儿行为，除了要符合观察目标外，还必须发生在特定的时间段内。

作为一种正式的记录方法，事件取样法是研究者在了解幼儿行为发展时常用的一种自然观察法。道（H. Dawe）对学前儿童争执事件的研究就采用了事件取样法。他对学前儿童在自由游戏时间中自发发生的争执事件进行观察，在观察前设计了观察记录表（见表6-1），等待争执事件发生。争执事件一旦发生，他就按照记录表进行记录，从争执开始发生到结束都详细记录。他在4个月的研究中，记录了学前儿童的年龄、性别、争执发生的原因、过程以及终止争执的有效条件等，获得了全面而有价值的资料①。

表6-1　学前儿童争执事件观察记录表

儿童姓名	年龄	性别	争执持续时间	争执发生背景（起因）	争执什么（玩具、领导权等）	参与者的角色（争吵爆发者，主要侵犯者，报复、反抗、被动接受等）	争执特殊语言、动作	结果（被迫让步、自愿让步、和解、旁观儿童干预解决等）	后果（高兴、忿恨、不满等）
A									
B									

（二）事件取样法的分类

根据记录方法的不同，可以将事件取样法分为两类，即符号系统记录法和叙事描述记录法。

符号系统记录法是指观察者在观察之前预先将目标行为进行分类，并设计一系列的符号代表各种类别的行为，在观察过程中，观察者只关注目标行为，并采用相应的符号对事件或行为进行记录，对目标行为以外的事件或行为则不予以关注，也不进行记录的方法。比如，观察者想要采用符号系统记录法记录幼儿与同伴的互动行为表现及其结果，那么就需要提前将幼儿同伴互动行为的类别进行划分，并用相应的符号在事先设计好的观察表中进行记录，幼儿在观察过程中表现出的其他行为及其具体细节等则不进行记录。下例中就使用了符号系统记录法进行了观察记录。

事件取样法观察记录表（符号系统记录法）

幼儿姓名：晶晶　　性别：女　　编号：4

年龄：5岁7个月　　观察日期：××××年12月15日

开始时间：9：00　　结束时间：11：20

观察地点：大班教室

观察目标：观察晶晶的同伴互动表现及互动结果

观察者：钟桂英

① 杨丽珠．取样观察法：观察法（一）[J]．山东教育，1999（15）：11-12.

幼儿同伴互动，是指两个或多个幼儿之间所产生相互交流、应对的任何行为，此交互行为包含语言表达、情绪表情、行为动作等等，包括正向（如合作、分享）、中性（如质疑）、负向（如冲突）的交互行为。

同伴互动内容：

1. 维护规则　2. 合作　3. 寻求帮助
4. 抚慰情绪　5. 支配　6. 提议
7. 协商　8. 闲聊　9. 质疑纠错
10. 争抢　11. 嬉戏　12. 提供帮助
13. 分享　14. 表示友好

同伴互动方式：

1. 言语　2. 言语兼动作　3. 动作　4. 表情

同伴互动结果：

1. 接受　2. 拒绝

同伴互动影响：

1. 正向影响　2. 负向影响　3. 无明显影响

事件序号	互动持续时间	互动背景	互动内容	互动方式	互动结果	互动影响
1	12秒	MS	TG	YD	JS	ZX
2	15秒	MS	ZQ+TY	YD	JJ+JS	ZX
3	10秒	MS	XL	YY+BQ	JJ	ZX
4	5秒	TS	XX	DZ+BQ	JJ	ZX
5	5秒	YZ	ZY	YY	JJ	WY
6	20秒	YZ	ZY+XS	YD+BQ	JJ+JS	FX
7	3秒	YZ	YH	YD	JJ	ZX
8	3分钟	ZB	XS+HZ+ZP	YD+BQ	JJ	ZX

标识

同伴互动背景：

1. 美工区：MS　2. 图书区：TS
3. 益智区：YZ　4. 午餐准备区：ZB

同伴互动内容：

1. 维护规则：GZ　2. 合作：HZ
3. 寻求帮助：XQ　4. 支配：ZP
5. 抚慰情绪：QX　6. 提议：TY
7. 协商：XS　8. 闲聊：XL　9. 争抢：ZQ　10. 质疑纠错：ZY
11. 嬉戏：XX　12. 提供帮助：TG　13. 分享：FX　14. 表示友好：YH

同伴互动方式：

1. 言语：YY　2. 言语兼动作：YD　3. 动作：DZ　4. 表情：BQ

同伴互动结果：

1. 接受：JS　　2. 拒绝：JJ

同伴互动影响：

1. 正向影响：ZX　　2. 负向影响：FX　　3. 无明显影响：WY

叙事描述记录法是指观察者采用文字描述的方式记录观察对象的目标行为以及事件发生的前因后果。与符号系统记录法相比，叙事描述记录法具有翔实性的特点，更有利于观察者后期对目标幼儿的行为进行深入的分析，也有利于其他阅读观察记录的同行或研究者了解事件发生的原委和背景。观察者在运用叙事描述记录法时，可以尽可能长时间地观察和记录事件，只要事件发生着就要一直坚持记录①。比如，观察者在运用叙事描述记录法对幼儿的攻击性行为进行观察记录时，可以将目标幼儿的具体表现，包括目标幼儿与教师、周围幼儿的互动情况，肢体动作和语言表达等内容进行记录。下例中就使用了叙事描述记录法进行了观察记录。

事件取样法观察记录表（叙事描述记录法）

幼儿姓名：晨晨　　性别：男　　编号：3

年龄：4 岁 3 个月　　观察日期：××××年 11 月 23 日

观察目标：观察晨晨在幼儿园活动中的攻击性行为

观察地点：中三班

观察者：郭文睿

攻击性行为的操作性定义

当幼儿需求得不到满足或者认为自己的权利受到损害时，所出现的身体上的进攻、言语上的攻击等侵犯性行为。主要表现为打、踢、咬、大声叫嚷、叫喊名字、骂人、暴力、抢他人物品等。

事件序号	发生时间	发生背景	发生过程
1	9：20—9：23	角色扮演区，晨晨扮演火车司机	晨晨扮演火车司机的角色，一看到不是角色游戏区的小朋友进入角色游戏区，就拿起手里的“小木枪”对着小朋友大声喊：“叭！叭！叭！打死你！打死你！”
2	9：24—9：25	晨晨的火车（用纸箱堆砌的）倒了，是小宇不小心碰倒了	晨晨拽着小宇的胳膊说：“你给我弄好了！这是我的火车！”接着拿起手枪对着小宇说：“叭！叭！叭！你快点儿。”
3	9：35—9：36	晨晨跑到建构区看到有小朋友正在用纸箱搭建高楼	晨晨一把推倒了已经盖了 6 层的高楼，大笑着说：“你看它倒了。一点儿也不结实。”然后走出了建构区，顺便用胳膊撞到了旁边的小朋友说道：“让开！”

① 本特森. 观察儿童：儿童行为观察记录指南［M］. 于开莲，王银玲，译. 北京：人民教育出版社，2009：109.

续表

事件序号	发生时间	发生背景	发生过程
4	9：40—9：45	区域活动结束了，老师让小朋友们去洗手上厕所	晨晨跑去厕所的时候撞到了朵朵，朵朵一屁股坐在地上哭起来。旁边角色游戏区搭建起来的企鹅馆里的东西也全部倒了（动物园的角色游戏）。晨晨头也不回地走了。李老师看到了，让晨晨给朵朵道歉，晨晨指着朵朵说："不是我！是她撞倒了企鹅馆！"朵朵哭着说："你撞到了我……"李老师拉回了晨晨，执意让晨晨道歉，并把企鹅馆里所有的东西全都摆好。晨晨无奈照做了
5	15：20—15：23	晨晨在建构区活动	建构区里的欧阳在玩圆柱形的积木，晨晨也想玩，于是开始把欧阳的积木拿到自己的"领地"。欧阳不给晨晨，晨晨依旧往自己的"领地"运积木，并把积木全部揽在怀里就是不给欧阳。这时欧阳从晨晨怀里拿回积木，晨晨朝欧阳的胳膊打了一拳，夺回积木，欧阳抢不过晨晨转身走了。这个过程中，老师看到了只说了一句"晨晨你不要抢，你们一起玩"，然后转身走了
6	15：40—15：45	晨晨跑去娃娃家和其他小朋友一起玩。娃娃家今天有很多小男孩，他们只是在娃娃家的小沙发上坐上去，起来，再坐上去再起来，认为这种游戏很好玩，每个人都哈哈大笑	晨晨也跑去加入他们。刚开始大家都能愉快地玩，但总有几次晨晨坐不到沙发上，所以他很不开心。当又一次坐到沙发后晨晨再也不起来了，而是一个人躺在沙发上，把沙发占满了。其他小朋友要挤过来继续玩，晨晨不让，大声嚷着："这是我的！我可以玩，你们都去那边玩！"李老师看到后说："晨晨，你怎么一个人占着沙发不让小朋友坐呢？"晨晨说："因为舒服呗，我在家也这样。"李老师说："这样可不行，你这样其他小朋友不会和你做朋友的。"晨晨哼了一声转身走了。过了会儿跑过来说："我才不和你们抢呢！真没意思！"然后，他顺手推倒了沙发旁边的小椅子

由于符号系统记录法和叙事描述记录法之间具有互补作用，因此，观察者在采用事件取样法对目标事件进行观察记录时，可以将两种方法结合起来，同时记录事件的经过，这样既能减轻记录压力，又能尽量还原事件发生的具体情境及其后果，方便后期分析所用。

二、事件取样法的运用

（一）选择目标幼儿作为观察对象

与时间取样法相似，观察者在采用事件取样法对幼儿进行观察记录之前，首先要确定想观察哪些具体事件，即观察目标。比如，某教师通过平时的观察发现，最近在区域活动的时候建筑区的幼儿经常会发生争抢玩具的行为，为了了解建筑区幼儿争抢玩具的具体原因，教师可以采用事件取样法，观察和记录建筑区幼儿争抢玩具的前因后果，探究究竟是因为游戏材料不足，还是因为幼儿的攻击性水平较高而导致了这一问题，然后根据观察结果采取措施，从而使问题得到有效缓解。

与时间取样法选取观察对象的方式相似，事件取样法既可以选取某一特定幼儿作为观察对象，也可以选取由多名幼儿组成的幼儿团体作为观察对象。观察者在采用事件取样法对某一特定幼儿或幼儿团体进行观察记录之前，要把幼儿的姓名、性别、编号、年龄和观察日期等基本情况进行详细记录，从而为今后整理班级各名幼儿的成长档案以及分析幼儿的发展水平等提供方便。

幼儿姓名：甜甜　　性别：女　　编号：6
月龄：3 岁 5 个月　　观察日期：××××年 12 月 23 日
观察目标：了解甜甜的亲社会行为发展水平
开始时间：8：50　　结束时间：9：32
观察地点：小班教室
观察者：刘涛

（二）记录客观事实

观察者在确定了观察目标和观察对象之后，首先应对目标行为进行明确的界定，其中包括对目标行为进行分类，以及对各行为类别下操作性定义。观察者在采用事件取样法对目标行为进行分类时，同样要遵循相互排斥原则和详尽性原则（具体可参照上一节时间取样法）。需要注意的是，观察者在对目标行为类别进行划分时，可以根据行为发生的原因或行为目的进行分类。比如，有研究者将幼儿亲社会行为具体划分为 5 类，分别是助人、分享、合作、安慰和公德行为。

亲社会行为及其所包含的 5 类行为的操作性定义如下：

亲社会行为，是指幼儿在其生活中表现出来的有利于他人、集体和社会的行为。

（1）助人：幼儿在他人需要帮助的时候给予帮助，如帮小朋友扣纽扣、扶起摔倒的小朋友等。

（2）分享：幼儿与同伴一起玩玩具、分食物等。

（3）合作：幼儿与同伴协同完成某一活动，如合作游戏等。

（4）安慰：在他人遭受心理或生理的伤害时，幼儿给予安慰。

（5）公德行为：该类行为无明确的行为对象，是有利于集体的良好行为，如关紧水龙头、清扫垃圾等①。

其次，为了保证取样事件的代表性和观察的有效性，观察者需要进行预观察，了解目标行为的特点，包括行为经常发生的时间、地点和情境等。这样观察者才能在目标行为发生的时候，立即辨认出这些行为，并迅速进行观察记录。此外，观察者还需要提前考虑观察实施的适当性和可行性，充分了解观察地点的情况，为观察的实施提供便利，避免干扰

① 王美芳，庞维国．学前儿童在园亲社会行为的观察研究［J］．心理发展与教育，1997（3）：17-22.

幼儿正常的游戏活动。

再次，在观察时，观察者要密切关注目标行为是否出现，一旦目标行为出现，就要立即进行记录，并且要从目标行为开始一直记录到行为结束。为了有效提高记录的完整性，观察者要事先决定记录目标行为哪些方面的情况，从而在观察时有所准备。有研究者认为，事件取样法的观察记录要注意 4 个方面的信息，分别是事件的持续时间、事件的内容、事件的情境背景和后续事件①。其中，事件的持续时间也可以用分别记录事件开始时间和结束时间的方式呈现，事件的内容主要包括目标幼儿的行为及其与周围幼儿或成人的互动，事件的情境背景主要包括目标行为的发生地点、事件发生时还有哪些人、正在进行哪些活动等，后续事件主要包括目标行为出现后的结果及其影响。由于事件取样法在记录时可以综合运用符号系统记录法和叙事描述记录法，并且不受观察时距的限制，所以除了以上 4 点基本内容外，观察者还可以根据自己的兴趣，记录和描述事件发生的细节，从而积累更为丰富的素材，提高对观察记录分析与评价的全面性和客观性。

最后，观察者在采用事件取样法对幼儿的目标行为进行观察记录时，要事先根据观察目标和计划观察的内容，制定观察记录表。观察记录表的设计应该尽可能简便，从而使观察者在观察记录的过程中能够一目了然。观察者为了能够更快速地对目标行为进行记录，经常会使用符号或代码来表示某类行为，代码的设定可以使用英文字母，也可以使用某类行为拼音首字母的缩写。需要注意的是，观察者要将代码的类别清晰地在观察记录表中标示出来，防止由于记忆出现偏差而写错代码。同时，观察记录表中要专门留有足够的空间，方便观察者对事件发生的具体细节进行描述性记录。在观察时，观察者要密切关注目标行为是否出现，一旦目标行为出现，就要立即进行记录，并且要从目标行为开始一直记录到行为结束。

事件取样法观察记录表

事件序号	姓名	年龄	性别	事件起止时间	发生背景	做什么说什么	结果	影响
1	甜甜	3 岁 5 个月	女	8:50	甜甜在玩积木；乐乐在甜甜对面玩拼图，不知道怎么拼，说：“谁来帮帮我？”	A “我帮你吧，这块放这儿，这个放那儿。”		乐乐很开心，感谢甜甜的帮助
	乐乐	3 岁 10 个月	女	8:52			拼图拼好了	

① SLEE P T. Child observation skills [M]. New York: Croom Helm, 1987: 42.

续表

事件序号	姓名	年龄	性别	事件起止时间	发生背景	做什么说什么	结果	影响
2	甜甜	3 岁 5 个月	女	9:04	成成在玩积木，甜甜在旁边玩拼图，成成的一块积木掉了下来	A “我给你捡吧”，并钻到桌子下面		成成感谢甜甜的帮助
	成成	4 岁 1 个月	男	9:06			甜甜把积木捡起来，并交给成成	
3	甜甜	3 岁 5 个月	女	9:10	甜甜在玩积木，乐乐在旁边观看	B “乐乐，我们一起玩吧，看谁拼得快。”		甜甜先拼好，笑着说：“我拼好喽！”
	乐乐	3 岁 9 个月	女	9:15			和乐乐比赛拼图，甜甜能够很快根据积木大小完成拼图	
4	甜甜	3 岁 5 个月	女	9:20	自主游戏时间结束，孩子们需要把手里的拼图拼好并收起来，子琛拼得比较慢	C “咱们一起拼吧！”		加快了收拾玩具的速度，缩短了子琛拼图的时间
	子琛	3 岁 4 个月	男	9:21			大概一分钟之后，甜甜和子琛完成拼图	
5	甜甜	3 岁 5 个月	女	9:27—9:28	幼儿们吃奶酪、喝水，甜甜不到 5 分钟就吃完了	E 帮助老师将剩下的奶酪收回	将奶酪放进抽屉里	甜甜受到老师的表扬
6	甜甜	3 岁 5 个月	女	9:30	以诺也想帮老师收奶酪，结果把其他小朋友的水碰洒了，遭到了批评，耷拉着脑袋回到座位上	D 双手拉住以诺，并上下摇晃，朝以诺笑		甜甜拉手的动作及表情有效地安慰了被批评后心情沮丧的以诺
	以诺	4 岁	女	9:32			5 秒钟后以诺也冲甜甜笑了起来	

标识

幼儿亲社会行为类别：

A=助人　B=分享　C=合作　D=安慰　E=公德行为

（三）分析行为表现

采用事件取样法对幼儿的行为表现进行详细的观察和记录之后，观察者会收集到许多关于目标行为的信息和资料。为了使这些观察记录发挥最大功效，观察者需要在观察记录的基础上，对幼儿的目标行为表现进行分析。需要注意的是，在分析时，观察者一定要考虑到行为发生的具体背景。幼儿的某些目标行为是由特定的背景造成的，如果没有了这一特定的背景，目标行为可能也就不会发生。观察者如果脱离了事件发生的背景去分析幼儿的目标行为，很可能会导致分析结果失之偏颇，甚至会对幼儿产生不利的影响。

另外，观察者在分析观察记录时，一定要保持客观的态度。为了避免观察者因为个人情绪和对幼儿的初始印象等因素使分析结果出现偏差，保证分析的客观性，在对资料进行初步分析之后，观察者要再次以第三者的角度审视观察资料。

仍以“甜甜亲社会行为”为例，观察者可以通过查看事件取样法的记录结果，分析甜甜的亲社会行为发展水平，包括亲社会行为的频次以及亲社会行为类型等。同时，观察者也可以具体分析甜甜出现亲社会行为的背景及其行为结果和影响，探究其行为背后的原因。

分析

从所有记录事件来看，主动发起者均是甜甜，以主动助人居多。不仅在事件1中听到同伴的求助时及时给予帮助，在事件2、3、4、5、6中能够在没有成人提醒和同伴求助的情况下，主动表现出亲社会行为。从记录时间来看，8：50—9：32 42分钟的时间里，甜甜表现出了6次亲社会行为，受到老师表扬1次，得到同伴积极回应5次，可见甜甜的亲社会行为发生频率较高，其目的不是想得到表扬，而是通过帮助他人获得心理满足。在以诺受到批评后，甜甜能够理解他人的情绪，用简单但有效的方式主动安慰以诺。

（四）评价幼儿行为并提出建议

观察者在采用事件取样法对观察对象的目标行为进行分析之后，还需要根据儿童发展理论或者相关专业知识，对幼儿的行为表现进行评价。需要注意的是，观察者在对幼儿进行评价时，要尽量避免按照个人观点武断地得出结论，而要在观察记录资料的基础上进行推论。

另外，观察者只有在对幼儿的目标行为进行累积几次或者持续一段时间的观察之后，才能收集到相对充分的观察资料，依据这些资料才能对幼儿做出相对全面的评价，从而对幼儿产生目标行为的原因具有更为深刻的认识与理解。在此基础上，观察者才能为日后更好地开展教学工作提出行之有效的对策建议①。仍以“甜甜亲社会行为”为例，观察者得

① SHARMAN C，CROSS W，VENNIS D. 观察儿童：实践操作指南［M］. 单敏月，王晓平，译. 上海：华东师范大学出版社，2008：60.

出以下评价和建议。

评价

从幼儿亲社会行为发展的年龄特征来看，3～4 岁的幼儿尚处于简单按照成人要求行动的阶段，不是十分理解亲社会行为的意义，但会在成人的表扬或要求下行动。甜甜的表现说明其亲社会行为发展水平远超于同龄儿童。对甜甜来说，亲社会行为不是为了得到老师的表扬，而是为了解决同伴和老师的问题，以此得到心理满足。甜甜明白自己行为的意义，将行为内化为一种观念。甜甜看到以诺受到批评后主动安慰她，且使用方法简单有效，可见甜甜移情能力较强，能够理解他人的情绪。

建议

甜甜是亲社会能力发展水平较高的儿童，教师可以利用幼儿模仿的天性，让甜甜成为其他幼儿的榜样。在甜甜表现出亲社会行为时，适当表扬，让其他幼儿学习，同时可以让甜甜说一下自己为什么要这样做，心里的感受是什么，借此强化其他幼儿的亲社会观念。从事件 6 中我们需注意到，有的幼儿其实也表现出了亲社会行为，但因“帮倒忙”而遭到教师批评，这会打击幼儿的积极性。这提醒教师，在幼儿犯错时更要深究其原因，不要急于批评，就算是幼儿做错，也要注意态度。

现在，我们根据事件取样法的 4 个步骤（选择目标幼儿作为观察对象、记录客观事实、分析行为表现、评价幼儿行为并提出建议），不断完善了“甜甜亲社会行为”的观察记录，最终的事件取样法观察记录如下。

事件取样法观察记录表

幼儿姓名：甜甜　　性别：女　　编号：6

月龄：3 岁 5 个月　　观察日期：××××年 12 月 23 日

观察目标：了解甜甜的亲社会行为发展水平

开始时间：8：50　　结束时间：9：32

观察地点：幼儿园小班教室

观察者：刘涛

亲社会行为，是指幼儿在其生活中表现出来的有利于他人、集体和社会的行为。

（1）助人：幼儿在他人需要帮助的时候给予帮助，如帮小朋友扣纽扣、扶起摔倒的小朋友等。

（2）分享：幼儿与同伴一起玩玩具、分食物等。

（3）合作：幼儿与同伴协同完成某一活动，如合作游戏等。

（4）安慰：在他人遭受心理或生理的伤害时，幼儿给予安慰。

（5）公德行为：该类行为无明确的行为对象，是有利于集体的良好行为，如关紧水龙头、清扫垃圾等。

事件	姓名	年龄	性别	事件起止时间	发生背景	做什么说什么	结果	影响
1	甜甜	3岁5个月	女	8:50	甜甜在玩积木；乐乐在甜甜对面玩拼图，不知道怎么拼，说：“谁来帮帮我？”	A “我帮你吧，这块放这儿，这个放那儿。”		乐乐很开心，感谢甜甜的帮助
	乐乐	3岁10个月	女	8:52			拼图拼好了	
2	甜甜	3岁5个月	女	9:04	成成在玩积木，甜甜在旁边玩拼图，成成的一块积木掉了下来	A “我给你捡吧”，并钻到桌子下面		成成感谢甜甜的帮助
	成成	4岁1个月	男	9:06			甜甜把积木捡起来，并交给成成	
3	甜甜	3岁5个月	女	9:10	甜甜在玩积木，乐乐在旁边观看	B “乐乐，我们一起玩吧，看谁拼得快。”		甜甜先拼好，笑着说：“我拼好喽！”
	乐乐	3岁9个月	女	9:15			和乐乐比赛拼图，甜甜能够很快根据积木大小完成拼图	
4	甜甜	3岁5个月	女	9:20	自主游戏时间结束，孩子们需要把手里的拼图拼好并收起来，子琛拼得比较慢	C “咱们一起拼吧！”		加快了收拾玩具的速度，缩短了子琛拼图的时间
	子琛	3岁4个月	男	9:21			大概一分钟之后，甜甜和子琛完成拼图	
5	甜甜	3岁5个月	女	9:27—9:28	幼儿们吃奶酪、喝水，甜甜不到5分钟就吃完了	E 帮助老师将剩下的奶酪收回	将奶酪放进抽屉里	甜甜受到老师的表扬

续表

事件	姓名	年龄	性别	事件起止时间	发生背景	做什么说什么	结果	影响
6	甜甜	3岁5个月	女	9:30	以诺也想帮老师收奶酪，结果把其他小朋友的水碰洒了，遭到了批评，耷拉着脑袋回到座位上	D 双手拉住以诺，并上下摇晃，朝以诺笑		甜甜拉手的动作及表情有效地安慰了被批评后心情沮丧的以诺
	以诺	4岁	女	9:32			5秒钟后以诺也冲甜甜笑了起来	

标识

幼儿亲社会行为类别：

A=助人　B=分享　C=合作　D=安慰　E=公德行为

分析

从所有记录事件来看，主动发起者均是甜甜，以主动助人居多。不仅在事件1中听到同伴的求助时及时给予帮助，在事件2、3、4、5、6中能够在没有成人提醒和同伴求助的情况下，主动表现出亲社会行为。从记录时间来看，8：50—9：32 42分钟的时间里，甜甜表现出了6次亲社会行为，受到老师表扬1次，得到同伴积极回应5次，可见甜甜的亲社会行为发生频率较高，其目的不是想得到表扬，而是通过帮助他人获得心理满足。在以诺受到批评后，甜甜能够理解他人的情绪，用简单但有效的方式主动安慰以诺。

评价

从幼儿亲社会行为发展的年龄特征来看，3～4岁的幼儿尚处于简单按照成人要求行动的阶段，不是十分理解亲社会行为的意义，但会在成人的表扬或要求下行动。甜甜的表现说明其亲社会行为发展水平远超于同龄儿童。对甜甜来说，亲社会行为不是为了得到老师的表扬，而是为了解决同伴和老师的问题，以此得到心理满足。甜甜明白自己行为的意义，将行为内化为一种观念。甜甜看到以诺受到批评后主动安慰她，且使用方法简单有效，可见甜甜移情能力较强，能够理解他人的情绪。

建议

甜甜是亲社会能力发展水平较高的儿童，教师可以利用幼儿模仿的天性，让甜甜成为其他幼儿的榜样。在甜甜表现出亲社会行为时，适当表扬，让其他幼儿学习，同时可以让甜甜说一下自己为什么要这样做，心里的感受是什么，借此强化其他幼儿的亲社会观念。从事件6中我们需注意到，有的幼儿其实也表现出了亲社会行为，但因“帮倒忙”而遭到教师批评，这会打击幼儿的积极性。这提醒教师，在幼儿犯错时更要深究其原因，不要急于批评，就算是幼儿做错，也要注意态度。

三、事件取样法的优缺点

通过对事件取样法的分析，我们可以发现该方法的优点主要集中在以下几个方面。

（1）采用事件取样法能够高效、完整地收集目标行为的相关资料。在事件取样法中，观察者可以根据预先确定的目标行为类别及其操作性定义进行记录，并且有着十分明确的观察目标，因而观察者容易聚焦于所要观察的目标行为，观察效率较高，也有利于对目标行为进行深入探究。另外，观察者还可以将符号系统记录法和叙事描述记录法相结合，从而使观察记录既具备符号系统记录法的高效性，又具备叙事描述记录法的完整性和翔实性。

（2）与时间取样法相比，事件取样法的实用性更强。时间取样法仅适用于观察发生频率较高的事件，而事件取样法则可以研究大部分行为和事件，不受事件发生频率的限制①。观察者可以对自己感兴趣或想了解的任何一种幼儿行为进行观察，如亲社会行为、攻击性行为等，只要发现幼儿表现出了目标行为，就可以进行观察记录。

（3）事件取样法既可以获得代表性的样本，又可以获得行为事件发生全过程的资料。这有利于观察者全面分析幼儿表现出目标行为的原因及其产生的影响。事件取样法是观察者在自然情境下观察幼儿行为事件发生的全过程，从事件或行为一发生就开始记录，并一直持续到事件结束，因此对目标行为和事件发生的情境背景、起因、内容、结果和影响都有较为详细的记录，收集到的资料具有持续性的特点。这有利于观察者后期分析行为事件的因果关系，总结幼儿的行为发展规律，也有利于阅读观察记录的同行或研究者了解幼儿的具体行为过程及其背景。

不过，事件取样法也有其局限性。

（1）事件取样法所获得的资料量化程度较低，分析时需要进一步转化。采用时间取样法进行观察记录时，观察者能够直接获得目标行为发生的频率以及目标行为的时间间隔等量化程度较高的信息。与之相比，事件取样记录中经常存在描述性的文字，这固然有利于观察者更好地了解事件发生的前因后果，但是观察者在分析时，需要将这些描述性的文字转化为量化的数据，这在一定程度上加重了观察者的工作负担。

（2）采用事件取样法对幼儿进行观察记录时，观察者难以得到有关事件过去背景的信息。事件取样法固然可以从行为事件一出现就开始记录，直至行为事件结束，记录行为事件的全过程，但是一些与这一行为事件有关的、时间或空间上间隔较远的内容就无法进行记录了。比如，观察者的观察目标是某一幼儿的攻击性行为，观察者可能记录下了幼儿因为受到同伴的责备而推搡对方这一事件发生的全过程，但是对幼儿受到责备就发起攻击性行为的深层次原因却无法记录和分析。所以事件取样法仍然脱离了事件与过去情境的联系，而过去的情境可能是导致事件发生的真正原因。另外，与时间取样法相似，事件取样法也是事先对目标行为的类型进行划分，这可能会导致观察者在观察时更倾向于寻找适合预先确定类别的行为，而忽略对目标行为以外事件的关注，而这些目标行为之外的事件可能恰好是目标行为出现的原因。

---

① 侯素雯，林建华．幼儿行为观察与指导这样做［M］．上海：华东师范大学出版社，2014：27.

（3）事件取样法的测量稳定性较低。观察者在使用事件取样法进行观察时，只要看到目标行为事件发生就进行记录，但是发生的这些行为事件在不同的情境下可能具有完全不同的性质和意义。比如，幼儿出现言语攻击行为，可能目标幼儿是真的在对其他幼儿进行言语攻击，也可能是幼儿为了更好地进行角色扮演，而在刻意地模仿某一动画片或电影中人物的语言。因此，观察者在运用事件取样法进行观察记录时，应该特别注意对事件发生的背景进行记录和描述，在分析时应该结合事件发生的具体背景进行分析。

思考与练习

1. 取样观察法具体包括哪些观察方法？
2. 时间取样法的运用具体包括哪些步骤？
3. 事件取样法有哪些优缺点？

阅读导航

1. 林磊，程曦．儿童心理研究中的时间取样观察法［J］．心理发展与教育，1992（2）．

2. 张秀春．时间取样观察法的优缺点及其适用性问题［J］．辽宁师范大学学报，2004（2）．

3. 邓进红，秦元东．幼儿同伴嬉戏行为的年龄特点与性别差异［J］．学前教育研究，2013（1）．

4. 王美芳，庞维国．学前儿童在园亲社会行为的观察研究［J］．心理发展与教育，1997（3）．

第七章

评价观察法

本章导读

评价观察法包括行为检核表法、等级评定法、频次记录法等。它是一种量化的观察方法，使用起来简单、方便，能够直接反映出幼儿在日常生活中的行为表现。观察者可以通过评价观察法，将幼儿的行为与发展常模进行比较，全面了解幼儿身心发展的特点，从而进一步指导教育教学实践。

学习目标

1. 理解 3 种评价观察法的含义。
2. 了解 3 种评价观察法的具体运用过程。
3. 学会运用 3 种评价观察法，能够编制简单的观察记录表，并对幼儿行为进行正确的分析。
4. 能够将观察后的发现与教育实践相结合，提高对幼儿行为的理解与分析能力。

李老师今年第一次担任主班教师，平常的工作让她忙得不可开交。在近期的一次教研会议上，年级组长要求老师们深入了解班上的幼儿，多做一些观察记录，增强对幼儿教育指导的针对性。李老师很苦恼，完成日常的教育教学任务已经很忙了，哪里还有时间去做观察记录呢？要是整天拿着本子记这个、记那个的，会不会影响教育教学呢？更别提把每个孩子都记录到了。回教室的路上，同行的王老师看见李老师愁眉不展，就关心地询问。了解了前因后果之后，王老师笑着说不要着急，她知道一些简便易行的观察方法可以方便李老师做记录。回到教室后，王老师拿出自己的一沓观察记录资料。李老师一看，上面是一些表格，表格中罗列着幼儿的种种行为表现。观察者只需要在对应的格子上进行打分或做出标记即可，使用起来既方便又节约时间。接着，王老师向李老师详细地介绍起评价观察法。

第一节 行为检核表法

一、行为检核表法的含义

行为检核表法又称为清单法、检测表单法等，是指观察者依据一定的观察目的，事先拟定所需要观察的项目及行为，并将它们排列成清单式的表格，然后通过观察，根据检核表内容逐一检视幼儿行为出现与否的一种观察与记录方法。

检核表法是人们在日常生活中广泛使用的一种方法。比如，许多教师会将所有有待完成的工作采用检核表的形式列出，然后逐项检核工作的完成程度；人们去超市或商场购物之前，会列出计划购买商品的清单，购物时根据清单核对物品的购买情况，这一清单也就是检核表。为便于了解幼儿的行为表现，教师也经常采用检核表观察记录幼儿的行为。

行为检核表法具有较高的实用性和便捷性，它不受制于情境，可以随时随地对幼儿的行为进行观察记录，是观察者经常使用的方法之一。一般来说，行为检核表法的记录方式是二选一，也就是使用“有”或“无”、“是”或“否”来进行记录。例如，表 7－1 是一份中班幼儿动作发展检核表，表中列出了 10 个项目，代表 4～5 岁幼儿应该能达到的动作发展水平，由观察者进行观察并记录。如果幼儿的行为符合项目的描述，就在表格中相应的栏目内打钩，最后计算总分以评价幼儿动作的发展状况。

表 7－1　4～5 岁幼儿动作发展检核表

幼儿姓名：　　　　性别：　　　　年龄：　　　　编号：

观察时间：　　　　观察地点：　　　　观察者：

1. 跑动时可以急转弯		
2. 能够单脚跳		
3. 能够双脚交替充满信心地上下楼梯		
4. 能够踮起脚		
5. 能够很好地握住铅笔		
6. 能够用线穿小珠子		
7. 经过练习能很好地使用剪刀		
8. 能洗手和擦干手		
9. 能够自己穿衣服和脱衣服		
10. 会抛投、抓、击打和踢		

资料来源：SHARMAN C，CROSS W，VENNIS D．观察儿童：实践操作指南［M］．单敏月，王晓平，译．上海：华东师范大学出版社，2008：155.

通过上述例子可以发现，行为检核表法只是记录所要观察的行为是否出现，并没有对行为的具体表现进行描述。可见，行为检核表法是一种能够检测目标行为是否出现的观察方法，具有较强的封闭性。同时，使用这一方法时，观察者可以根据自己的观察目标和需要，事先对所要观察的各行为项目进行界定，熟悉并理解各项目，然后根据所列出的行为项目检核幼儿身上是否存在这些行为。另外，虽然观察者在观察前已经对行为项目做出了界定，某些项目仍需要观察者结合日常观察做出推断。例如，“爱惜与他人共同完成的作品”这样的项目描述就需要观察者对这一行为进行明确的界定，轻拿轻放作品就可以算作“是”，还是小心保存作品才能算“是”，这需要观察者结合幼儿的日常行为做出推断。教师在运用行为检核表法时，既可以现场观察，边观察边记录，也可以根据平时对幼儿的观察进行事后记录。

此外，行为检核表法除了可以记录单个幼儿的行为表现，也可以记录整群幼儿某方面的表现。比如，表 7－2 列出的幼儿饮食行为检核表可以帮助教师记录班级幼儿在饮食方面的行为表现，了解班级饮食常规的建立情况，也可以具体分析每个幼儿的饮食习惯，帮助幼儿纠正不良饮食行为。

表 7－2　幼儿饮食行为检核表

幼儿编号	进餐前		进餐时						进餐后		
	认真洗手	安静等待吃饭	不挑食	不浪费	不暴饮暴食	细嚼慢咽	独立进食	掌握正确就餐姿势	擦嘴	将桌子收拾干净	自觉漱口或刷牙
1		√	√		√		√		√		√
2	√	√		√		√	√		√	√	
3	√	√		√					√		
4	√		√		√		√	√			√
5		√	√	√		√		√			√

二、行为检核表法的运用

（一）制作行为检核表

行为检核表最大的优点是能为教师对幼儿的观察提供结构化的框架，使得教师在运用时方便、快捷。其内容是依据幼儿的发展规律和观察目的，由教师自行确定①。为了保证行为检核表的科学性与缜密性，观察者需要在观察前制订周密而详细的计划，对所观察的行为进行具体的界定，形成一份可参照的行为检核表，从而保证在使用时真正发挥出行为检核表本身的优势。因为观察者使用行为检核表法是为了检核目标行为是否出现，所以事

① 陈铮，秦旭芳．以观察聚焦幼儿发展：发展检核表在科学探究领域中的建构与应用［J］．早期教育（教科研版），2014（Z1）：28-32.

先有逻辑、清晰地列出所需要观察的行为是十分必要且重要的步骤。观察者可以依据观察目的选用他人编制的成熟的检核表，也可以自行编制行为检核表。在制作行为检核表时，可以按照以下几个步骤进行。

1. 确定观察目标，列出目标行为

确定观察目标是进行观察的首要程序。观察者需要确定观察目标是什么，期望了解幼儿哪方面的行为表现，然后围绕观察目标确定观察维度。

李老师想了解班上幼儿自我控制能力的发展情况。为了便于观察记录，李老师最终决定采用行为检核表法来对幼儿的自我控制行为进行观察记录。那么，幼儿的自我控制能力包括哪些方面呢？李老师通过查询相关文献资料，发现幼儿的自我控制能力主要包含以下 4 个维度：

（1）自制力。

（2）坚持性。

（3）自觉性。

（4）自我延迟满足。

确定观察维度之后，需要将维度逐一分解为可观察到的具体行为。比如，上述案例中幼儿自我控制能力的第四个维度是“自我延迟满足”。观察者首先要了解自我延迟满足是什么，也就是要对其下操作性定义。

自我延迟满足，是指一种为了更有价值的长远结果而放弃即时满足的抉择取向，以及在等待中展示的自控能力。

从以上操作性定义可知，自我延迟满足是幼儿自我控制能力的重要体现，在自我延迟满足的过程中，幼儿自己做选择并在延迟的过程中不断地控制、调节自己的情绪，抵抗诱惑。联系幼儿园的教学实践经验，李老师计划从以下 3 个情境中了解幼儿自我延迟满足的情况：

项目	是	否
老师告诉小朋友每做一件好事就可以得到一朵小红花，得到 3 朵时老师可以给他一件玩具玩；如果不要玩具，再坚持得 2 朵花，就可以自己挑一件喜欢的玩具，他选择等待		
当游戏结束后，老师要求儿童将玩具重新摆好，摆得最好的小朋友下一次可以优先玩，他会努力将玩具摆到最好		
幼儿园中午是由儿童自己摆碗筷，尽管值日时他会比其他同学晚一点吃饭，他仍会认认真真地做好		

上述案例中，李老师先通过查询文献资料划分所要观察的幼儿行为的具体维度，然后根据每个维度的操作性定义，结合自身的教学实践经验，将行为指标进行细化。

此外，观察者需要以我国《幼儿园教育指导纲要（试行）》为理念基础，以《指南》目标内容或国外幼儿行为发展常模为参照，形成对幼儿在某一特定年龄段内学习与发展的合理期望，并制定行为指标。比如，《指南》中对 3～4 岁、4～5 岁、5～6 岁 3 个年龄段分别列出了幼儿在健康、语言、社会、科学和艺术五大领域中应该达到的水平，为观察者提供了有益借鉴。观察者可以据此设计相应的行为检核表，来了解幼儿在各个领域的发展状况。表 7-3 就是根据《指南》的语言领域中 5～6 岁幼儿“倾听与表达”能力制作的观察表。

表 7-3　5～6 岁幼儿“倾听与表达”能力观察表

行为表现		是	否
认真听并能听懂常用语言	在集体中能注意听老师或其他人讲话 听不懂或有疑问时能主动提问 能结合情境理解一些表示因果、假设等相对复杂的句子		
愿意讲话并能清楚地表达	愿意与他人讨论问题，敢在众人面前讲话		
	会说本民族或本地区的语言和普通话，发音正确清晰。少数民族聚居地区幼儿基本会说普通话		
	能有序、连贯、清楚地讲述一件事情		
	讲述时能使用常见的形容词、同义词等，语言比较生动		
具有文明的语言习惯	别人讲话时能积极主动地回应		
	能根据谈话对象和需要，调整说话的语气		
	懂得按次序轮流讲话，不随意打断别人		
	能依据所处情境使用恰当的语言，如在别人难过时会用恰当的语言表示安慰		

2. 组织整理行为指标，制作行为检核表

将目标行为指标细化后，需要按照逻辑将细化后的行为指标进行组织整理。观察者可以按照自身习惯、观察计划、幼儿活动时的场地顺序、活动开始的时间顺序或者行为的难易程度等多种原则对项目进行排列。上述案例中的李老师按照行为类别的方式进行排列。另外，行为检核表中列出的观察指标在表述上应该尽量使用正向的表述方式，而且应使用客观描述性的非判断性的语句，以保证所观察内容的具体、详细、客观①。例如，对幼儿“自制力”的行为指标进行表述时，可以表述成“当他许诺做自己力所能及的事时，能履行”，最好不用“当他许诺做自己力所能及的事时，不能履行”这样反向的表述方式，也不能用“言出必行”这样笼统的、带有主观色彩的判断性的词语、语句进行表述。

行为检核表较为简单，仅记录目标行为是否出现，如果观察者还希望记录其他内容，可以在表格中增设相关部分。例如，如果观察者的观察目标是观察记录幼儿自我控制能力的发展状况及幼儿第一次表现自我控制行为的时间，观察者可以在检核表中添加一列表格以记录该信息，以自我延迟满足这一维度为例，具体形式如下。

---

① 陈铮，秦旭芳. 以观察聚焦幼儿发展：发展检核表在科学探究领域中的建构与应用 [J]. 早期教育（教科研版），2014 (Z1)：28-32.

项目		是	否	如果为“否”则记第一次出现的时间
自我延迟满足	老师告诉小朋友每做一件好事就可以得到一朵小红花，得到3朵时老师可以给他一件玩具玩；如果不要玩具，再坚持得2朵花，就可以自己挑一件喜欢的玩具，他选择等待			
	当游戏结束后，老师要求儿童将玩具重新摆好，摆得最好的小朋友下一次可以优先玩，他会努力将玩具摆到最好			
	幼儿园中午是由儿童自己摆碗筷，尽管值日时他会比其他同学晚一点吃饭，他仍会认认真真地做好			

3. 完善观察记录表

至此，行为检核表中的活动式检核项目基本编制完成。有学者提出，完整的检核表由两部分组成：一部分是活动检核表，即幼儿在一定时间内的特定行为表现；另一部分则是静态描述项目（静态指标）①。静态指标是指能被轻易标注、记录的情境或幼儿的固定特性，这些项目的记录资料具有较强的稳定性，包括幼儿的姓名、性别、年龄、编号、观察时间、观察地点、观察者、被观察者的家庭情况等，需要观察者事先填好。

上述案例中，李老师的观察目标是了解幼儿自我控制能力的发展情况，而幼儿的性别、年龄、主要照顾者的情况等都是影响幼儿的自我控制能力发展的重要因素，所以李老师设计行为检核表时加入了幼儿的性别、年龄、主要照顾者等因素，以便更加全面地分析不同性别、不同年龄、不同类型照顾者的幼儿其自我控制行为表现及原因。

班级儿童日志观察表

幼儿姓名：　　性别：　　年龄：　　编号：

观察时间：　　观察地点：　　观察者：

		是	否
主要照顾者	父		
	母		
	（外）祖父母		
	保姆或其他		

① 蔡春美，等. 幼儿行为观察与记录［M］. 上海：华东师范大学出版社，2013：156.

这份行为检核表的观察目标是了解幼儿自我控制能力的发展状况，每位幼儿一份。为了明晰上述情况，李老师在行为检核表后加入了以下说明：

说明：

(1) 该行为检核表用于对幼儿自我控制能力的观察。

(2) 每位幼儿一份表格，逐条检查并评定。

李老师最终设计出的完整的幼儿自我控制能力检核表如表 7－4 所示。

表 7－4 幼儿自我控制能力检核表

幼儿姓名： 性别： 年龄： 编号：
观察时间： 观察地点： 观察者：

项目		是	否	如果为“否”则记第一次出现的时间
主要照顾者	父			
	母			
	(外) 祖父母			
	保姆或其他			
自制力	1. 当他许诺做自己力所能及的事时，能履行			
	2. 举手回答问题时，能等到被叫到自己名字后才回答			
	3. 在接受教育活动时，能将简单的故事或画册内容听/看到最后			
	4. 在猜谜语游戏时，老师说谁猜出来会有奖励，但每个人只有一次回答机会，他会努力地思考一会儿，得出比较满意的答案			
	5. 对老师要求完成的工作，即使不喜欢，也能完成			
坚持性	6. 遇到自己开始做不好的事时，能坚持，直到做好为止			
	7. 当发现自己正在做的任务挺困难时，仍会努力坚持做下去			
自觉性	8. 当发现自己的行为违反了日常规范时，能马上改正			
	9. 当老师开始讲话时，能停下手中正在做的事去听			
	10. 老师要求听故事时保持安静，老师离开时他也能做到			
	11. 午睡时，老师不让说话，当别的小朋友与他说话时，能不理睬			
	12. 当老师不在时，在游戏中也能遵守游戏规则			
	13. 在玩排队等候的游戏时，玩完后能自觉排在队尾			

续表

项目		是	否	如果为“否”则记第一次出现的时间
自我延迟满足	14. 老师告诉小朋友每做一件好事就可以得到一朵小红花，得到3朵时老师可以给他一件玩具玩；如果不要玩具，再坚持得2朵花，就可以自己挑一件喜欢的玩具，他选择等待			
	15. 当游戏结束后，老师要求儿童将玩具重新摆好，摆得最好的小朋友下一次可以优先玩，他会努力将玩具摆到最好			
	16. 幼儿园中午是由儿童自己摆碗筷，尽管值日时他会比其他同学晚一点吃饭，他仍会认认真真地做好			

说明：(1) 该行为检核表用于对幼儿自我控制能力的观察。
(2) 每位幼儿一份表格，逐条检查并评定。

（二）进行观察记录

行为检核表制作完成之后，观察者就可以使用该检核表进行观察记录了，但在观察记录的过程中需要注意以下几个方面的问题：首先，观察者需要明确观察目标并熟知观察记录表中的行为项目。如果条件允许，尽量在正式观察之前进行预观察，以对观察记录表和观察计划等内容进行调整与完善。其次，在正式记录前，观察者要选择适宜的观察地点或情境。比如，对幼儿入园适应行为的观察，观察者可以在任何地点或情境随时进行记录；但是，如果是对幼儿同伴交往行为的观察，则需要在幼儿与同伴进行社会互动时观察。再次，在进行行为检核时，观察者要尽量保持客观，避免对被观察者产生偏见。最后，观察者要选择统一的记录方式。行为检核表法只是观察记录行为是否出现，所以记录方式一般是在相应的表格中打钩，如表 7-5 所示。

表 7-5　幼儿自我控制能力检核表

幼儿姓名：东东　　　性别：男　　　年龄：4 岁 8 个月　　　编号：10
观察时间：××××年 9 月 5 日—11 月 25 日
观察地点：中一班　　　观察者：李越

项目		是	否	如果为“否”则记第一次出现的时间
主要照顾者	父		√	
	母	√		
	(外) 祖父母	√		
	保姆或其他		√	

续表

项目		是	否	如果为“否”则记第一次出现的时间
自制力	1. 当他许诺做自己力所能及的事时，能履行		√	××××年9月8日
	2. 举手回答问题时，能等到被叫到自己名字后才回答	√		
	3. 在接受教育活动时，能将简单的故事或画册内容听/看到最后	√		
	4. 在猜谜语游戏时，老师说谁猜出来会有奖励，但每个人只有一次回答机会，他会努力地思考一会儿，得出比较满意的答案	√		
	5. 对老师要求完成的工作，即使不喜欢，也能完成		√	××××年9月12日
坚持性	6. 遇到自己开始做不好的事时，能坚持，直到做好为止		√	××××年11月14日
	7. 当发现自己正在做的任务挺困难时，仍会努力坚持做下去		√	××××年11月25日
自觉性	8. 当发现自己的行为违反了日常规范时，能马上改正	√		
	9. 当老师开始讲话时，能停下手中正在做的事去听	√		
	10. 老师要求听故事时保持安静，老师离开时他也能做到		√	××××年10月13日
	11. 午睡时，老师不让说话，当别的小朋友与他说话时，能不理睬		√	××××年10月14日
	12. 当老师不在时，在游戏中也能遵守游戏规则		√	××××年9月26日
	13. 在玩排队等候的游戏时，玩完后能自觉排在队后		√	××××年9月20日
自我延迟满足	14. 老师告诉小朋友每做一件好事就可以得到一朵小红花，得到3朵时老师可以给他一件玩具玩；如果不要玩具，再坚持得2朵花，就可以自己挑一件喜欢的玩具，他选择等待		√	××××年9月21日
	15. 当游戏结束后，老师要求儿童将玩具重新摆好，摆得最好的小朋友下一次可以优先玩，他会努力将玩具摆到最好		√	××××年9月7日
	16. 幼儿园中午是由儿童自己摆碗筷，尽管值日时他会比其他同学晚一点吃饭，他仍会认认真真地做好	√		

说明：(1) 该行为检核表用于对幼儿自我控制能力的观察。
(2) 每位幼儿一份表格，逐条检查并评定。

（三）分析解释记录结果

记录完成之后，观察者需要对记录的数据资料进行分析。仍以“东东的自我控制能力”为例，观察者可以通过行为检核表记录的数据资料分析东东在幼儿园一日生活中所表现出的自我控制能力，并结合东东的年龄、入园情况分析可能的原因。

分析

从检核表记录的结果可以发现，东东在教学活动中能够按照教师提出的规则进行游戏，这表明东东基本能够理解老师的要求，并且能够按照老师的要求控制自己的行为，所以东东的自制力发展较充分。但是老师不在现场时，或者在游戏过程中受到其他同伴的干扰时，东东往往不能继续很好地控制自己的行为，需要成人的再次提醒，这说明东东的自觉性能力不足。东东在遇到困难和挫折时经常选择放弃，不能很好地坚持自己的行为，这说明其坚持性发展不够充分。当遇到“等一等才有更好的奖赏”这种情况时，东东不太能够坚持等待，但是在当值日生时东东愿意晚一点吃饭来为别的小朋友服务，这是因为东东每次当值日生时都主动要求做餐前服务的工作，说明他本身很喜欢当小值日生，所以在这种场景中，吃饭作为“奖赏”的吸引力没那么充足了。可见，东东延迟满足能力的发展也不是很充分。

评价

4～5 岁幼儿是自我控制能力迅速发展的阶段，同年龄段的男生发展速度会略慢于女生。总体来说，东东的自我控制能力发展得不是很理想，尤其需要加强坚持性、自觉性和自我延迟满足的能力。

建议

教师可以为东东设立一个正确的行为标准，对东东自我控制能力低的行为进行解释和说明，帮助他选择一种合适的行为方式。当东东出现一些不当行为时，教师不应当呵斥他，而是应当试着理解孩子的行为，了解其行为背后的原因，然后帮助幼儿理解他们的行为为何是适当或是不适当的。

另外，由于行为检核表法记录行为是否出现，观察结果容易量化，因此观察者也可以采用一些统计方法，对记录的数据资料进行统计分析，表 7－6 展示了果果在合作游戏中对活动任务的专注性，图 7－1 就是对表 7－6 的分析。

表 7－6　幼儿游戏专注性检核表

观察对象：果果　　观察日期：××××年 6 月 22 日

性别：女　　年龄：4 岁 6 个月

观察目标：观察果果在合作游戏中对活动任务的专注性

开始时间：9：20　　结束时间：9：35

观察地点：中二班　　观察者：关婷

时间	有任务专心	有任务不专心	无任务安静	无任务不专心
9：20	√			

续表

时间	有任务专心	有任务不专心	无任务安静	无任务不专心
9：21		√		
9：22			√	
9：23	√			
9：24			√	
9：25	√			
9：26			√	
9：27	√			
9：28			√	
9：29	√			
9：30			√	
9：31	√			
9：32				√
9：33			√	
9：34	√			

分析

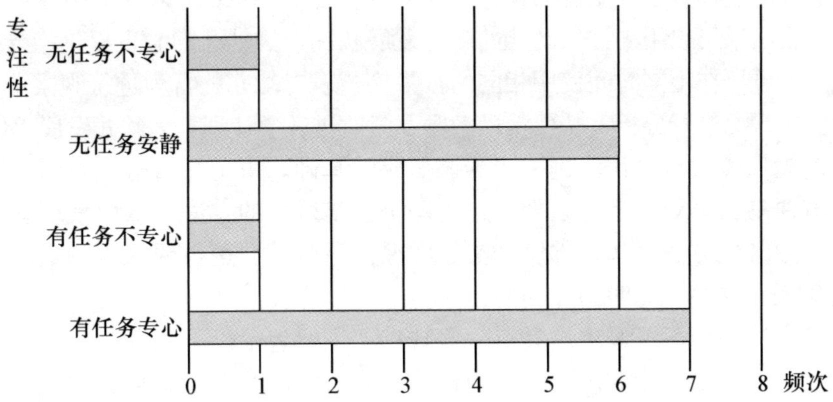

图 7-1 果果游戏专注性条形图

根据观察记录的资料，绘制了果果游戏专注性条形图。合作游戏共进行了 15 分钟，由图 7-1 可知，果果在玩游戏的时段里基本上保持了全神贯注的状态，能够遵守游戏秩序，等着轮到自己，并以合乎情理的方式参与游戏。

评价

果果的专注性较强。

建议

果果的专注性较强，教师可以鼓励她进行更多的前阅读和前书写活动，以维持和增强其专注水平，为下学期的学习做好准备。

除了对每次观察的数据资料进行统计分析外，观察者还可以多次观察，每隔一段时间汇总数据资料，并进行统计分析。采用这样的方式，可以通过前后对比发现幼儿行为的变化情况，以便观察者能够对幼儿进行更加全面的了解和分析。

三、行为检核表法的优缺点

通过对行为检核表法的分析，我们可以发现该方法的优点主要集中在以下几个方面：

（1）行为检核表法对于观察者来说比较容易使用和操作。与其他观察方法相比，行为检核表法的优势在于，它事先对所要观察的行为进行了有效的总结和诠释，方便观察者在幼儿活动中随时捕捉幼儿的学习过程与行为表现①。行为检核表在制作和使用时，不需要耗费昂贵的器材和设备，观察者只需要运用纸笔进行记录。在使用行为检核表进行观察记录时，多采用封闭性填答的方式，观察者只需要提前熟悉行为检核表的项目，等待幼儿相关行为出现时打钩即可。另外，行为检核表法应用广泛，适用于观察幼儿的认知发展、社会性发展和动作技能发展等不同领域的发展状况，并且没有观察时间的限制，观察者在户外活动、区域活动或者集体活动等任一环节都可以使用。

（2）行为检核表法的观察结果便于进行量化处理，并且能够进行多元运用。由于行为检核表法所得到的资料本身量化程度较高，所以在统计分析时无须进行转化就可以直接计算，这在一定程度上节省了观察者的精力和时间。在分析结果的运用上，从横向来看，行为检核表法的观察结果可以用来评估幼儿的身心发展状况，为幼儿的教育提供指导建议；从纵向来看，观察者可以在不同时间使用相同的行为检核表对幼儿的行为进行观察记录，由此对幼儿动态的发展状况进行分析，从而帮助教师及时改进教学计划，为幼儿发展提供支持。

（3）行为检核表法可以作为进一步深入研究的基础。由于行为检核表的适用范围比较广泛，并且方便易行，观察者可以把它作为一个初步观察的方法，从中发现和选取有意义的行为，再使用其他方法（如事件取样法、实况详录法等）进行深入、细致的观察，这样可以有效避免耗费观察者的时间和精力。

行为检核表法同样不可避免地具有一些缺点，主要包括以下几点：

（1）当观察对象是幼儿群体时，行为检核表法的使用对观察者自身的要求比较高。在观察整群幼儿时，观察者需要兼顾每个幼儿，但一个人的精力毕竟有限，尤其当幼儿的目标行为同时出现时，观察者如何完整地记录行为就会成为重要挑战，这可能造成观察记录的遗漏，从而直接影响观察结果。另外，观察者只有熟悉并清晰地界定检核表中所有的行为项目，才能确保记录的有效性，但是在对行为进行判定时容易带有主观色彩，可能降低记录结果的信度。

（2）行为检核表法记录结果的量化程度较高，但不能对幼儿的行为进行详细记录。观察者只是记录了某种行为是否发生，并没有记录行为发生的前因后果、具体的发生时间和情景、持续时间和程度等信息，这可能会影响观察者对幼儿行为的解读。

① 迪希特米勒，等．作品取样系统：教室里的真实性表现评价［M］．廖凤瑞，陈姿兰，译．南京：南京师范大学出版社，2009：9-13.

（3）行为检核表的制定容易存在不完善的问题。行为检核表法一般是观察者事先将幼儿可能出现的行为编制成行为检核表进行观察，但幼儿的行为难以被全部预测到。当幼儿出现了非预测性的行为时，观察者可能会产生困惑，不知道是否应该记录这一行为，从而干扰观察过程。

第二节　等级评定法

一、等级评定法的含义与分类

（一）等级评定法的含义

等级评定法是指观察者在对幼儿进行观察后，对其行为表现所达到的水平进行评定，并对其行为质量的高低进行量化判断的一种方法。

等级评定法与行为检核表法虽同属于评价观察法，但用途却有所不同。行为检核表法只记录行为是否出现，而等级评定法能够帮助观察者进一步了解行为发生的程度、频率等，使观察者更加细致地了解观察对象的特点。比如，刚入园的幼儿容易出现入园焦虑的问题，如果观察者只是想了解某班级的幼儿是否存在入园焦虑，那么使用行为检核表法，根据指标一一观察幼儿是否存在入园焦虑的行为表现即可；而如果想要了解不同幼儿入园焦虑的程度，就需要使用等级评定法，根据项目指标对幼儿行为进行评分。等级评定法一般是观察者在观察之后，根据回忆进行记录，它不是一种直接的观察方法，严格来说，更像是一种评估方法。

（二）等级评定法的分类

等级评定法在具体使用的时候，根据量表设计的不同，可分为几种不同的类型。主要包括数字等级量表、图形量表、标准化量表、累计点数量表和强迫选择量表等。

1. 数字等级量表

数字等级量表是使用定义好的序列数字来表示被观察者某一行为的不同程度或类型的工具，观察者根据观察结果选择与幼儿行为最匹配的数字进行记录。数字等级量表常常采用3点、5点、7点或9点计分的方式。比如，3点量表是用从1到3或者0到2这几个数字来表示行为的3种等级，5点量表是用1到5或者0到4这几个数字来表示行为的5种等级。下面列出的儿童社会能力教师评价量表（见表7－7）的部分内容就运用了9点计分的方式。

表7－7　儿童社会能力教师评价量表（节选）

请根据您平时对孩子实际情况的了解，依据符合程度给予计分，从1～9依次代表“完全不符合”到“完全符合”。

项目	等级评定								
1. 能遵守幼儿园的规定	1	2	3	4	5	6	7	8	9
2. 能积极参与幼儿园的日常活动	1	2	3	4	5	6	7	8	9
3. 对老师有友好的态度	1	2	3	4	5	6	7	8	9

续表

项目	等级评定								
4. 愿意自己完成工作	1	2	3	4	5	6	7	8	9
5. 在工作和游戏时能尽力而为	1	2	3	4	5	6	7	8	9
6. 工作和游戏态度愉快、满足	1	2	3	4	5	6	7	8	9
7. 好奇心强	1	2	3	4	5	6	7	8	9
8. 喜欢学习新的知识技巧	1	2	3	4	5	6	7	8	9
9. 支持或煽动其他小朋友做坏事	1	2	3	4	5	6	7	8	9
10. 会寻求其他小朋友当玩伴	1	2	3	4	5	6	7	8	9

资料来源：高紫薇．祖孙关系与中班幼儿社会能力的关系研究［D］．上海：上海师范大学，2009.

2．图形量表

图形量表是用一条横线来表示某种行为表现的程度，在横线上从左到右，依次表示行为表现由高至低或由低至高的不同程度，与数轴相似（见表 7－8）。观察者需要根据观察对象的实际情况，在横线上确定与观察对象行为描述相符的点，并做上标记。图形量表最大的优点在于其直观性，观察者可以根据幼儿的实际表现，选择与幼儿行为表现相符的描述。

表 7－8　幼儿同伴交往能力评价表

1. 好打抱不平

总是　　常常　　偶尔　　很少　　从不

2. 乐于帮助小朋友

总是　　常常　　偶尔　　很少　　从不

3. 能完整、清楚地向别人介绍自己

总是　　常常　　偶尔　　很少　　从不

4. 对同伴微笑

总是　　常常　　偶尔　　很少　　从不

5. 能主动发起游戏，成为领头人

总是　　常常　　偶尔　　很少　　从不

资料来源：李艳菊．幼儿同伴交往能力发展及其影响因素研究［D］．上海：华东师范大学，2008.

图形量表还有另外一种形式，即语义区分量表。它使用两个语义相反的形容词作为横线的两端，中间分成几个（如 5 个或 7 个）等级，要求观察者根据幼儿的行为做出标记。下表是一份幼儿情绪评定量表，使用了 7 点计分（见表 7－9）。

表 7-9 幼儿情绪评定量表

	(1)	(2)	(3)	(4)	(5)	(6)	(7)	
1. 温和								易怒
2. 平静								躁动
3. 快乐								忧郁
4. 无畏								恐惧
5. 兴奋								低落

3. 标准化量表

标准化量表是指以统计标准差为单位划分评价等级的一种量表。观察者根据量表呈现的标准，判断幼儿的行为表现属于哪一类型。有关幼儿各方面的发展有许多编制完善的标准化量表，观察者可以根据观察目标选择相应的量表对幼儿某方面的发展情况进行评价。表 7-10 是幼儿数学认知能力评价表，教师可以按照以下 5 个等级对幼儿的数学认知能力进行评价。

表 7-10 幼儿数学认知能力评价表

项目	顶尖 10%	顶尖 25%	顶尖 50%	低于 50%	低于 25%
体会到生活中数学的有用					
基本数数能力					
理解数量大小关系					
识别几何形状					
感知空间位置					

4. 累计点数量表

累计点数量表是观察者先对幼儿的行为进行评分，然后将各项分数相加得到总分（如果是负向描述则相减），以此来评定幼儿行为的工具。量表中每个项目的计分可以采用 0、1 计分的方式，也可以采用李克特量表的计分方式。在计算得分时，应先分别核查 A 行行为和 B 行行为的得分。在表 7-11 中，由于 A 行是正向描述，而 B 行是负向描述，所以总分就是 A 行总分减去 B 行总分。

表 7-11 幼儿情绪累计点数量表

A 行	B 行
——能一直保持温和的状态	——总是容易情绪激动、发怒
——能安静合作地参与游戏活动	——总是不安，需要教师单独陪伴
——能积极愉快地参与幼儿园生活	——总是心情低落，提不起兴趣
——敢于尝试各种活动	——总是害怕尝试新活动
——……	——……

5. 强迫选择量表

强迫选择量表包括多个选项，观察者在运用该量表评估幼儿行为时，不管题项中是否有完全符合幼儿行为的选项，都需要在一系列描述性短语中选择最符合被观察者行为表现的一项。所以在编制强迫选择量表时，要尽可能使量表的一系列描述包括不同程度的行为，即给出几种对幼儿不同的描述，观察者需要在这些描述中选出与幼儿行为表现最接近的一项，并且只能选择一项。比如：

请您评定幼儿饮水的行为：

A. 能自觉排队去饮水；

B. 在教师的要求下，排队饮水；

C. 饮水时插队，并且不听老师的劝告；

D. 不饮水。

二、等级评定法的运用

（一）选取适宜的等级评定量表

观察者在选择使用等级评定法时，可以在已有的等级评定量表中，根据观察目标选取适宜的量表。学者们在对学前儿童的研究中，已经编制了一些相对成熟的量表，特别是经过各国学者们的使用和修订，这些量表不断得到改进和完善。观察者在使用等级评定法时，应该尽量根据观察目的查找并使用一些通用的、具有一定权威性的量表，这样既可以帮助其获得大量有效的观察信息，又可以减少前期准备工作，缓解其工作压力。我们查找并选取了以下应用比较广泛的量表进行介绍，希望能为儿童行为观察者们提供参考和帮助。

1. 儿童观察记录

儿童观察记录（child observation record，COR）是美国高瞻课程（High/Scope Curriculum）中使用的幼儿发展评价工具，国外许多学前教育研究者和幼儿教师都使用 COR 评价幼儿的发展状况。根据幼儿年龄的不同，可将其分为学前儿童观察记录（preschool child observation record）和婴儿与学步儿观察记录（infant and toddler child observation record）①。

学前儿童观察记录的适用对象是 2.5～6 岁儿童。它由 32 个项目组成，分别从主动性、社会关系、创造性表征、运动和音乐、语言和阅读、数学和科学 6 个维度评价幼儿的发展状况（见表 7－12）。由于 COR 是通过日常观察对真实生活情境中的幼儿进行观察的工具，所以幼儿教师、家长、研究者等都可以使用这一工具对幼儿的发展状况进行观察。在使用 COR 前，观察者需要在教育教学过程或日常生活中通过观察、交谈等多种方式深入了解幼儿，然后在幼儿与环境、同伴、成人的互动过程中对幼儿的发展情况进行观察评价。

表 7－12 学前儿童观察记录中的 6 个维度和 32 个观察项目

A. 主动性	1. 做出选择和制订计划
	2. 利用材料解决问题
	3. 主动发起活动
	4. 生活自理

① 李晓巍，刘艳．基于教师和家长评定的 3～6 岁幼儿发展特点研究［J］．教育研究与实验，2015（1）：92-96.

续表

B. 社会关系	5. 与成人交往
	6. 与同伴交往
	7. 解决人际冲突
	8. 理解和表达感受
C. 创造性表征	9. 制作和搭建模型
	10. 绘画或涂色
	11. 假装游戏/角色扮演
D. 运动和音乐	12. 不同方式的运动
	13. 携带物品的运动
	14. 音乐感受和节拍
	15. 随着音乐节奏运动
	16. 唱歌
E. 语言和阅读	17. 倾听和理解语言
	18. 运用词汇
	19. 运用复杂的句型和词语
	20. 表现出对拟声词的理解
	21. 讲述书中的知识
	22. 运用字母的名称和发音
	23. 阅读
	24. 书写
F. 数学和科学	25. 对物体分类
	26. 识别模式
	27. 比较属性
	28. 计数
	29. 识别位置和方向
	30. 识别序列、变化和因果关系
	31. 识别材料和属性
	32. 识别自然和生物

表 7-12 是学前儿童观察记录的所有观察项目，每个观察项目都有从简单（水平 1）到复杂（水平 5）5 个层次的发展水平等级，其中每一等级的行为表现都至少包含两个典型行为的案例，以便观察者通过观察幼儿的行为准确地判断幼儿的发展水平，让观察和评价更易于操作①。比如，社会关系维度中的项目“5. 与成人交往”这一项，列出的 5 个层次的发展水平等级如下：

(1) 能参与到由熟悉的成人发起的谈话中；

(2) 能参与到由陌生的成人发起的谈话中；

(3) 能主动对成人发起谈话；

(4) 能持续与成人交谈较长时间；

(5) 能主动邀请成人加入谈话，并持续下去。

① 霍力岩，陈雅川，周彬. 美国学前儿童观察记录系统的评价内容、实施方法与借鉴意义 [J]. 中国特殊教育，2015 (1)：63-67.

2. 儿童行为量表

儿童行为量表（child behavior checklist，CBCL）是在众多儿童行为量表中使用较多、内容较全面的一种。该量表由美国心理学家阿亨巴赫（Achenbach）及其同事在儿童精神科临床实践中研究设计而成，1970 年首先在美国使用，此后不断进行修订。1983 年出版了适用于 4～16 岁儿童评估的家长使用手册，1986 年及 1987 年又分别出版了教师用表及儿童用表使用手册。1988 年又添加了适用于 2～3 岁儿童的行为观察量表①。

CBCL 量表由 113 个项目组成，分别从情绪、行为、性格、思维、注意力等方面评估幼儿的心理行为问题。该量表题项数量较多，所能反映的问题较为全面和客观，具有筛查灵敏度高、假阳性低等特点②。它不仅在美国被广泛用作评估儿童行为与心理的工具，在荷兰、加拿大、法国、澳大利亚、日本、以色列、泰国等国家和地区也得到广泛的应用，是一致公认的效度较好、适用性较强的量表，许多大型研究使用的儿童行为评定量表也以它为蓝本。国内学者的研究表明，儿童行为问题总的表现形式在不同国度、不同文化背景下是基本一致的，CBCL 可以用于评价我国幼儿的行为表现③。

3. 早期儿童保健和发展量表

早期儿童保健和发展量表（early childhood care and development checklist，ECCD）是莱德斯马（Ledesma）在早期儿童发展量表（the early childhood development checklist，ECD）的基础上编制而成的，主要用于测量幼儿不同领域的发展水平。根据幼儿年龄的差异，ECCD 量表具体分为儿童量表Ⅰ和儿童量表Ⅱ。

其中，儿童量表Ⅰ的适用对象是 0～3 岁的幼儿，共包括 115 个项目；儿童量表Ⅱ的适用对象是 3～5 岁 11 个月的幼儿，共包括 109 个项目。量表涵盖幼儿发展的七大领域，分别是大动作、精细动作、自理能力、语言理解、语言表达、认知和社会性情绪。由于信效度较高，该量表被广泛用于父母（或其他抚养者）及早期教育工作者辨别婴幼儿在早期发展中是否存在某种危机，测查结果可以提供更好的帮助。需要注意的是，ECCD 只能作为婴幼儿发展风险的初级评估工具，不能用于诊断④。

4. 儿童发展评估表

儿童发展评估表是由我国香港协康会编制的以普通婴幼儿成长为蓝本的训练指南和发展评估工具，其目的是帮助教师和家长更好地识别婴幼儿的发展状况。2001 年，香港协康会对评估表进行了修订，并编制了《儿童学习纲领》，从而帮助使用者更清楚地认识婴幼儿发展进程，了解各评估项目的测试目的。儿童发展评估表是一套针对 0～6 岁幼儿发展的综合性评估工具，主要包括幼儿发展的 6 个范畴，即大肌肉、小肌肉、自理、认知、语言、社交与情绪。每个范畴都包含若干次范畴，并根据幼儿能力的发展顺序或学习顺

---

① 杨晓岚，李传江，郭力平. 国外大型儿童发展纵向研究评估工具的分析与启示［J］. 外国教育研究，2015（11）：94-106.

② 忻仁娥. 儿童心理与行为的评估工具：Achenbach's 儿童行为量表［J］. 心理发展与教育，1994（1）：26.

③ 苏林雁，杨志伟，万国斌，等. CBCL 在我国应用结果的因子分析［J］. 中国临床心理学杂志，1999（2）：70-73.

④ MIYAHARA J，MEYERS C. Early learning and development standards in east Asia and the Pacific：experiences from eight countries［J］. International Journal of Early Childhood，2008，40（2）：17-31.

序，编写相关的评估项目。

儿童发展评估表中列出了不同年龄幼儿在这6个范畴中应该具有的行为特征和评估方法，观察者可根据此量表进行观察记录，然后根据观察和记录结果对幼儿行为水平进行评估。其中，社交与情绪范畴包括5个次范畴，分别是自我概念、社交沟通、游戏技巧、社会适应和情绪表现。观察者需要对各个项目进行4级评分，评分等级依次为"从不"、"偶尔"、"经常"和"不适用"（见表7-13）。

表7-13 儿童发展评估表社交与情绪范畴中自我概念项目评分表(节选)

项目	从不	偶尔	经常	不适用
1. 对自己经常被称呼的名字做出反应（6～12个月）				
2. 辨认照片中自己的影像（1～2岁）				
3. 用手势或语言表示自己的年龄（2～3岁）				
4. 在群体中积极举手，表示乐意帮助大人做小差事（3～4岁）				
5. 主动向别人展示自己的作品，获取赞赏（3～4岁）				
6. 准确说出家庭成员的名字或惯用名（4～5岁）				
7. 画出自己的家庭成员并且进行简单的介绍（4～5岁）				
8. 正确说出自己的出生月份（5～6岁）				
9. 正确说出自己的出生日期（5～6岁）				

5. 幼儿自我控制教师评定量表

幼儿自我控制教师评定量表是以辽宁师范大学杨丽珠教授及其团队10多年来有关幼儿自我控制的研究为基础设计的，适用于评定3～5岁幼儿的自我控制水平，属于他评量表（见表7-14）①。

该量表由32个项目组成，分别从自觉性、坚持性、冲动抑制性和自我延迟满足4个维度评估幼儿的自我控制水平。采用5点评分，1代表从不这样，5代表总是这样，各维度得分越高，代表相应的自我控制水平越高。心理测量学指标表明该量表有较高的信度、效度和区分度，可以有效评定中国幼儿的自我控制水平。

表7-14 幼儿自我控制教师评定量表

项目	从不这样	较少这样	有时这样	经常这样	总是这样
1. 他/她在教室里能不大声喧哗	1	2	3	4	5
2. 每次学习新东西时，他/她都肯花很多时间练习	1	2	3	4	5
3. 做游戏时，老师说好好排队的小朋友会奖励小粘贴，他/她便会去排队等待	1	2	3	4	5
4. 当受到其他小朋友的碰撞时，他/她不会马上反击	1	2	3	4	5
5. 老师要求听故事时保持安静，老师离开时他/她也能做到	1	2	3	4	5
6. 学习新东西时，他/她能反复操练，直至学会为止	1	2	3	4	5

① 戴晓阳. 常用心理评估量表手册［M］. 北京：人民军医出版社，2010：325-331.

续表

项目	从不这样	较少这样	有时这样	经常这样	总是这样
7. 在进行喜欢的事情时被打断，他/她也没有很激动的反应	1	2	3	4	5
8. 老师上课时他/她能主动保持安静	1	2	3	4	5
9. 做操时，老师要求做得最好的小朋友可以先去做游戏，他/她会努力做到最好	1	2	3	4	5
10. 谁坐好就发好吃的东西，他/她会努力坐好，一直等到老师发吃的	1	2	3	4	5

资料来源：满晶. 幼儿知觉到的教师期望特点及其对自我控制的影响研究［D］. 大连：辽宁师范大学，2013.

（二）设计等级评定量表

幼儿的行为多种多样，观察者可能会对幼儿的任何一种行为产生兴趣，由此导致观察目的可能千差万别。有时在已有量表中难以选到合适的量表，这时就需要自行设计、编制适合自身观察需要的量表。在行为检核表法的运用中提到的一些编制检核表的方法，同样适用于等级评定法中量表的编制，在此不再赘述。但等级评定法与行为检核表法仍存在一定差异，在编制过程中观察者还需要注意以下几点。

1. 确定量表的等级评定标准

等级评定法，顾名思义是要对行为出现的频率和程度进行等级评定，因此确定等级标准尤为重要。从前人开发的成熟量表可知，等级评定法一般分为 3 个（含）以上的等级，观察者可以依据观察目标，从行为发生的频率或行为发生的程度等来制定等级标准。观察者在确定使用何种等级标准之后，还需进一步界定各等级的具体标准。尤其是当多位观察者使用同一量表对不同幼儿行为进行观察评估时，对各等级清晰的界定有利于提高观察的信效度。具体的评定标准可以《指南》中幼儿的年龄特点为常模来进行判断。

2. 注意量表中语言的运用

在编制等级评定量表时，观察者要确保量表题目对行为的描述是准确的，并且尽量使用简洁的语句进行行为描述。比如，在幼儿基本数学能力等级评定表中包含以下项目，如“可以数到 20”“能认出数字 1～10”“能说出两个数字哪个更大”等，这些对行为的描述让人一目了然，语句简单明了。除此之外，在量表中要尽量避免使用模糊的词语，如“平均”“很”“还可以”等，应多用中性词，对行为的形容应避免涉及价值判断，以防影响观察者的评定。

另外，在编制等级评定量表时，应避免将两种不同的行为列在同一项目中，每个题目应该只描述一种行为。比如，“对数学感兴趣，并能够识别几何图形”，这种表述方式容易使评价者产生困扰，因为对数学感兴趣的幼儿不一定能识别几何图形，而能够识别几何图形的幼儿不一定就对数学感兴趣。

（三）使用等级评定法的注意事项

等级评定法本质上是观察者对观察对象的一种主观判定，并且大多是在观察结束之后依据经验对幼儿的行为进行评估，这可能会造成评定结果主观性较强，不能反映幼儿真实的发展水平。为了使评价结果更加客观，观察者可以采取以下几项措施：

第一，多主体评定。为了避免观察者的主观偏见影响评定结果的客观性，可以由两个或两个以上的观察者同时对幼儿的行为做出评定。在多主体评定的情况下，如果出现评定结果分歧较大的情况，可能是由项目表述不清晰或者不同观察者的等级评定标准不统一导致的，观察者可以通过重新评定或讨论等方式以达成一致。

第二，多次观察。一次、两次的观察可能会使观察结果具有偶然性和片面性，不能反映幼儿的真实发展情况。比如，教师的观察目标是了解某位幼儿的情绪调节能力，如果仅凭一次的观察就填写等级评定表可能会失之偏颇。因为导致幼儿消极情绪的原因有很多，如睡眠不足、过于疲劳或身体不舒服等。如果教师实施观察的时间段恰巧是幼儿身体不舒服的时候，那么幼儿在这一时间段内所表现出的情绪调节能力可能会比正常水平低。所以，多次观察可以使观察者更加全面深入地了解观察对象，增强观察结果的客观性和可靠性，从而有利于观察者做出更加准确的等级评定。

第三，提高观察者自身的专业性。观察者在对幼儿行为进行评定时，要尽量避免主观偏见，尽量做出客观、准确的评定。同时，观察者在评定时应当依据所观察到的幼儿的真实行为表现，而非观察者自身的联想与猜测，比如应该根据“我看到他这样，所以他是这样的”来判定，不应该根据“他父母这样，所以他应该是这样”或者“可能是这样的”来判定。

三、等级评定法的优缺点

了解了等级评定法的含义和具体使用方法之后，我们可以概括出它的一些优点。

（1）等级评定法的适用范围较为广泛。教师可以使用等级评定法对幼儿各个方面的行为表现进行观察记录和评价，包括在幼儿园一日生活的各个环节中所体现的幼儿认知、动作、语言、情绪、社会性等方面的发展状况。

（2）等级评定法的操作性较强，并且与行为检核表法相似，其得到的观察结果便于量化处理。等级评定法是由观察者根据观察目标，事先设计好对幼儿行为的一系列描述，在对幼儿的行为进行评估时，观察者只需要依据平日的观察，在相应的行为程度或频率等级上做简单的标记即可。与描述性观察相比，等级评定法有效减轻了观察者在记录时的工作量，并且容易被掌握。另外，由于是采用固定的等级进行记录，在后续分析时可以进行量化分析，这对观察者来说，操作更加方便。其中，对结果进行量化分析已在上一节行为检核表法中以案例形式进行了讲述，在此不再赘述。

（3）等级评定法可以帮助观察者发现幼儿的个别差异。观察者是在观察之后对观察对象的行为表现进行等级评定，在评定的过程中，观察者可以掌握观察对象的发展情况。特别是在对结果进行分析之后，观察者可以发现幼儿之间的差异，从而能够更好地根据每个幼儿不同的身心发展特征开展教育教学活动，调整教育策略。

同时，等级评定法的缺点也是无法忽视的。

（1）观察者的主观评定容易使评定结果与现实之间有所偏差。使用等级评定法时，观察者是根据观察结果对幼儿的行为表现进行主观判断，并且多是在观察之后根据回忆做出评定，有时容易把自己的联想和猜测作为评定的依据，因而评定结果极易受到观察者主观偏见的影响，可能不准确。此外，由于要避免出现过于极端的评定结果，在对幼儿的行为表现进行等级评价时，观察者容易出现评定等级趋于集中的倾向，即趋向于选择位于中间的不好也不坏的等级，这导致评定结果与幼儿的真实发展水平之间存在差异。

（2）等级评定法没有记录行为发生的具体内容。与行为检核表法相似，等级评定法只是对给出的行为描述进行等级评定，并没有把这个行为发生的具体情景、原因、经过和结果等细节描写出来，这可能导致观察者了解到的信息并不全面，使观察者难以进行深入的分析，也就难以推测幼儿出现某种行为表现背后深层次的原因。

（3）观察者在制定等级评定表时，往往会忽略对目标行为进行操作性定义。这就会导致在进行等级评价时，观察者往往只凭主观理解和感受对幼儿的目标行为进行等级划分，并没有明确界定哪种行为程度或者频率属于这一等级；当多位观察者对不同幼儿的同一行为进行观察时，可能会由于不同的观察者对等级的理解存在差异，导致评定效果受到影响。

第三节　频次记录法

一、频次记录法的含义

频次是指某一行为在一段时间内发生的次数，它表示的是行为发生的频率。频次记录法是指记录目标行为发生的频率和行为持续的时间的方法。

频次记录法是先将目标行为进行分类，然后根据行为分类系统和各种行为的操作性定义观察幼儿的目标行为，并在预先制定好的频次观察记录表上记录某项行为出现的次数。与等级评定法相似，频次记录法的封闭性较强，观察的原始资料基本无法保存。

二、频次记录法的运用

（一）确定并界定目标行为

频次记录法侧重记录行为发生的频率，所以适合观察持续时间较短的、可观察的外在行为，如幼儿的哭泣行为、吮吸手指或者课堂捣乱行为等。

在采用频次记录法进行观察记录时，观察者只需要简单地标记行为发生的次数，这就要求观察者在前期准备中对目标行为进行清晰的界定，防止在出现模棱两可的现象时难以做出判定。比如，观察者在使用频次记录法来记录幼儿哭泣的行为时，首先需要对哭泣的行为下操作性定义，如幼儿因痛苦和悲哀而流泪发声。这一操作性定义表明，哭泣包括两个要素，分别是情绪的参与和泪水的伴随。也就是说，哭泣是幼儿在经历了情绪体验后生理发生相应的变化，最终表现出流泪的外显行为，是情绪的表现和结果。所以，如果幼儿只是情绪暴躁地大声喊叫或是用力跺脚，但没有流泪，就不能算作哭泣；同样，如果幼儿只是因为遭遇灰尘入眼或洋葱等刺激性气味而引起流眼泪，并没有伴随痛苦或悲哀的情绪，观察者也不能将其算作哭泣。

（二）制作频次记录表

在确定了观察目标和界定了行为的操作性定义之后，观察者需要制作频次记录表。一般而言，当单一目标行为出现的频率较高时，观察者一次仅记录一种目标行为能够较为准确地统计频次。仍以幼儿的哭泣行为为例，这一行为在霖霖小朋友身上出现的频率比较高，老师为了了解霖霖哭泣的具体情况，就采用频次记录法进行观察记录，并设计了频次记录表（见表 7－15）。

表 7－15　哭泣行为频次记录表

幼儿姓名：霖霖　　性别：男　　年龄：3 岁 8 个月　　编号：7
观察目标：观察并记录霖霖哭泣行为的频次
观察时间：幼儿园一日生活的各个环节
观察地点：小班教室　　观察者：杨乐
哭泣的操作性定义：幼儿因痛苦和悲哀而流泪发声。

观察日期	观察开始时间	观察结束时间	次数划记	观察时长	频率（次/10min）

在设计频次记录表时，基本的观察资料不可或缺。从上表可以看出，观察记录表包括幼儿的姓名、性别、年龄、观察时间、观察地点、观察目标、观察者等背景信息，还包括观察日期、观察开始时间、观察结束时间、目标行为发生的次数等需要观察记录的具体信息。同时为了进行对比，观察者还可以加上行为发生频率一栏。此外，观察者还可以结合自身实际的观察需求补充一些记录内容，设备注栏。

哭泣行为频次记录表展示了单一行为的频次记录表。此外，频次记录表还可以同时记录多个观察对象的多种行为表现。如果各种行为发生的频次不是很高，同时观察者的素质较高、经验较丰富的话，就可以同时记录多种行为的发生频次，观察对象的范围也可以适当扩大，设计频次记录表时也要遵循上述要求。仍以第六章事件取样法中出现过的幼儿同伴互动为例（见表 7－16）。

表 7－16　同伴互动行为记录表

观察对象：中一班 10 名幼儿　　性别：5 男 5 女
观察目标：观察幼儿室内同伴互动主题、互动类型、互动方式和互动影响。
观察日期：××××年 12 月 15 日—19 日
观察地点：中一班室内

幼儿同伴互动，是指两个或多个幼儿之间所产生相互交流、应对的任何行为，此交互行为包含语言表达、情绪表情、行为动作等等，包括正向（如合作、分享）、中性（如质疑）、负向（如冲突）的交互行为。共包含互动主题、互动类型、互动方式、互动影响 4 个部分。

名称	编码	操作性定义
互动主题	维护规则（WHGZ）	同伴做出违反教师规定或游戏规则的行为时，幼儿及时提醒或制止同伴
	寻求帮助（XQBZ）	幼儿因一个人不能独立完成某个事情，向同伴发出求助的信号
	抚慰情绪（FWQX）	幼儿看到同伴处于悲伤、愤怒、难过等状态时，通过语言、动作或者表情给予同伴安慰
	索借物品（SJWP）	在活动过程中，幼儿向其他幼儿借用物品
	支配（ZP）	幼儿在与同伴的互动中，通过各种方式控制他人或控制资源的活动
	协商（XS）	互动双方通过观点的交流，共同商量，以便达成一致意见
	闲聊（XL）	幼儿间轻松随意地闲谈
	提议（TY）	把自己的想法提出来，希望对方能支持自己，做出符合自己意愿的行为
	纠错（JC）	当游戏中某个幼儿出现错误时，另一个幼儿指出其错误
	争抢（ZQ）	通过动作、语言等形式与对方因某个事物进行争夺
互动类型	一对一互动（HD）	互动时，被观察幼儿只与一名幼儿互动
	一对多互动（HDS）	互动时，被观察幼儿与多名幼儿互动
互动方式	语言互动（YY）	互动时以语言交流为主
	动作互动（DZ）	互动时以动作互动为主
	语言和动作兼有（YD）	互动时语言、动作兼有
	眼神互动（YS）	互动时没有语言或动作，但是有眼神交流
互动影响	积极影响（JY）	互动者由于互动学习到了新的知识或技能，在原有水平上获得进步；情绪愉快等
	无明显影响（WY）	互动结束没有明显的改变或影响
	消极影响（XY）	由于互动发生冲突或者情绪不良等负面影响

观察对象	观察时段	互动背景	互动主题	互动类型	互动方式	互动影响
1						
2						
3						
⋮						

在表格设计完成之后，观察者可以在正式观察记录前进行预观察，根据实际情况和观察者的记录习惯，对记录表的不足之处进行修改，同时提高观察者对频次记录表的熟悉

程度。

（三）进行正式观察

观察者在正式进行观察记录时，需要注意以下几个方面的内容：

首先，观察者在使用频次记录法进行观察记录时，可以采取多种记录方式，如画“正”字或打钩等。观察者可以根据观察记录表选择适宜的或自己习惯的方式进行记录。但无论使用哪种标记符号，观察者都应该保证符号的清晰性，且符号能够一目了然，避免后期统计分析时产生混淆。

其次，为了提高观察的准确性和科学性，观察者可以采用多人多次观察的方法。频次记录法记录的是幼儿行为发生的次数，在实际观察中，有时由于幼儿的动作出现得太快，观察者没能看清具体行为，或者观察者偶尔走神，导致记录失误。多人观察可以弥补这些不足，提高观察结果的准确性。而且，幼儿目标行为出现的频率可能会受到周围环境、身体状态等因素的影响，多次观察可以减少观察的偶然性，提高观察的科学性，并为后续分析提供更准确的资料。需要注意的是，多人多次记录同一目标行为时，需要提前协商统一观察记录的符号。

再次，观察者可以将频次记录法与其他观察方法结合起来，如持续时间记录法、时间取样法等。频次记录法只是记录行为发生的次数，记录的内容比较单一，如果和其他记录方法结合使用，可以丰富观察记录的内容。这就需要观察者在设计频次观察记录表时，为记录行为的具体发生过程留下足够的空间。

最后，观察者可以借助录像机等仪器设备进行辅助观察。比如，观察者想观察幼儿的攀爬行为，这一行为多发生在户外活动中，为了保证幼儿的安全，观察者可能无法一边观察记录，一边照看幼儿的安全。在这种情况下，观察者可以在开展活动之前，先打开录像机并调整好拍摄角度，将幼儿在观察时段内的活动都录下来，事后再通过反复观看录像，补充记录目标行为。

（四）整理分析记录结果

通过频次记录法的使用过程可知，这种方法所得到的观察资料量化程度较高，且记录时较为方便。但是当观察者要同时记录多个观察对象的多种行为表现时，使用频次记录法，可能过程会略微复杂。比如，以案例中幼儿的同伴互动行为为例，教师需要观察一个幼儿群体的互动主题、互动类型、互动方式和互动影响，内容较多，并且观察时间持续了5个工作日，所以教师需要在每天观察之后，在对观察情境有比较清晰印象的情况下，及时对记录的资料进行分类、整理和分析。对于需要解释的内容，观察者可以结合轶事记录法或实况详录法，对事件加以详细说明。在分析频次记录法所得的观察资料时，观察者需要采用清晰明了的方式，如文字报告式、柱状图式、饼状图式等呈现观察结果，必要时也可以将这几种方式结合起来。

分析

（1）幼儿同伴互动的场合。

幼儿室内同伴互动的场合分为区域活动、小组游戏和集体教学三大类。具体数据分析结果如图7-2所示。可以看出，幼儿同伴互动最多的场合为区域活动，占比高达45%；

其次为小组游戏，占比27%；集体教学频次最低，占比9%。由此可以看出，区域活动是幼儿同伴互动的主要场合；在集体教学活动中，幼儿同伴互动的机会较少。

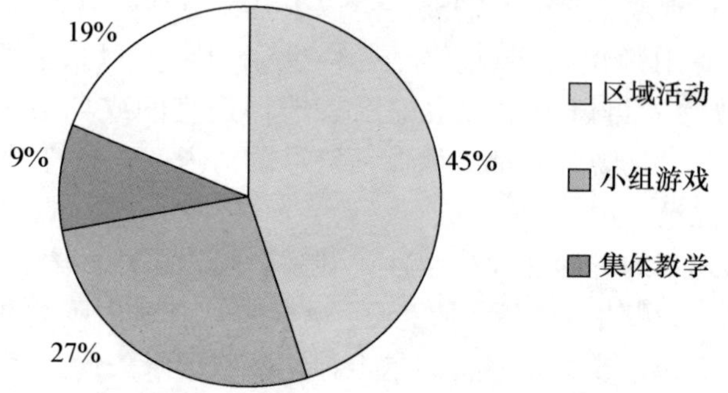

图7-2　幼儿同伴互动场合频次统计图

（2）幼儿同伴互动的主题。

幼儿同伴互动的主题体现在多方面，探究幼儿同伴互动主题的分布，其结果如图7-3所示。由图7-3可知，闲聊是幼儿同伴互动的主要主题，共54次；其次是支配主题，共37次；其他主题的频次相近。可见，幼儿同伴互动的主题以闲聊为主，这体现出幼儿天真活泼，喜欢和其他小朋友自由交流。另外，支配也是幼儿同伴互动的主要主题，幼儿的能力有限，许多事情需要他人的帮助才能完成，因此当自己有需要时，就会支配同伴辅助自己。

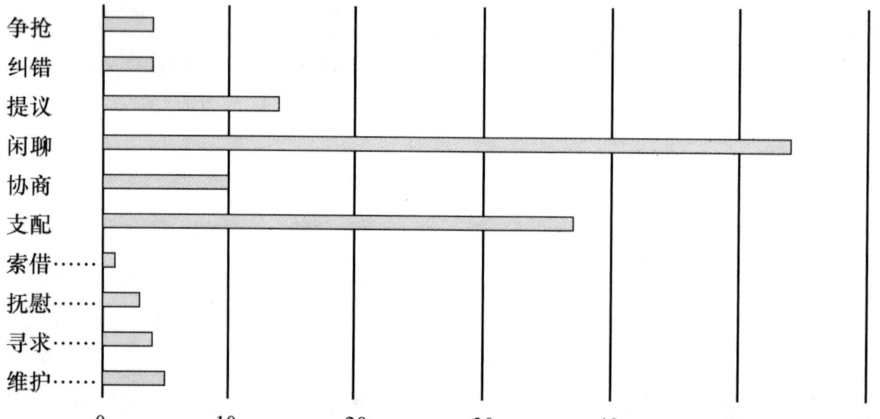

图7-3　幼儿同伴互动主题频次统计图

（3）幼儿同伴互动的类型。

幼儿同伴互动类型如图7-4所示，主要有一对一互动和一对多互动两种类型。其中，一对一互动的频次为97，一对多互动的频次为39。

（4）幼儿同伴互动的方式。

幼儿同伴互动的方式有多种，如图7-5所示。其中语言和动作兼有频次最多，共53次；语言互动次之，共41次。

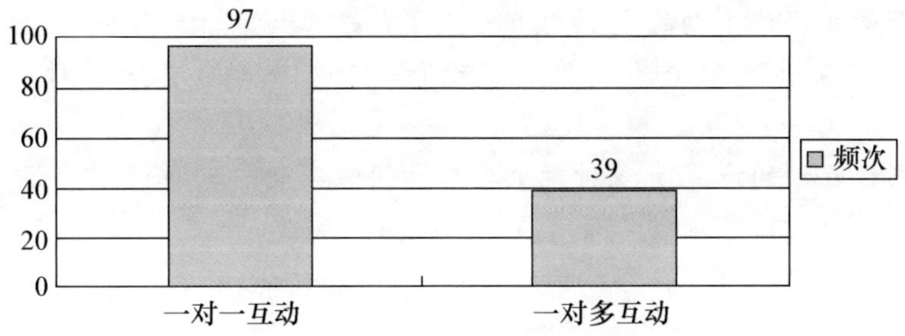

图 7－4　幼儿同伴互动类型统计图

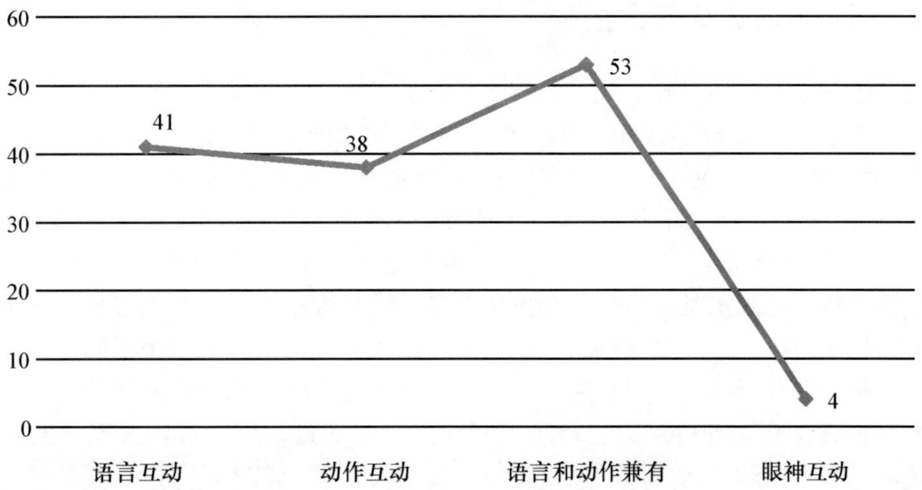

图 7－5　幼儿同伴互动方式频次统计图

(5) 幼儿同伴互动的影响。

幼儿同伴互动的影响，如图 7－6 所示。

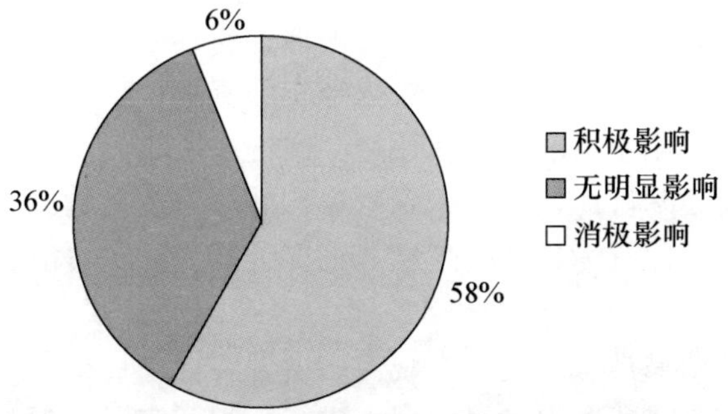

图 7－6　幼儿同伴互动的影响频次统计图

由图 7－6 可以看出，幼儿同伴互动对互动者产生的影响大多是积极的，通过互动，幼儿的冲突能够得到解决；通过模仿、商讨，幼儿的能力可以提高。消极影响所占比例最少，仅为 6%。

评价/结论

(1) 与其他场合相比，幼儿更多在区域活动中与同伴进行互动。

（2）闲聊是幼儿同伴互动的主要主题，其次是支配。

（3）幼儿同伴互动类型分为一对一互动和一对多互动，其中一对一互动发生比例较高。

（4）幼儿同伴互动的方式有多种，主要分为语言互动、动作互动、语言和动作兼有、眼神互动 4 种。其中，语言和动作兼有这一方式占比最多。

（5）同伴互动的影响以积极影响为主，产生消极影响的频率较低。

三、频次记录法的优缺点

通过上述介绍，我们对频次记录法有了清晰的了解，也就很容易发现它的一些优点。

（1）频次记录法比较容易操作。与其他评价观察法相同，频次记录法不需要对目标行为进行具体详细的描述。在使用频次记录法时，观察者只需要在观察记录表中做出标识来记录行为发生的次数即可，操作起来十分简单、方便。为了提高观察效率，观察者在运用频次观察记录表进行正式观察前，可以进行预观察，熟悉记录表的结构和记录方法、节奏。

（2）由于频次记录法是对目标行为发生的频次进行观察记录，所以容易获得量化的资料，观察结果也很容易进行量化分析。观察者可以根据自己的需要采用不同形式呈现数据分析结果，从而使分析结果一目了然，也可以据此迅速了解幼儿的行为状况。

（3）观察者在重复使用频次记录法观察幼儿行为的过程中，可以发现幼儿行为的变化。通过对比教育措施实施前后幼儿目标行为发生的频率，观察者可以发现幼儿的目标行为是否已经产生了变化，从而检查教育干预措施是否发挥了预想的效果。

不过，频次记录法也有其局限性。

（1）频次记录法无法记录行为发生的细节，这使得观察者能够得到的原始资料十分有限。由于没有对目标行为发生的具体原因、具体情境以及行为结果等资料进行详细记录，观察者无法对幼儿的行为表现进行深入分析。但通过与其他观察方法相结合的方式，可以在一定程度上丰富观察记录的细节，得到更为翔实的资料。

（2）观察记录的结果可能不准确。在使用频次记录法时，观察者往往一次只能记录一名目标幼儿的某一种高频率行为，观察记录效率偏低。一个人的精力是有限的，如果观察者需要观察多名幼儿的一种行为或是一名幼儿的多种行为时，可能会出现观察记录的结果不准确的问题。

（3）频次记录法的结果具有一定的主观性。由于要记录目标行为出现的次数，所以使用频次记录法时，观察者需要事先对目标行为进行分类和定义，但是幼儿的行为经常是突发性的或模糊性的，在观察中可能出现一些似是而非的行为，需要观察者自行判断，所以记录结果具有一定的主观性。

思考与练习

1. 评价观察法包括哪些方法？它们有哪些特性？分别适用于何种观察情景？

2. 行为检核表法和等级评定法有什么联系和区别?

3. 三种评价观察法分别有哪些优点和缺点？在实际运用中，如何避免方法本身的缺陷所造成的消极影响?

4. 王老师班上有一名爱哭闹的小朋友，她想用频次记录法结合一些别的方法来观察这名小朋友的哭闹行为，你觉得合适吗？如果合适的话，可以结合什么方法来观察呢？如果不合适的话，你有什么改进的建议呢?

阅读导航

1. 李晓巍，刘艳. 基于教师和家长评定的3～6岁幼儿发展特点研究［J］. 教育研究与实验，2015（1）.

2. 霍力岩，陈雅川，周彬. 美国学前儿童观察记录系统的评价内容、实施方法与借鉴意义［J］. 中国特殊教育，2015（1）.

3. 杨晓岚，李传江，郭力平. 国外大型儿童发展纵向研究评估工具的分析与启示［J］. 外国教育研究，2015（11）.

4. 张珊珊. 幼儿游戏行为的观察与记录［J］. 福建教育，2014（Z6）.

5. 丁海东. 区域活动现场中幼儿行为的观察与评价［J］. 教育导刊（下半月），2011（10）.

6. 陈铮，秦旭芳. 以观察聚焦幼儿发展：发展检核表在科学探究领域中的建构与应用［J］. 早期教育（教科研版），2014（7）.

7. 杨丽珠. 行为评价法：观察法（二）［J］. 山东教育，1999（18）.

8. 林莉. 科学有效的工具让教师的观察有抓手［J］. 学前教育，2016（11）.

第八章

将访谈与观察有机结合

本章导读

访谈是一种重要的幼儿行为研究的资料收集方式，具有观察法不具备的优势。将访谈与观察相结合，可以帮助我们更加深入地了解儿童行为及其背后的原因，为改善教育教学实践提供依据。

学习目标

1. 理解访谈的含义，了解不同类型的访谈以及对幼儿进行访谈的意义。
2. 在了解幼儿特殊性的基础上理解对幼儿进行访谈的特殊之处。
3. 掌握在研究和实践中如何将访谈与观察有机结合。

孔子周游列国时，曾连续几天没有吃饭。他的学生颜回出去弄回了一点米来煮给他吃。等到饭快要煮熟时，孔子看见颜回从锅里抓起一把饭吃了，他装作没看见。过了一会儿，饭煮熟了，颜回将饭端给孔子吃。孔子站起来说："今天我梦见了我死去的父亲，如果饭是干净的话，我就拿来祭奠他。"颜回说："不行，我刚才看见有烟灰掉进锅里，觉得扔掉可惜，于是就抓起来把它吃掉，这饭不是干净的。"孔子听了感叹说："我所相信的是眼睛，可是眼睛也不是完全可以信赖的；我所依靠的是心，可是心也不是完全可以依靠的。认识了解一个人真是不容易呀！"

尽管我们常说"耳听为虚，眼见为实"，但即便是我们亲眼所见的事情，其真实性也有待考证。如果孔子没有以"委婉"的方式向弟子询问此事，那么他很有可能根据自己看到的情境而误会弟子；如果颜回没有向孔子解释清楚，那么他很有可能成为老师心目中偷吃米饭的弟子。所以，即便是依照自己亲眼所见的事情做出的判断，也很有可能与事实有偏差，甚至完全相反，所以在观察的同时辅以访谈，可以让我们更加准确、客观地了解事情的全貌。

第一节　幼儿访谈概述

一、什么是访谈

（一）访谈的含义

“访谈”是一种研究性交谈，访谈法是研究者通过口头谈话的方式从被研究者那里收集（或者说“建构”）第一手资料的一种研究方法。由于社会科学研究涉及人的理念、意义建构和语言表达，因此“访谈”便成为社会科学研究中一种十分有用的研究方法①。

访谈主要是借助听觉器官向受访者提出开放式或封闭性的问题。访谈者不仅能够听到受访者的口头回答，还能够透过言语表达“看”到他们的内心世界，了解其所思所想及行为背后的原因。因此，相比于较为直观的观察法，访谈是另一种了解幼儿行为及背后原因的重要方式，是研究幼儿行为不可或缺的信息收集方法。

（二）访谈与日常谈话的区别

需要注意的是，研究领域的访谈同日常生活中的谈话存在一定的区别。前者是一种有特定目的和一定规则的研究性交谈，而后者是一种目的性比较弱（或者说目的主要是情感交流）、形式比较松散的谈话方式。除此之外，交谈双方的地位也不一样。访谈这一形式的自身特点，使得研究者有权控制双方交谈的方式，包括交谈的内容、谈话的风格以及信息的类型和容量②。也就是说，为研究而进行访谈时，信息的流动是单方向的③。因此，访谈通常来说不是一种轻松随便的“聊天”，双方的地位是不平等的，研究者一般处于主导地位。

对于幼儿园教师或家长而言，他们在日常生活中与儿童之间的对话能否看作“访谈”呢？目前大多数教材中并没有对访谈与谈话进行区分。例如，尼尔森所著的《一周又一周——儿童发展记录（第三版）》一书将对幼儿的访谈解释为对幼儿提问题、与幼儿谈话。结合上文中提到的访谈与日常谈话的区别，以及考虑到幼儿园日程安排及教师的工作情况，本书并没有严格按照“研究性访谈”的定义来区分与幼儿的谈话。衡量与幼儿谈话是否为访谈的主要依据是访谈者是否有目的地向幼儿了解信息、主导谈话的方向和内容。

二、访谈的分类

根据不同的分类标准，可以将访谈划分为多种类型。根据访谈的结构程度，可以将其分为结构性访谈、非结构性访谈和半结构性访谈；根据访谈对象的数量，可以将其分为个别访谈和集体访谈；根据访谈的接触方式，可以将其分为直接访谈和间接访谈。

---

① 陈向明．质的研究方法与社会科学研究［M］．北京：教育科学出版社，2000：165.

② ROSE K．Unstructured and semi－structured interviewing［J］．Nurse Res，2014，1（3）：23－32.

③ 杨延宁．应用语言学研究的质性研究方法［M］．北京：商务印书馆，2014：123.

（一）根据访谈的结构程度划分

按照提问和回答的结构特点，可以将访谈划分为以下 4 种类型：结构性访谈、非结构性访谈以及两种半结构性访谈。具体划分依据如表 8－1 所示。

表 8－1　根据访谈的结构程度划分的 4 种访谈类型

		提问的特点	
		有结构	无结构
回答的特点	有结构	结构性访谈	半结构性访谈（B）
	无结构	半结构性访谈（A）	非结构性访谈

1. 结构性访谈

结构性访谈也称为标准化访谈或封闭式访谈。访谈者按照事先设计好的访谈提纲依次向受访者提出问题并要求受访者进行回答。访谈者只需根据受访者的回答，在相应位置做好记录即可。这种访谈按照预先拟定的计划进行，选择访谈对象的标准和方法、所提的问题、提问的顺序以及记录方式等都已经标准化，常用于正式的、较大范围的调查。结构性访谈与问卷法较为相似。问卷法要求研究者将所要研究的内容设计成一系列的问题，通过现场发放问卷或邮寄的方式请填答者照式填答。因此，我们可以将结构性访谈理解为一种有声的调查问卷。

结构性访谈的优点包括实施程序规范、结果便于统计分析、易于将不同访谈对象的回答进行对照分析。但结构性访谈也存在一定的缺点，比如缺乏灵活性，不能根据访谈的具体情境变换问题、更改流程或调整提问方式，不利于获得问题以外的相关信息。

2. 非结构性访谈

非结构性访谈也称为非标准化访谈或开放式访谈。访谈者无须事先制定完整的访谈提纲，也不必按照规定的程序访谈，而是依照一个访谈主题或简略的访谈提纲与受访者交谈。非结构性访谈是一种具有弹性的访谈方式，其优点是相对自由和随意，能根据访谈者的需要灵活地转换话题，变换提问方式，追问重要线索，有利于拓宽和加深访谈的内容，了解原访谈计划中没有预料到的新情况或新问题；其缺点是访谈结果难以进行定量分析，该方法对访谈者的要求比较高。在《儿童同伴游戏中社会性别分化现象的质性研究》中，研究者对班级保教人员和幼儿进行了访谈。其中，对保教人员的非结构性访谈在午休间隙进行，保教人员在聊天中有可能透露自己内心的真实想法，从而有助于收集到最真实和有效的信息；对幼儿的随机访谈安排在幼儿活动中，视场合、时机、观察中发生的事件进行①。

3. 半结构性访谈

半结构性访谈也称为半开放式访谈，它介于结构性访谈和非结构性访谈之间，包括 A、B 两种类型。A 型访谈的问题是有结构的，但受访者的回答方式比较自由。访谈者会事先根据想要了解的内容来拟定访谈提纲，对访谈结构有一定的控制，但访谈问题一般为

① 李玲玉，林兰．儿童同伴游戏中社会性别分化现象的质性研究［J］．内蒙古师范大学学报（教育科学版），2021，34（4）：43-55.

开放式问题，没有既定答案，这给受访者留有很大的表达自己观点和意见的空间，且访谈者可以根据访谈的进程随时对事先拟定的访谈提纲进行调整。B型访谈的问题没有一定的结构，但要求受访者按有结构的方式进行回答。这种访谈形式相对少见。半结构性访谈兼有结构性访谈和非结构性访谈的优点，它既能避免结构性访谈难以深入的缺点，又能避免非结构性访谈费时费力的劣势。

蔡美艳在《小学儿童依恋关系质量的半结构化访谈研究》中对40位小学儿童进行了儿童依恋访谈。儿童依恋访谈是一种半结构式访谈，共包含19道题目，其中15个问题围绕依恋关系事件展开。如“这种事情经常发生吗?”“是吗?”“你还记得其他的事情吗？”“这个例子很好，你还能告诉我更多关于它的事情吗?”等。在访谈过程中，研究者通过适当的探索性问题，引出其他与依恋有关的问题或细节，帮助儿童更详尽地阐述①。

（二）根据访谈对象的数量划分

根据访谈对象的数量，可以将访谈划分为个别访谈和集体访谈。

1. 个别访谈

个别访谈是指访谈者对受访者逐一进行单独访谈。访谈者能够直接接触到受访者，因此可以有更多机会进行交流，这有利于受访者真实详尽地表达自己的看法，使得访谈内容更加深入。通过这种方式，访谈者可以获得较为真实可靠、丰富翔实的材料。个别访谈是结构性访谈中最为常见的一种形式。

2. 集体访谈

集体访谈也称为团体访谈，是指访谈者同时对多人进行访谈。在集体访谈中，群体成员针对访谈问题相互交流与互动。这种访谈方式可以集思广益，促使受访者之间互相探讨、互相启发，从而在短时间内收集到更为广泛和全面的信息（见图8-1）。

图8-1　集体访谈示例

（三）根据访谈的接触方式划分

根据访谈的接触方式，可以将访谈划分为直接访谈和间接访谈。

1. 直接访谈

直接访谈是指访谈者与受访者进行的面对面或视频交谈。直接访谈不仅可以听到受访

① 蔡美艳. 小学儿童依恋关系质量的半结构化访谈研究［D］. 哈尔滨：哈尔滨师范大学，2016.

者的回答，还可以看到对方的面部表情和肢体动作。直接访谈可以从整体上把握受访者的情绪、精神状态及各种非言语行为等，获取更为真实和准确的信息。

2. 间接访谈

间接访谈是指访谈者与受访者事先约好时间，通过电话、语言聊天等方式进行的访谈。间接访谈的优点是实施起来比较方便，缺点是在访谈中访谈者无法看到受访者的非言语行为，不利于对受访者的外显行为和内在心理状态进行整体把握。

三、幼儿访谈的常用方法

（一）非正式谈话

非正式谈话在幼儿的日常生活中十分普遍，它可以发生在幼儿游戏、阅读、三餐、午睡或者任何一日环节之间。通过非正式谈话这种较为自然的方式，观察者往往能够收集到幼儿更多的所思所想，从谈话中发现值得深入探究的问题。以下是一位教师与幼儿的非正式谈话：

早上，凡凡（小班）在美工区专注地画画（见图8－2）。当我第一眼看到他的画时，我的想法是：上半部分画得不错，下面乱七八糟的线条是怎么回事？是不想画了乱涂吗？当然，我没有直接说出我的想法，而是就心中的疑问询问凡凡原因。

我："凡凡，你画的是什么？"

凡凡："老师，这个是太阳，这是彩虹（大树上方的三条线），这是房子，很远很远的房子（作品的右上角），这个房子是不是很小啊？这是花、大树、小草（每一竖条），这是蜗牛（大树左边一圈一圈的图形），这是蝴蝶。"

我指着树干问道："这树上一圈一圈的是什么？"

凡凡："是树的花纹。"

"那这是什么？"我指着下半部分纵横交错的线条问道。

图8－2　幼儿绘画作品

凡凡："这是大海，这里有一个监控。"那个插在大海旁边的棍子似的物体原来是监控。

我："为什么把它（监控）画在这里呢？"

凡凡："因为如果有人掉进海里了，监控能看到！"①

从这段非正式谈话中我们可以看出，虽然凡凡还只是小班幼儿，但他不仅能掌握"近物大，远物小"的视觉规律，而且善于把它在图画中表现出来，这说明他的知觉能力发展良好。此外，凡凡对现实生活有着敏锐的观察力和强烈的好奇心，将生活中发现的监控仪

① 谢晶晶. 读懂你的世界［J］. 早期教育（教师版），2015（Z1）：44.

器放进了自己的图画中，再造想象能力强。

父母也可以通过与幼儿的非正式谈话，了解幼儿行为背后的原因。以下是妈妈艾米和儿子之间的非正式谈话：

一天，妈妈艾米接到了儿子幼儿园老师的电话，让她尽量抽空来幼儿园一趟。艾米跑去幼儿园，看到儿子独自坐在图书角，低着头一言不发。原来，儿子小立在自由活动时看到老师放在教案台上的手表，突发奇想用随身携带的磁铁把手表牢牢吸住了，结果导致老师的手表指针不灵了。当天上午，他还把班级喂养的小鱼偷偷捞了出来。艾米了解了事情的经过，回家后和儿子展开了一场对话。

妈妈："现在你可以告诉妈妈，为什么要用磁铁吸老师的手表呢？"

小立："我想看一下磁铁的威力。"

妈妈："为什么要把小鱼捞出来呢？"

小立："我想看看小鱼是不是真的离不开水。"

知道了小立这么做是因为好奇心使然后，妈妈又问："那当老师发现后，你是什么感觉呀？害怕了吗？"

小立："害怕，老师凶起来很吓人。"

妈妈："所以你就没有主动向老师承认错误，是吗？"

小立："我以为别人不会知道是我做的……我怕受惩罚。"

妈妈："妈妈理解你。其实妈妈像你这么大的时候也会犯错误，不过有的错误我们可以避免。如果你想研究磁铁的威力，事先可以问一下老师或者妈妈可以这么做吗？这么做的后果会怎样呢？我们可以分析给你听。"

小立若有所思地点点头。

妈妈继续说："如果我们真的犯了错，就应该勇敢承认错误，至少要道歉。就像今天你把老师的手表吸坏了，老师认为自己不被尊重，她会很伤心。我们是不是应该向她说明原因并承认错误呢？"

小立想了想，非常认真地点了点头①。

从上面的案例可以看出，妈妈艾米和儿子之间的非正式谈话发生在儿子闯祸之后，妈妈并没有急于惩罚孩子。通过对儿子提问"发生了什么"，从孩子的角度了解事情的经过，避免冤枉孩子；通过提问"感觉如何"，帮助孩子表达自己的情绪；最后通过提问"现在发生了这样的事情，我们有什么办法呢"，帮助孩子认识到要主动解决问题。

（二）临床访谈法

临床访谈法由皮亚杰首创，是指通过与受访者进行交谈来获取相关信息的一种访谈方法。临床访谈法能够将访谈、观察和实验相结合，观察者可以通过临床访谈法获取幼儿的真实想法，并进一步分析幼儿的行为表现、思维特点以及背后的原因。下面是研究者运用皮亚杰的数量守恒进行实验的例子，通过这个案例可以了解中班幼儿的思维特点。

数量守恒实验由两堆完全相同的扣子组成。实验开始前，两堆扣子被排成间隔相

① 嘉瑶．孩子闯祸之后［J］．父母必读，2015（3）：98-101.

同的两排，研究者让幼儿判断两排扣子是否一样多；随后改变其中一排扣子之间的间隔，让幼儿再次判断两排扣子是否一样多。

研究者：“小朋友，我们现在来做个游戏好不好？你看，我这里有两排扣子，请问这两排扣子一样多吗？”

幼儿对两排扣子进行点数后回答：“一样多。”

研究者将下排扣子之间的间隔加大：“你看现在它们还是一样多吗？”

幼儿：“不一样。下面这个多。”

研究者：“为什么下面的多？”

幼儿：“因为这个更长。”

研究者将下排的扣子摆回与上排相同的间隔，问：“那现在呢？”

幼儿：“现在是一样多了。”

研究者将下排的扣子之间的间隔缩小：“那我再变。这次呢？”

幼儿：“又不一样了。下面的变少了。”

研究者：“你刚刚告诉我它们的数量一样多啊！”

幼儿：“这排扣子变短了就不一样了。”

从上面的访谈记录可以看到，幼儿看到扣子摆放的长度变了，便认为数量也发生了变化，这说明该幼儿尚未形成数量守恒的意识。皮亚杰将谈话、观察和实验有机结合形成了临床访谈法。关于这一方法将在本章第三节详细介绍。

四、幼儿访谈的意义

（一）避免行为观察单一视角的不足

观察法主要是从观察者的视角去观察和分析幼儿的行为，从成人的视角推测幼儿行为的动机，易有主观臆断之嫌。此外，幼儿的思维方式和成人有很大差别，对于无法直接观察到的幼儿行为背后的意识与动机，观察者可以通过对幼儿进行访谈，从幼儿的视角了解其行为背后的原因。观察者的所见以及与幼儿交谈后的所闻共同构成了真实可靠的事实资料，而且幼儿在访谈中的回答可能会出乎观察者的意料。

在某个亲子节目中，几对父子选好房间后纷纷入住。儿子一进到屋里就将桌上的饮料一股脑儿地全塞在包里，父亲看到这个情景非常不解，他认为家庭环境还算优越的儿子并不缺吃少喝，儿子的这种表现不仅显得很自私，而且让他觉得很丢脸，于是他一怒之下教训了儿子一顿。等到事后冷静下来，父亲询问儿子这样做的原因，才知道原来儿子是怕其他小伙伴没有饮料喝，所以想装进书包和小伙伴们一起分享。知道真相的父亲感到非常惭愧，也反思了自己的冲动行为。

（二）通过纵向比较发现幼儿的进步

通过对谈话内容的记录和纵向比较，可以发现幼儿的成长和进步。学前阶段是幼儿身心快速发展的时期，教师与父母可以利用各种方式捕捉幼儿成长的片段，将谈话内容记录下来是一种很好的方式。下面的案例是欢欢妈妈记录的欢欢在不同年龄阶段对“死亡”与

“衰老”问题的认识，通过访谈实录我们可以发现欢欢在认知上的发展和进步。

欢欢 4 岁时的访谈实录

欢欢：“爷爷和妈妈都是大人，大人都会变老的，对吗?”

妈妈：“那你看外面的柳树会变老吗?”

欢欢：“小柳树不会变老，大柳树会。”

妈妈：“那家里的狗狗们呢?”

欢欢：“小狗不会，大狗会老。”

欢欢 5 岁时的访谈实录

欢欢：“妈妈，我在长大，我现在 5 岁了，我会长到你这个年纪对吗？等我越长越大，我也会像爷爷那样对吗？我也会变老，我们每一个人都会变老。”

妈妈：“那树呢?”

欢欢：“树也会老吧，你看咱们家门前的那棵柳树叶子都快掉光了。”

分析

欢欢 4 岁时还并不知道原来每一个人都要面对老去的事实。她认为小孩不会老，小树不会老，小狗不会老。可见，她当时对衰老的认识还不具有普遍性。但是，一年后她便发展出了对衰老普遍性的认识，这让我看到了她在生命认知上的成长，并为她感到高兴。

（三）通过访谈提问促进幼儿思维能力的提高

有效的提问和追问不仅可以了解幼儿行为背后的原因，还可以激发幼儿的思考，提高其思维能力。高水平的观察者在与幼儿互动中会更多使用有效的提问。以下是两位幼儿园教师与幼儿之间的对话，比较一下有哪些区别?

访谈实录 1

教师：“哇，你画的这个房子好漂亮哦!”

幼儿：“这不是房子。”

教师：“这怎么不是房子呢？你看，这是房顶，这是门。你看三角形的屋顶是不是跟你平时见到的一样，四四方方的四面墙是不是围起来成了一个房子?”

幼儿：“嗯……”

访谈实录 2

教师：“你能告诉我你画的是什么吗?”

幼儿：“我画的老鼠和猫。”

教师：“哦，老师不懂为什么老鼠画的那么大，而猫那么小呢?”

幼儿：“因为大老鼠会把猫吃掉，大老鼠那么大，小猫那么小，老鼠吃猫，哈哈，啊呜啊呜!”幼儿张开手，比画着猫和老鼠的大小，并发出吃东西的声音。

教师：“老鼠怎么会把猫吃掉呢?”

幼儿：“因为在动画片《猫和老鼠》中，Jerry 特别聪明!”

通过对比可以发现，访谈实录1中的教师与幼儿的交流是单向的，并没有考虑幼儿画的到底是不是房子就直接下结论，从而阻碍了双方进一步对话，使得幼儿没有自由想象和思考的空间；访谈实录2中的教师则以开放式的问句提问，引导幼儿说出自己内心的真实想法，了解到幼儿画老鼠吃猫可能是因为他喜欢动画片《猫和老鼠》中的老鼠Jerry，这样的有效提问不但可以了解幼儿行为背后的原因，同时也是启发幼儿思维能力的催化剂。

第二节　对幼儿进行访谈

一、对幼儿进行访谈的特殊性

对幼儿进行访谈的特殊性主要体现在受访对象上。幼儿由于处在身心发展的初级阶段，其思维、言语、注意力等方面发展尚不完善，常常难以很好地理解并回答访谈者的提问，表达欠清晰，有时给出的答案出人意料。因此，对幼儿进行访谈之前需要充分了解幼儿心理发展的特点。

（一）幼儿思维的特殊性

对幼儿进行访谈的首要前提是幼儿能理解访谈者的问题，这就要求幼儿的思维发展达到一定水平。幼儿的思维随年龄的发展呈现出不同的特点，0～3岁的婴幼儿处于直觉行动思维阶段，3～7岁的幼儿处于具体形象思维阶段。进入幼儿园后，幼儿的思维主要依赖事物的具体形象或表象。在思考问题时，幼儿总是借助于具体事物或具体事物的表象，不容易掌握抽象的概念。这提示我们，在对幼儿进行访谈时，提问应尽量具体形象，如有些问题比较抽象，可以用图片辅助进行。比如，问幼儿的心情时，可以一边提问，同时指着图8－3中所对应的表情图片，以便幼儿能够清楚理解问题并据实回答。

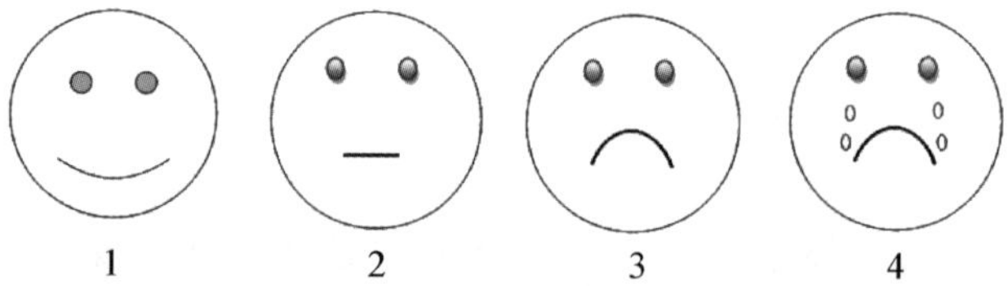

图8－3　表情图片

处于具体形象思维阶段的幼儿，其思维还具有自我中心的特点，只能从自身的角度理解事物，难以从他人的视角去看待事件。比如，下面案例中的儿子在与爸爸对话时，让爸爸再生一个女孩当自己的姐姐，却没有考虑到自己的年龄也会增大，这也是幼儿自我中心思维的一个典型表现。

儿子问爸爸能不能再生一个女孩，爸爸却反问他说："再生个女孩，那你呢？"儿子认真地说："那我就是弟弟，她慢慢地长大，她就变成姐姐了，你怎么不给我生一个？"爸爸笑着说："我给你生了也不是姐姐呀！你不担心爸爸妈妈爱姐姐不爱你了吗？"儿子回答："我猜你肯定喜欢我的。"

（二）幼儿言语表达的特殊性

幼儿从1岁开始进入正式学习语言的阶段，在3岁左右能熟练掌握本民族的语言，但在语音、词汇、语法及语言表达能力等方面都不成熟，具体体现在以下几个方面。

1. 掌握本民族的全部语音，但有口吃、发音不准确等现象

随着生理上的成熟以及言语知觉的发展，幼儿的语音能力也得到迅速发展，特别是在3～4岁期间发展尤为迅速。但在实际发出语音时，幼儿对有些音往往发不准确或出现言语重复，口吃在4岁左右的幼儿中也经常发生。

2. 词汇量增加，词义逐渐丰富，但相比于成人仍十分有限

幼儿期是个体一生中词汇量增长最快的时期，所掌握的词类范围也日益扩大，不仅能掌握许多和自身经验相关的具体词，也能掌握不少抽象词。随着生活经验的丰富、思维的发展，幼儿对词义的理解也更趋向于丰富和深刻。但与成人相比，显然是十分有限的。对于一些相对复杂、抽象的词语，幼儿并不能完全掌握，甚至可能出现因理解偏差而误用的情况。

上午伊一跑过来跟小芬老师告状，说豆豆说谎，老师仔细询问后才知道，原来豆豆说伊一是“傻子”。下午户外活动结束后，小安气冲冲地跑到小芬老师跟前说涵涵说谎，给他指错了路，害得他绕了半天找不到老师。老师询问缘由才明白，原来涵涵自己也不确定老师在哪儿。因此，伊一和小安都没有准确理解“说谎”一词的含义，一个将同伴骂人的话当成了谎话，另一个则是将别人无意的错误当成了谎话。

3. 语言表达具有情境性

幼儿在叙述时不连贯、不完整，并伴有各种手势和表情。幼儿初期往往想到什么说什么，缺乏条理性、连贯性。访谈者需要结合当时的情境，对手势和表情进行观察，边听边猜才能弄懂幼儿想表达的意思。

小明听到老师要变魔术，非常好奇地问老师：“你可不可以弄这个东西没有，只是弄到一个了？”一边说还一边从左往右地比画。看到老师并没有明白自己的意思，他又一边比画一边问：“你可不可以弄到这些都没有了，只是有一个？”虽然老师提醒他稍等一下，小明仍旧坚持问了一次：“你会不会变这个都已经没有了？”其实他想表达的意思是希望老师把所有的东西变成只剩下一个，但是由于平时说英语和粤语较多，普通话并不熟练，因此重复了3遍问题才被老师听懂。

4. 常伴有出声的自言自语现象

出声的自言自语是幼儿内部言语的过渡形式。内部言语是言语的高级形式，它不是用来进行人际交流的言语。幼儿时期的内部言语在发生发展过程中常出现一种介乎外部言语和内部言语的过渡形式，即出声的自言自语。在访谈中，可能出现幼儿自言自语的现象，这或许会让访谈者觉得无法接话，但这其实是幼儿将自己的思考全部用出声的语言表达了出来。

一天老师问洋洋：“洋洋，你有弟弟妹妹吗？”洋洋回答没有。随后老师问她：“那你想要弟弟妹妹吗？”洋洋摇着头说：“如果我有了妹妹该怎么办啊？她会和我抢玩具，我要带她去买好吃的，我还会和她一起给洋娃娃穿衣服。哈哈，她不听话我就

教训她……”可以看出洋洋并没有跟着老师的节奏进行对话，而是由“那你想要弟弟妹妹吗”这个问题开始思考自己要是有了妹妹该怎么办，并将自己的所思所想全部用语言表达了出来，这就是幼儿在访谈中出现的自言自语现象。

（三）幼儿注意力的特殊性

1. 幼儿的无意注意占优势，有意注意逐渐发展

3～6岁幼儿注意力的发展特点是无意注意占优势，刺激强烈、对比鲜明、新颖的事物以及与幼儿的兴趣或需要有密切关系的事物特别容易引起幼儿的无意注意。在对幼儿进行访谈的过程中，幼儿极易被周围无关的事物吸引，从而影响访谈的顺利进行。随着年龄的增长，幼儿的有意注意逐步发展，幼儿也逐渐学习了一些增强注意力的方法，这会有助于访谈的顺利开展。

2. 注意的稳定性差

注意的稳定性是指注意力在同一活动范围内持续时间的长短。持续的时间越长，注意的稳定性就越高。注意的稳定性对幼儿活动的完成具有重要意义。实验证明，3岁幼儿能够集中注意3～5分钟，4岁幼儿在10分钟左右，5～6岁幼儿能保持注意20分钟左右。

因此，在对幼儿进行访谈时要根据其注意力的特征安排访谈地点和访谈时长。应在安静、较为封闭的空间中对幼儿进行访谈，防止无关刺激干扰幼儿的注意力；访谈时长应尽量缩短，以防止幼儿注意力的分散和转移。

二、如何对幼儿进行访谈

幼儿心理发展的特殊性决定了对幼儿进行访谈的特殊性。从访谈前的准备到访谈实施，最后到访谈结束，都需要根据幼儿心理发展的特点进行设计和调整，以便尽可能获得可靠的访谈资料。

（一）访谈前的准备工作

1. 确定访谈主题

确定访谈主题是访谈前的首要工作，访谈主题的确定影响着访谈的整个过程，访谈前的准备、访谈的实施以及访谈结果的应用都应当围绕这一主题进行。一个好的访谈主题应当具有访谈的价值，同时也要考虑受访者的年龄特点和个人经历。通常来说，结构性访谈和半结构性访谈都要事先确定主题，但是幼儿园教师或家长往往会在生活中偶然观察到幼儿的行为并进行对话，类似这种非正式谈话通常无法事前确定主题。

2. 制订访谈计划

制订访谈计划包括确定访谈对象、设计访谈提纲、确定访谈时间和选择访谈地点。

（1）确定访谈对象。

根据研究问题确定访谈对象的年龄阶段，随机选择幼儿进行访谈。

（2）设计访谈提纲。

确定了想要探究的问题后，就要开始确定访谈主题，设计具体的访谈提纲。访谈提纲中的问题，应该按照一定的逻辑顺序排列以使访谈逐步深入。另外，进行正式访谈之前，需进行预访谈，以检验设计的问题是否会造成幼儿的误解，并进一步明确所要探究的问题。

（3）确定访谈时间。

访谈时间的适宜性会直接影响访谈的质量。如果选在上午幼儿活动水平高、思维活跃的时间，那么访谈收集到的信息则更加丰富；如果选在下午幼儿活动水平低、疲劳或者困倦的时间，不仅访谈获得的信息较少，也很有可能因为幼儿情绪状态不高或配合度低而使访谈难以实施。

（4）选择访谈地点。

由于3～6岁幼儿的注意以无意注意为主，且稳定性差，所以访谈地点应尽量选择在安静、简洁、干扰少的环境中。同时尽可能选择在幼儿熟悉的环境中进行，如幼儿园的教室、家里的书房等，这样不仅可以避免新鲜刺激物吸引幼儿的注意力，也可以避免幼儿进入陌生环境后产生紧张感，从而帮助幼儿快速适应访谈情境。

3. 进行访谈前的理论准备

访谈前的理论准备主要是了解幼儿的身心发展特点。除了思维、语言、注意力等认知方面，幼儿在个性、社会性、情感情绪等方面都有这个年龄阶段独特的特点，在进行访谈时要根据幼儿的年龄特点设计访谈提纲，把握访谈过程，分析访谈结果，确保访谈资料的有效性。

4. 进行访谈前的物质准备

访谈前的物质准备主要包括用来记录的纸笔等书写工具，在受访者允许的情况下还可以使用录音或者录像设备，从而确保记录的访谈信息全面准确。除此之外，一些特殊的访谈可能会用到玩具、图片、贴画等辅助性材料，这些也应当在访谈之前准备好。

5. 进行访谈前的经验准备

（1）初步了解受访者。

访谈开始之前，访谈者需要初步了解受访者日常生活的背景资料，包括受访者的生活环境和家庭情况。通过对预先了解的日常生活进行提问，访谈者可以掌握一些双方得以交流的谈资，从而使访谈更融洽地进行。

（2）充分了解访谈提纲。

访谈者要充分了解访谈提纲，知晓访谈是否有时间限制，从而对各个问题规划适当的时长，掌握每个问题访问时间的长短。另外，还要明确每个访谈题目是在挖掘深度还是在扩展广度，哪些问题比较重要，以便从最重要或最容易了解的问题入手，挖掘想要了解的信息。在对幼儿进行访谈前，还应将问题梳理一遍，确定问题是否易于幼儿理解，避免因表意不明而导致幼儿回答混乱。

（二）访谈中的注意事项

1. 营造轻松、友好的气氛

营造轻松、友好的气氛可以使受访者感到轻松舒适、无拘无束，以便其在访谈的过程中能够畅所欲言。因此，访谈者要尽量做到态度亲和，让幼儿感到舒适放松，并与之建立起初步的友好关系，从而使其乐于回答问题。对胆小内向的幼儿应适当给予鼓励。

2. 借助故事或道具等引入问题

为了便于幼儿理解问题、引起幼儿回答问题的兴趣，访谈者常常会选择以讲故事的方式帮助幼儿进入问题情境。例如，一位教师想了解幼儿对于情绪可控性的认知，即情绪是否可以掩藏、情绪是否可以调节两个方面，她设计了两个小故事引入问题。

情绪掩藏故事

牛牛有很多玻璃弹珠，他笑话航航一颗玻璃弹珠也没有。航航的脸上看起来在微笑，他不想让牛牛知道自己心里真正的感觉。那么，航航心里真正的感觉是什么呢？他是觉得高兴、生气还是没有感觉？

情绪调节故事

航航有一只兔子，他现在在看兔子的照片，他觉得很难过，因为他的兔子被狐狸吃掉了。那么，航航要怎么做才能觉得不难过呢？他应该把两只眼睛遮起来，到外面做点别的事情，还是做什么都不管用？

情绪掩藏故事中航航没有改变自己的情绪体验，而是将情绪隐藏起来，以适应周围环境的需要。情绪调节故事中，航航寻求各种策略来改变自己情绪的内在体验。什么是情绪体验，什么是情绪调节，幼儿对情绪可控性的认知程度如何？如果不借助故事的形式，这样的抽象概念幼儿无法理解，访谈者也难以获得满意的结果，但是这两个故事可以有效帮助幼儿更具体地理解和回答问题，这两个故事是符合幼儿的思维特征的。

除了利用故事，访谈者还可以借助图片、玩具和实物等道具将问题形象化、可视化，以引起幼儿回答问题的兴趣。例如，如果想要了解亲子关系，访谈者可以用玩具摆出家的样子，用玩具娃娃代表家庭成员，然后问幼儿在有需要的时候向谁寻求帮助。通过这种方式，访谈者可以在自然的情境中轻松地了解幼儿家庭的亲子关系状况。

3. 提出简单、明确、无歧义的问题

尽管访谈者在访谈以前已经充分考虑幼儿对于问题的理解程度以及可能的回答情况，但仍需注意问题应简单易懂，避免提出有歧义的问题。比如“你来自哪里？”这个问题有些表意不明，受访者可能理解为“你来自哪个城市”、“你来自哪个小区”或“你来自哪所幼儿园”等。访谈时应尽量保证语言简单、明确、无歧义，避免使用过于复杂、抽象、容易产生歧义的词汇。以下访谈记录就是一个较为失败的访谈记录，我们可以进行分析。

幼儿园教师双语教育教学能力访谈记录①

访谈对象：李依明　　所在班级：大三班

访谈时间：××××年 6 月 15 日　　访谈地点：园长办公室

访谈者：“你叫什么名字？”

幼儿：“李依明。”

访谈者：“你今年几岁了？”

幼儿：“5 岁。”

① 肖全民，刘揖建. 学前教育原理案例教程［M］. 杭州：浙江大学出版社，2014：112.

访谈者："你听说过双语教育吗？"

幼儿："听说过。"

访谈者："你的老师是怎样创设双语教育环境的？"

幼儿："老师很喜欢画画，我也喜欢画画。"

访谈者："你的老师在双语教育中怎么教你们的呢？"

幼儿："吴老师教我们英语。"

分析

上面这段访谈的目的是通过对幼儿的访谈间接了解某幼儿园教师的双语教育教学能力。在实际访谈的过程中，幼儿除了能准确回答前两个问题外，对随后几个问题的回答皆文不对题。这主要是由于研究者向幼儿所提的问题难度太大且过于抽象造成的。因此，对幼儿的提问要适合幼儿的年龄特点。

此外，访谈应尽量选择在幼儿熟悉的自然生活或教育教学环境中较为安静的一角进行。此案例中访谈的地点在园长办公室，这样一个对于幼儿而言较为陌生的环境会导致幼儿内心紧张，无法说出更多的信息。

访谈者提问时应尽量保持问题的连续性，层层深入，兼顾问题之间的逻辑关系，不能忽左忽右，使受访者无从答起。此外，还要注意提问的语速，提问时语速不宜过快，说话速度过快容易让受访者感受到访谈者急躁的心情，甚至会感到访谈者是在用审问的语气对待他（她），不利于营造轻松友好的氛围。

4. 耐心倾听幼儿的回答

一般来说，访谈适用于已经掌握本民族语言的幼儿，但幼儿在语音、词汇量、语法的掌握上并不成熟。例如，受生理成熟程度或方言环境的影响，有些幼儿平翘舌不分，吐字不够清晰，需要访谈者耐心倾听幼儿的回答，如有必要可以通过复述来确认。此外，由于幼儿具有自我中心的特点，常常从自己的角度回答，访谈者往往无法理解，这也需要访谈者适当追问。

嘉嘉："老师，他刚刚把植物区的小白菜拔了。"

老师："什么？"

嘉嘉带着老师来到植物区，指着被拔出来的小白菜说："你看。"

老师："嘉嘉，这是谁干的？"

嘉嘉："不是我。"

老师（笑）："我知道不是你，可是这是怎么回事呢？"

嘉嘉："我给小白菜浇水的时候他过来把白菜拔了。"

老师："是谁做的呢？"

嘉嘉指着在图书角阅读的明明说道："他在那儿。"

老师："哦，是明明做的，那你为什么一开始不告诉我呢？"

嘉嘉："我说了啊！"

老师和嘉嘉的谈话让我们觉得很奇怪，事实上嘉嘉看到明明拔掉了小白菜，他认为老师知道他说的是明明，因此一开始就用“他”来指代明明，以为自己一直在说明明，这实际上是他认知上自我中心的体现。

5. 注意幼儿的肢体动作和表情神态

肢体动作是反映心理真实想法的一种非语言形式。在访谈过程中，访谈者应该关注幼儿的肢体动作和表情神态。对成人进行访谈时，可以通过观察受访者身体的微妙变化（比如手和脚的位置、形态）了解言语背后隐含的线索。幼儿的言语表达具有情境性，他们在回答问题时往往会带有各种手势、表情和动作，即便是两岁以前的婴幼儿，在不太会说话的情况下（尤其在刚学会说话前），相互之间也能进行一定程度的交流，只不过使用的是成人难以解读的肢体语言。因此，在访谈过程中，访谈者不仅要耐心倾听，还需要认真观察幼儿的非言语行为，并结合两者做出客观的判断。

6. 记录访谈内容

记录的方式主要包括现场记录和事后记录。现场记录要从容书写，注意只记重点，不能贪多，可以在访谈后尽快进行全面整理。当然，在幼儿及家长同意的情况下，可以对访谈进行录音。

如果不允许录音或者现场记录难以实施，则需要采用事后记录的方法。事后记录的信息准确性有所降低，出错的可能性也较大，因此需要在访谈后尽快记录，避免时间过长造成遗忘。

7. 注意随机应变

访谈者不一定要完全按照提纲进行访谈，但是要做到熟悉访谈内容、对访谈问题心中有数，能根据实际情况适当调整访谈的问题。

（1）灵活调整问题顺序。访谈问题的设置具有灵活性，访谈者要灵活地与幼儿互动，不必拘泥于访谈提纲，可以根据幼儿的回答调整问题顺序，在必要时也可以舍弃部分问题。

（2）访谈过程中的提问要适度。有些开放性问题需要适时进行追问，进一步挖掘幼儿答案的隐含意义；对一个问题进行彻底的讨论后再转而讨论下一个问题，并用关键词进行阶段性总结，不要等谈论下一个话题时再返回追问。当幼儿不理解问题的时候，不要用访谈者自己的观点去解释问题，这时访谈者需要重复问题，直到幼儿自己理解问题，并给出明确有价值的答案。

（3）把握访谈方向，防止偏题。访谈者需要把握谈话的主题，尽量确保幼儿陈述的内容对调查研究有用。如果幼儿的回答已经严重偏离主题，访谈者应选择一个合适的机会将主题拉回，在这个过程中应注意考虑幼儿的感受，切忌过分生硬。

（4）根据回答情况适时结束访谈。幼儿注意的稳定性差，持续时间短，访谈者需要控制好访谈时间，不能过长。在访谈过程中，访谈者应时刻注意幼儿的状态，给其适当的休息和游戏时间，避免长时间的访谈给幼儿的回答带来影响。如果幼儿想要离开、面露疲态或不愿意继续接受访谈时，访谈者应适时结束访谈。

（三）访谈后的资料分析

1. 整理访谈资料

在整理访谈资料之前，访谈者首先应对每一份资料的基本信息进行编码，包括受访者的基本情况（姓名、性别、班级、家庭情况等）、访谈的时间、访谈的地点、当时的情境以及资料的排列序号等。这样做不但可以清楚了解受访者的情况，也可以方便访谈者在大量访谈记录中更快速地找到所需资料。

访谈资料的整理要及时。如果过一段时间后再根据记忆整理，则会因为遗忘而导致误差的产生。另外，访谈者往往会借助录音笔等设备进行记录，在将录音整理为书面文字时，应尽可能做到逐字录入。转录工作虽然费时费力，但在转录的过程中，访谈者可以重新回顾访谈过程，从而更好地理解访谈内容。

2. 分析访谈资料

访谈者得到资料后，需要进行反复归纳与分析，同时与观察到的幼儿行为相对比，深入分析幼儿行为的实质及背后的原因。

分析访谈资料时应秉持真实性原则和客观性原则，不应该为了实现研究目的而有选择地忽略或者删除部分不符合期待的资料，也不应该在分析时加入研究者的主观偏好。

3. 将访谈结果与教学实践相结合

将访谈结果应用于教学实践才能更好地发挥访谈的作用，从而达到改进教育教学实践的目的。例如，本章第三节案例中的王老师通过对幼儿抗挫折行为的观察以及对家长的访谈，了解了幼儿抗挫折能力的发展情况，并以此为依据开展了一系列活动，帮助幼儿提高了抗挫折能力。

三、对幼儿进行访谈的优缺点

访谈法的主要优点是灵活简便，同时能保证所收集到的资料具有较高的可靠性。在幼儿行为观察与分析中，访谈法具有以下优点：

首先，访谈法是口头进行的，适用于一切具有口头表达能力和正常判断力（无论文化程度如何）的访谈对象①。正因为访谈法对受访对象的文化程度要求较低，因此对于幼儿而言也较为适合。

其次，访谈法的实施程序灵活，可以根据访谈对象和访谈过程的具体情况有针对性地开展资料收集工作。使用访谈法不仅可以收集幼儿行为表现的相关信息，也可以收集家长和老师对幼儿行为的态度和意见；不仅可以收集当下的资料，也可以收集过去的资料。因此，相比于其他幼儿行为研究方法，访谈法可以获得更加丰富、深层的资料。

最后，访谈法有助于了解幼儿的真实想法，因为幼儿一般情况下不会隐瞒自己的观点，这可以有效保证研究者所获得数据的真实性②。尽管幼儿可能在表达自己想法时存在一定的困难，表达的准确性也受其言语、思维发展情况的限制，但只要根据幼儿的特征灵活实施访谈，便可以获得来自幼儿较为真实可靠的信息。

任何事物都具有两面性，访谈法的优点也带来了一定的限制。

第一，非正式谈话没有严格的程序，缺乏系统性。不同访谈中的提问顺序以及不同时

① 韦小满. 特殊儿童心理评估［M］. 北京：华夏出版社，2006：21.

② 刘万伦. 学前儿童发展心理学［M］. 上海：复旦大学出版社，2014：22.

间、不同研究者对同一问题的描述各不相同，这也导致访谈所获得的信息较为杂乱，因此要重复一次非正式谈话极其困难。

第二，访谈结果的真实性难以保证。在对幼儿进行访谈时，访谈的时间、访谈的地点、受访者的情绪状态、访谈者的沟通技巧、访谈者表情神态、提问的暗示性等因素都可能影响幼儿的回答，从而影响访谈资料的真实性和准确性。此外，由于访谈者可能带有某种预期，因此访谈者可能有选择性地记录受访者的回答。

第三，有些敏感的问题不宜进行访谈。如果受访者对某些问题比较敏感，那么研究者可能难以获得真实的答案。这种情况在家长访谈中可能会遇到。例如，特殊儿童的家长不想让孩子被安置在特殊学校里，他（她）可能对孩子在普通学校里出现的问题避而不谈。即便是对幼儿进行访谈，也可能出现类似的情况。比如，在对幼儿进行同伴提名测验时，即便是一对一施测，有些幼儿仍然不愿意回答自己不喜欢的小朋友是谁，尽管老师耐心询问，一些幼儿仍然拒绝回答。

第三节　将访谈与观察有机结合科学分析幼儿的行为

访谈与观察不是非此即彼的关系，将访谈与观察有机结合是深入了解幼儿的有效途径。

一、研究者如何将访谈与观察结合

（一）皮亚杰的临床访谈法

著名的儿童心理学家皮亚杰一生致力于儿童认知发展研究，并首创了将访谈、观察及实验相结合的临床访谈法。临床访谈法最初称为临床法，是一种将自然观察、灵活多样的谈话和实物操作实验相结合来研究儿童心理发展的方法。研究者与儿童之间的谈话贯穿整个过程，有人称这种方法为基于语言的测验（the language-based tests），因此临床法又称为临床访谈法。

临床访谈法通过提问的方式为儿童创造一种特别设计的实验环境，来灵活地测定儿童的思维倾向。它不同于测验法，测验法是用同一种标准化的问题提问所有被试，连提问的形式也不准有稍许变动；它也不同于自由交谈，自由交谈是一种随意、即兴、没有固定主题的谈话。在应用临床访谈法时，要事先确定一个谈话的主题，让儿童自由叙述对某一问题的思想观点。为了防止儿童的谈话偏离主题，访谈者要做必要的提问，并根据实际情况灵活地改变问题的提法以探查儿童的真实想法以及形成这一想法背后的观点信念。访谈者要把谈话内容完整地记录下来，以便分析和判断。临床访谈法随着皮亚杰的研究与实践不断发展和完善，主要经历了两个阶段。

第一阶段：以观察与谈话为主，以实物操作为辅。皮亚杰对两名 6 岁半幼儿在画画、做模型、玩数学游戏等自然活动中的自发语言进行了为期一个月的观察记录，并按照儿童的语言机能归纳整理，将儿童交谈分为 8 种类型，即重复言语、独白、批评、命令、请求、回答、自我中心、自发的社会化言语。在这一研究中，皮亚杰采用了以观察与谈话为主的方法。

另外，皮亚杰在收集儿童的自发提问中发现，不少问题是询问有关各种运动现象的原因的。为了探究儿童对这一类问题的观点，皮亚杰创作了一种测验情景，反过来去问幼儿。下面是问一个5岁幼儿关于“云彩为什么会动”的个案记录，从中我们可以体会以观察与谈话为主的研究是如何进行的。

研究者：“你看见云彩在走吗？为什么它会走？”

幼儿：“我们走的时候，它们也跟着走了。”

研究者：“你能使它们走吗？”

幼儿：“每个人都可以，当人走的时候，它也走。”

研究者：“当我走着，你站着不动，云彩也在走吗？”

幼儿：“是的。”

研究者：“在晚上每个人都睡觉了，云彩还在走吗？”

幼儿：“是的。”

研究者：“但是，刚才你对我说，当有人走路的时候云彩才走。”

幼儿：“它们总是在走的，当猫在走的时候，还有狗，它们使得云彩也跟着走。”①

研究者通过与幼儿谈话可以发现，幼儿认为人（甚至猫、狗）能指挥高处的云彩跟着自己走，而云彩也会听从人和小动物的命令，这是幼儿具体形象思维阶段“泛灵论”的表现。随着年龄的增长，儿童会逐渐减少“泛灵论”的解释，而越来越接近客观事件的真实因果性联系。比如，下面是一个7岁儿童关于“云彩为什么会动”的个案记录。

研究者：“为什么云彩有时走得快，有时走得慢？”

幼儿：“因为风，风吹它们走的。”

研究者：“风从哪里来的？”

幼儿：“天空里来的。”

研究者：“风是怎样造出来的呢？”

幼儿：“不知道。”

研究者：“云彩能把风造出来吗？”

幼儿：“不能。”

研究者：“云彩动的时候能造出风来吗？”

幼儿：“不能。”

研究者：“当没风时，云彩还能自己动吗？”

幼儿：“不能。”

从上面的例子可以看出，临床访谈法运用的要点是它的灵活性。研究者对每个儿童所提的基本问题是相同的，但是可以针对每个儿童各具特色的回答做出灵活的反应。研究者

① 方富熹．介绍皮亚杰的临床法[J]．心理学动态，1987（2）：57-61.

根据儿童的回答再提下一个问题，以便深入了解其回答的含义。研究者不能说太多话，不能暗示或启发答案，而要善于观察和提出假设，推测隐藏在儿童答案背后的想法、思维方式，分辨答案的真伪，并通过提问来证实或证伪自己原来的设想。

第二阶段：以实验操作为主，结合观察与谈话。比如，经典的守恒实验、三山实验等都是以这种方式进行的研究设计。

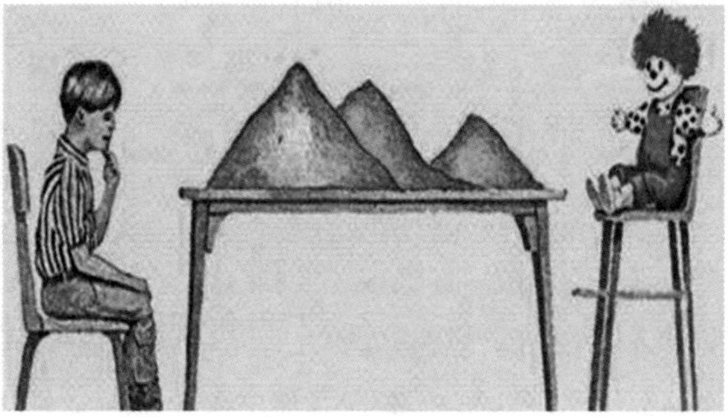

图 8－4　三山实验

如图 8－4 所示，在一个立体山丘模型上错落摆放着 3 座山丘，让儿童从前后左右不同方位观察这座模型，然后给儿童 4 张从前后左右 4 个方位拍摄的山丘的照片，让他们指出和自己站在不同方位的娃娃所看到的山丘情景与哪张一样。结果显示，在前运算阶段的儿童无一例外地认为娃娃和自己所处的角度看到的山丘是一样的。这证明了前运算阶段的幼儿不具备从他人的角度来看待事物的能力。

从三山实验的介绍中我们可以看到，运用临床访谈法需要有确定的研究主题、周密的实验设计、合理的问题假设和简便易行的实验操作。运用临床访谈法，首先应依据实验方案让儿童操作，在实验过程中向儿童提问，观察了解儿童反应的思维过程。正如皮亚杰在《思维发展中不变性和可逆性运算的成就》中指出的那样："起初，我们全靠谈话法向儿童提问，也只限于口头的。这也许是个开端，虽然取得一定的结果，但严格说来，精密性不够。新近我们所做的研究，已迥然不同了。我们试图从儿童必须完成的动作开始，引导他们进入安排好的实验，向他们出示实物，在提示了问题之后，儿童非做不可，他非实验不可。我们观察了他的行动和用手操作物体以后，就可以提出口头问题，进行谈话了。值得注意的是，此时的谈话附属于前面的那个行动，在我看来，它跟单纯的口头提问相比，乃是一种更有效和更可靠的方法。"皮亚杰通过让儿童摆弄物体，进行操作，很好地帮助他们进入情景中，在此基础上对儿童进行访谈也更符合其心理特征。临床访谈法使皮亚杰的理论逐渐走向成熟，为儿童心理发展研究做出了巨大贡献。

（二）研究者在运用临床访谈法时需注意的问题

临床访谈法将实验、观察和访谈有机结合，为我们提供了观察和分析儿童行为的一种更为系统的方法，但在运用临床访谈法时需要注意以下几个问题：

1. 应谨慎对待儿童的回答

运用临床访谈法时，儿童可能做出不同类型的回答，其中研究者应分辨随机的回答、虚构的回答和受暗示的回答，并在分析资料时可以拒绝接受这 3 类资料。

随机的回答是儿童不经过思考而胡乱做出的回答。出现这种情况可能是儿童对问题不感兴趣或者问题太难，儿童不会回答，而他/她不愿以沉默的态度来回应他人的问题，即使不会，也会随意给出一个答案。

虚构的回答是儿童不仔细思考而“发明”出一个自己也并不真正相信的答案或者在成人的压力下而做出的回答。虽然幼儿看上去非常坦诚、认真，但是有时他们会为了好玩而“发明”一个答案，或者为了应付成人的追问而编造一个答案来。

受暗示的回答是儿童虽然对回答做出了努力，但这种回答是为了迎合研究者的意思，说出研究者希望的答案或者是受到问题的暗示做出的回答。有时研究者很希望儿童说出自己期待的答案，因此有意无意地对儿童做出了某种暗示。比如，提问“太阳是谁造的?”这就向儿童暗示了太阳是由人或上帝创造的，可以改为“太阳最初是从哪里来的?”所以，在向幼儿提问时，要谨慎地考虑自己的提问方式，以避免儿童受到某种程度的暗示。

2. 分析时应防止两种偏差

运用临床访谈法的另一个关键是要对收集到的资料进行合理分析。皮亚杰曾告诫人们要防止两种偏差。一是对儿童的能力估计不足。这是由于研究者没能熟练掌握临床访谈法，使用过于死板，没有把儿童的实际能力探查出来。另外，由于胆怯和保守，也会造成低估的倾向。二是高估了儿童的能力，甚至把受暗示的回答或儿童偶然产生的念头也当作规律性的思维活动。

（三）临床访谈法的局限

临床访谈法有其自身的局限，在运用时应特别注意。

首先，它对研究者的要求较高。临床访谈法允许研究者灵活采用不同的提问形式，这就要求研究者有能力提出问题、分析资料，进而得出准确、科学的结论。皮亚杰曾提出，要成为一个合格的应用临床访谈法的研究者，必须接受至少为期一年并且每天应用这一方法的实践训练。

其次，方法的灵活性必然带来研究结果的不确定性，加之研究者的水平所限，对所得结果的解释有时存在过于低估或高估的倾向。这需要研究者多次重复研究，或者让多位持有不同观点的研究者同时使用这一方法，以检验不同研究结果之间的一致性，增加结果的真实性。

最后，临床访谈法所得资料来源于幼儿的口头报告，这对幼儿提出了言语表达能力的要求。然而幼儿的语言表达能力有限，往往难以把自己的想法准确表达出来，从而导致研究结果出现误差。

可喜的是，随着临床访谈法的不断发展和完善，目前它已经发展为将观察、谈话、实验等方法相结合的一套研究技术，能够获得更为客观、可靠的结果。

二、幼儿园教师如何将访谈与观察结合

幼儿园教师有机会与幼儿长期亲密接触，可以在幼儿园的一日活动中观察到大量关于幼儿各个方面的行为表现，这些行为表现都可以成为教师了解幼儿的资料。幼儿园教师可以将访谈与观察有机结合，倾听和观察幼儿的言行，从而收集丰富的材料，深入了解幼儿的行为及背后的原因，以更好地为教育教学实践服务。以下是幼儿园王老师的观察发现和在发现基础上所做的访谈。

对幼儿抗挫折行为的观察与访谈

观察对象：萱萱　　性别：女　　编号：3
年龄：3 岁 2 个月　　观察日期：××××年 11 月 15 日
观察时间：午饭前　　观察地点：小班活动室
观察者：王老师

观察记录

萱萱在穿鞋子。我走过去对萱萱说：“老师给萱萱穿上右边的鞋子，然后萱萱自己穿左边的鞋子好不好?”萱萱咧开嘴对我点点头。我拿起鞋，先套在她的脚尖上，然后提起鞋后跟。我对萱萱说：“老师相信萱萱是可以的，萱萱自己来穿另外一边好不好?”萱萱看着我，点点头，开始尝试自己穿。

刚开始，她坐在椅子上穿，但鞋子并没有放正，她伸出脚，两手扶着椅子，往前够，却把鞋子越踢越远。由于冬天穿的衣服太厚，她几次弯下腰却无法拿到鞋子，就这样试了几次不成功后开始换其他方法。她坐在地板上，拿着鞋子，把脚抬高，但鞋子总是往外翻，她还是无法把鞋子套在脚上。这时其他小朋友都穿好了衣服鞋子去活动室准备吃午饭，但萱萱手里仍然提着鞋子。最后，她蹲下来，先把鞋子摆好，然后坐在椅子上，将脚慢慢地伸进去，接着她再蹲下来把鞋后跟提上来。前两次鞋后跟都掉了下来，后来她用两只手指贴着后跟内侧，脚往前顶，两手指将鞋稳住，然后将鞋后跟往上提，总算把鞋子穿上了。她站起来，吐了一口长长的气，然后去洗手吃午饭了。

分析

整个过程持续了十几分钟，小班的萱萱还不能熟练地穿鞋子衣服，加上衣服比较厚，增加了她穿鞋子的难度。但在这十几分钟里，萱萱一直在尝试各种办法，调整自己的策略，没有放弃努力，也没有表现出急躁的情绪。她相信自己是可以穿上的。

评价

萱萱能够积极主动地寻找解决问题的办法，表现出了她很强的抗挫折能力。

王老师发现，并不是所有的孩子都能表现出和萱萱一样强的抗挫折能力。甜甜在绘画活动中每画一点就询问旁边的小朋友对不对，如果小朋友给予了消极评价，她就会把嘴噘得高高的；小凡在完成舞蹈动作时稍有难度就拒绝继续练习，两眼泪汪汪地站在那里，不断地说自己不会做。这是为什么呢？幼儿的抗挫折能力与什么有关？面对孩子的这种情况，家长是怎么做的？带着这些疑问，王老师设计了针对家长的访谈提纲，选择家长来园接送孩子的时间访谈了几位家长，用录音笔记录了访谈的内容并转录成了书面文字。以下是王老师对可可妈妈进行访谈的内容。

王老师：“您认为对于幼儿来说什么是挫折?”

可可妈妈：“孩子遇到的挫折基本上都是生活上、学习上还有和小朋友交往上的小事，我觉得对于孩子来说，不顺心的事情、不按照自己意愿来的事情就是挫折。”

王老师：“您认为影响幼儿抗挫折能力的因素有哪些?”

可可妈妈："我觉得这个既跟孩子自身有关，也跟家长和教师的教育有关，跟所处的环境有关。"

王老师："您觉得幼儿自身的哪些因素会影响幼儿的抗挫折能力？能不能举个例子？"

可可妈妈："我家孩子对他感兴趣的事物就会表现出更强的抗挫折能力。例如，他玩乐高玩具，为了拼出来，这种方法不行就试那种，特别专心，很能坚持，而且对这件事情有信心，相信自己可以拼出来。但是如果不是他喜欢的，他就不愿意去做，比如学跆拳道，他不喜欢，总说动作做不来，需要老师帮助。还有孩子对问题的认识和态度我觉得也很重要，比如当孩子向成人寻求帮助而遭到忽视时，不同的孩子表现就不一样。我的孩子偏敏感，他会觉得很委屈，会认为成人不喜欢自己，不愿意帮自己，会生成人的气。但有的孩子知道成人可能没听见或者一时忙不过来，能够客观地理解这个问题，就不会有挫折感。"

王老师："您的孩子在家遇到过什么样的挫折？哪些事情会使他产生一种挫折感？"

可可妈妈："虽然家里大人特别是爷爷奶奶比较宠他，但我和他爸爸会有意识地注意，不会对他百依百顺。比如他要买玩具，我们坚持不买，他就会哭闹。"

王老师："当孩子遇到挫折时，您会怎么教育他，帮助他提高抗挫折能力？"

可可妈妈："当他遇到不顺心的事情哭闹时，我和他爸爸会问清楚原因，帮助他平复心情，然后会给他讲道理，让他知道哭没有用，要想办法解决问题才行。孩子还小，我们会多鼓励他，增加他的积极经验。比如他有时候会害羞，不敢主动和小朋友交往，我就会鼓励他，跟他讲爸爸妈妈在认识新朋友的时候也会担心，我们会怎样做。刚开始我们会陪他一起去认识新的小朋友，给他安全感，后来我们就让他自己主动去认识小朋友，让他积累一些成功的经验，这样他会越来越自信，也不会那么害怕了。"

通过观察和访谈，王老师发现幼儿的抗挫折能力一方面与其自身的因素有关，比如幼儿的身体健康水平、已有经验、对问题的认知、自信心、好奇心、安全感等都会影响幼儿的抗挫折能力；另一方面，家长和教师的教育观念和教育行为也会对孩子的抗挫折能力产生很大影响。

由此王老师决定开展一系列教育活动，来帮助幼儿提高抗挫折能力。首先，王老师组织了集体的谈话活动，教师和幼儿一起说说自己会遇到哪些困难，列举出自己最怕的事。王老师以自己为例，告诉小朋友们自己最怕的是什么，又是如何克服的。然后让小朋友们说说自己有没有类似的经历，如何克服了自己认为很可怕的事情。通过这一活动让孩子们知道，每个人都会遇到挫折，遇到挫折时应该客观认识挫折，减少对挫折的恐惧。其次，王老师在读书区增加了抗挫折主题的绘本，和孩子们一起阅读，分析绘本里面的小动物是如何面对自己遇到的挫折的，寻找解决问题的方法。最后，王老师设计有一定障碍的游戏，让孩子在游戏中体验主动克服困难。

三、访谈与观察相结合的途径

（一）在观察的基础上进行访谈

观察者在对幼儿进行行为观察的过程中，通常会有所发现，为了确保分析的客观性和准确性，观察者往往需要辅以访谈的方法，通过对家长、教师和同伴的访谈，更加全面地了解幼儿发展的情况。

观察结果

在一个混龄班上，小Y对妹妹进行身体攻击，老师对他进行批评之后，他的情绪明显不佳。笔者发现对方的回应对小Y出现攻击行为有影响，想了解小Y妹妹的想法。以下是笔者针对课堂上小Y对妹妹进行攻击后的访谈。

笔者："你还记得上节课哥哥动手打了你，你还生气吗?"

小Y妹妹："嗯，我当时很生气，不过我现在不生气了。"

笔者："当时我看到你哭得很委屈，你也不还手吗?"

小Y妹妹："哥哥他总是这样，脾气很暴躁，我是想和他讲道理，但是他不听，我也没有办法了。"

笔者："他经常这样动手打你吗?"

小Y妹妹："嗯，他说他是哥哥，他可以代替妈妈教育我。"

笔者："那你想不想让哥哥变成一个不打人的孩子呢?"

小Y妹妹："想啊，我一直想和哥哥开开心心地在一起玩呢。"

笔者："那下一次哥哥再动手打你时，你一定要告诉妈妈或者老师来保护自己，大家会和你一起帮助哥哥变成一个不打人的好孩子。"

分析

笔者在访问小Y的妹妹的过程中发现，小Y经常对妹妹进行身体攻击，小Y的妹妹对小Y的攻击行为习以为常。从幼儿的视角可以看出，幼儿并不能正确理解攻击行为，被攻击者一味地忍让和退缩，鼓励了攻击者的攻击行为①。

（二）在访谈的基础上进行观察

在许多幼儿行为观察的研究中，研究者由于缺乏对研究对象的了解，首先需要通过访谈来了解幼儿的情况，然后再根据前期的访谈结果，结合自己的研究目的有针对性地进行观察。

访谈结果

在对Z的同伴、老师和父母的访谈过程中，大家都指出Z的数学能力很弱。同时，Z本身也对数学表现出一些负面态度。

母亲："她数学的确已经落后了！"

父亲："现在我感觉她数学学科有点弱。"

同伴1："她数学老是错错错。"

同伴2："她数学不好，总是比我慢。"

老师："只要一做到数学题，她就不行了。"

---

① 王蓓，包万平. 为什么打人：幼儿攻击行为的原因个案研究［J］. 教育观察，2021，10（32）：19.

研究者："你最不喜欢做的事情是什么？"

Z："做数学题。"

观察结果

Z这次没有参与其他小朋友的活动，而是拿出自己的作业本开始做题。作业本上有很多没有写答案的加减法题目，Z选做了其中简单的题目，如一位数的加减运算；而对于其他稍难的题目，如两位数与一位数的加减运算，Z选择跳过。旁边小朋友将Z的作业本拿过去，在没有完成的题目旁边画上了大大的叉。整个过程Z没说话①。

（三）边观察边访谈

当然，在很多情况下，尤其是在参与式观察中，观察与访谈是同时进行的，观察者一边观察一边进行非正式谈话，还可以根据观察与谈话的结果不断调整进一步观察与谈话的内容。在下面这个例子中，夸夸的妈妈就一边观察一边与孩子进行对话，并根据观察与对话的发现适当地调整了自己的教育行为。

夸夸坐在家中的鱼缸边，一边看着小鱼游来游去，一边听妈妈讲美人鱼的故事。妈妈发现，夸夸听着听着好像有点走神了，面露不悦的表情，于是关心地问："夸夸，你想什么呢？"夸夸说："妈妈，你可以再捕一条小鱼放到鱼缸里吗？"妈妈追问："为什么呢？"夸夸回答："小鱼自己游得好孤单，它想爸爸妈妈了，想好朋友了。"妈妈没有继续讲美人鱼的故事，而是在鱼缸中放了一棵水草当作小鱼的家，讲了一个小鱼在水草边等爸爸妈妈回家的故事。妈妈一边讲一边观察夸夸的表情，发现当她讲到小鱼的爸爸妈妈都回到了家，还给小鱼带了一份精美的礼物时，夸夸笑了。

思考与练习

1. 访谈可以如何分类？各分为哪些类型？
2. 对幼儿进行访谈有哪些需要特别注意的地方？
3. 如果想了解幼儿对父母生二胎的看法，你会如何设计访谈提纲？
4. 将访谈与观察相结合的方式有哪几种？

阅读导航

1. 陈向明. 质的研究方法与社会科学研究［M］. 北京：教育科学出版社，2000.
2. 阳曼超，孙启进. 学前教育研究方法［M］. 南京：南京大学出版社，2013.
3. 方富熹. 介绍皮亚杰的临床法［J］. 心理学动态，1987（2）.
4. 郑永爱. 幼儿对死亡概念认知特点的研究［J］. 学前教育研究，2006（Z1）.
5. 奎利姆. 读懂孩子的身体语言［M］. 李蔚超，译. 南京：译林出版社，2013.

① 宋兵. 对一位大班数学学习困难儿童的个案研究：重点考察幼儿园和家庭环境中的负面因素［J］. 幼儿教育，2011（9）：51.

第九章

观察实施的一般程序和注意事项

本章导读

幼儿行为观察按照时间顺序可以分为观察前的准备、观察的实施过程以及观察后的数据解读3个阶段，在每个阶段都有一些应该注意的问题。通过本章的学习，我们可以了解如何制订合理的观察计划、进行行为观察的一般程序以及在观察的不同阶段的注意事项，从而使观察结果更为科学、有效。

学习目标

1. 熟悉观察实施的一般程序。
2. 了解观察过程中应当注意的问题。
3. 能够按照观察实施的程序进行观察，结合相关理论知识，分析数据资料并撰写观察记录。

从前，一位老农民有两个儿子。老农民给了两个儿子每人一把生锈的柴刀，让他们去山上砍柴。大儿子边上山边想：事不宜迟，我一定要早些上山，多砍点柴来，让父亲高兴高兴，所以大儿子一到山上就开始卖力地干了起来。小儿子却想：这刀破了好几个口，还生了锈，我应该先磨磨刀。于是，小儿子跑到邻居家借来了磨刀石，开始磨刀。等到刀磨好了已经是中午时分，这时候小儿子才开始上山砍柴。

等到太阳下山的时候，两个人都回来了。先砍柴的大儿子满头大汗地扛回了一小担柴，先磨刀的小儿子则扛回了一大担柴。父亲奇怪地问小儿子："你比大哥迟上山，为啥你砍的柴却比大哥多呢?"小儿子回答说："磨刀不误砍柴工啊，如果刀没磨快，怎么能砍得又快又多呢?"父亲听了，脸上露出了欣慰的笑容，他语重心长地说："只要准备好工具，掌握了方法，做事就可以事半功倍。"

做事情之前准备好工具，掌握好方法，能提高做事效率，达到事半功倍的效果。在幼儿行为观察中，制订合理的观察计划、掌握行为观察的一般程序、了解观察各个阶段应该注意的问题，就是"磨刀"的过程。

第一节　观察前的准备工作和注意事项

一、观察前的准备工作

观察是生活中一种十分常见的行为，为了解决问题或满足一时的好奇心，人们可能驻足而看，或凝神而听，然而这样的观察由于缺乏目的性和计划性，往往只能看到表面现象，难以了解现象背后隐藏的深层信息。对专业的幼儿教育工作者而言，他们的观察不是一时兴起，而是事先有目的、有计划的观察。如果没有明确目的、不加以计划就进行观察，就会手忙脚乱、顾此失彼。因此，对幼儿进行观察之前必须明确观察的目的、制订合理的观察计划，为观察的实施做好充分的准备。

（一）明确观察目的

明确观察目的是观察准备阶段的重要步骤，也是制订观察计划的前提。观察目的是观察的全部意图，是指观察过程中将要观察什么和完成什么，这些决定了观察记录的内容、所采用的方法以及观察的时间和背景等。

观察目的不必明确指出所要观察的具体行为，但要呈现出观察者想要了解的幼儿发展领域，如认知发展、情绪发展、社会交往、兴趣体验等。在观察实践中，观察目的一般涉及以下 3 个方面：第一，为了了解幼儿的身心发展规律与特点；第二，为了找出幼儿行为表现的影响因素；第三，为了改进教育教学工作，促进幼儿身心健康发展。

在《角色游戏中受欢迎幼儿同伴交往特征个案研究》中，观察目的的表述包含了以上 3 个方面。

观察目的：以受欢迎的幼儿为观察对象，针对幼儿在角色游戏中的言语特点、行为特点进行观察记录，从而对受欢迎幼儿的同伴交往特征进行深入分析。同时，通过与受忽视幼儿进行对比观察，探究受欢迎幼儿的同伴交往特征，分析其影响因素，提出发展幼儿同伴交往能力的教育教学建议①。

在某些特定情境下，当幼儿的行为表现并不是十分明显时，稍一疏忽便有可能错失宝贵数据。明确观察目的能够帮助观察者在观察时更加有的放矢，避免遗漏重要信息或者对无关信息进行过多记录，还可以确保观察者集中关注目标行为，避免无关信息的干扰，提高观察记录的效率和质量。

（二）制订观察计划

明确观察目的是行为观察的起点，为了达到观察目的，保证观察的顺利进行，就必须制订详细的观察计划。制订观察计划的要点是在观察前对具体观察何种行为、如何收集资料、何时何地进行观察等进行思考和策划，避免观察时偏离重点或做出不够客观的判断。

观察计划的制订主要包括确定观察目标、选取观察对象、明确观察内容、选择观察地点、确定观察时间、选择观察方法以及编制观察记录表等。

---

① 陈聿新. 角色游戏中受欢迎幼儿同伴交往特征个案研究［D］. 大连：辽宁师范大学，2015.

1. 确定观察目标

观察目的只是观察的起点，还需要将其引申为非常具体的观察目标。与观察目的不同，观察目标是对幼儿行为进行有方向、有范围的观察，是对观察行为的具体陈述，也可以说是观察目的的具体化。因此，在明确观察目的之后，就应该对观察的具体目标进行确定。

观察目标的确定应当出自观察者自身在工作或研究上的需求。由于在很多情况下，观察者通过直观感受所获得的信息并不全面，无法直接对观察中产生的困惑和疑问给出答案，这就需要观察者将注意力集中在某一方面，从而收集更多的信息来获得答案，这一方面即为观察的目标。

如果观察目的是了解受欢迎幼儿同伴交往的言语特征，观察的维度包括言语交往主体、言语交往类型、言语交往策略，那么观察目标可以写成：

（1）观察受欢迎幼儿在角色游戏中言语交往主体的情况。

（2）观察受欢迎幼儿在角色游戏中采用的言语交往类型。

（3）观察受欢迎幼儿在角色游戏中使用的言语交往策略。

2. 选取观察对象

观察对象只有在观察计划中被明确界定出来，才能确保观察者在观察时能够重点关注所要观察的对象。对观察对象的界定要考虑幼儿的数量、年龄、性别、范围等。

例如，在对受欢迎幼儿的同伴交往特征的研究中，观察对象是受欢迎幼儿，观察对象的确定过程如下：

某幼儿园中班共58名幼儿，平均年龄4岁左右。通过同伴提名法，选取其中3名受欢迎幼儿作为观察对象。同时，观察者希望选取被拒绝幼儿进行对比观察。由于班级中没有幼儿属于被拒绝型，因此通过教师访谈，选取2名被忽视幼儿进行对比观察。

如果只对一名幼儿进行观察，记录小群体中的幼儿数量依然是很有必要的。因为幼儿的行为可能受到群体人数的影响，所以小群体中幼儿的数量也是非常重要的背景信息。同时，为了计算幼儿的真实年龄，需要知晓幼儿的出生日期。此外，年纪越小的幼儿，其发展水平在年龄上的差异表现越明显，因此将幼儿的年龄精确到几岁几个月，便于将幼儿的表现与该年龄阶段发展特点进行比较。

确定研究对象后，观察者要对观察对象的姓名、年龄、性别等基本情况进行简要记录。如果观察对象较多，可以采用表格的形式进行记录，如表9-1所示。

表9-1 观察对象基本情况列表

姓名	编号	性别	年龄	类型
笑笑	1	男	4岁3个月	受欢迎幼儿
马达	2	女	4岁9个月	受欢迎幼儿
冉冉	3	女	4岁4个月	受欢迎幼儿
凯凯	4	男	5岁2个月	被忽视幼儿
琪琪	5	女	4岁9个月	被忽视幼儿

根据观察对象数量的不同，幼儿行为观察可以分为个体活动观察、小组活动观察、集体活动观察。

（1）个体活动观察。

个体活动观察是以单个幼儿为对象进行的观察记录。观察内容包括言语、动作、情绪、神态以及幼儿与周围环境和他人的互动过程。通过了解幼儿的个体情况，可以得到幼儿在各领域发展的详细资料，并结合幼儿的实际情况开展有针对性的教育。

在进行个体活动观察时，可以是对一位幼儿的观察，也可以是对多位幼儿的观察，但要注意观察的全面性，将幼儿的言语、动作、情绪、神态、行为背后的原因等联系起来，作为一个有机整体来进行观察。这一观察类型主要应用于分析个案、解决具体问题、了解幼儿个体差异等，通常采用日记描述法、轶事记录法等观察方法。

（2）小组活动观察。

小组活动观察的观察对象是一个小组中的多个幼儿。通过观察小组内部多个幼儿的言语、行为、情绪神态以及幼儿与周围环境和他人的互动过程，记录相关资料，可以了解幼儿的认知、语言、情绪、同伴互动等方面的发展水平，为指导幼儿小组活动提供依据。

小组活动观察主要应用于课堂或游戏分组的情况。采用小组活动观察时，观察者要着眼于整个幼儿团体的活动表现，关注幼儿之间的分工协作、交往互动等行为，同时也要关注小组中每位幼儿的表现。

（3）集体活动观察。

集体活动观察是对班级内所有幼儿的总体观察，重点关注全体幼儿的综合表现。这种观察形式有助于教师总结教学工作中的亮点与不足，及时调整教学策略，从而提高教育教学质量。

集体活动观察主要用于了解某一年龄段幼儿的总体发展情况或教师的集体教学，在使用时需要注意以下 3 个方面：第一，幼儿的参与程度，幼儿是否对所学内容或参与的活动表现出兴趣，是否愿意积极主动参与；第二，幼儿的思维状态，幼儿是否积极主动进行思考，提出具有创造性的独特想法；第三，幼儿的情绪状态，幼儿是否产生积极的情感体验，是否能够控制自己的情绪。

3. 明确观察内容

观察内容是根据观察目标具体展开的，观察者要明确观察什么，从而有目的地进行观察，可以说观察内容是观察目标的具体化。比如，观察目标是了解幼儿言语发展中句式的使用情况，观察内容可以是幼儿在简单句、复合句、单/双词句等方面运用的情况。

4. 选择观察地点

在进行观察前要选择合适的观察地点。幼儿行为观察中最主要的观察地点是幼儿园，也可以在亲子园、早教机构或幼儿家中等场所进行观察。观察地点的选择取决于观察的目的和目标。如果要观察师幼互动或大量幼儿的行为表现，选择幼儿园是较为适宜的；如果要观察亲子互动，可以选择亲子园、早教机构、家中、公园或社区等场所。观察地点的选择并不仅限于以上几种，只要能满足观察的需要，确保幼儿行动的安全自由以及观察活动的顺利进行即可。

在幼儿园进行行为观察时，可以选择活动室、室外场地、走道、睡眠室、盥洗室、厕所等作为观察地点。其中的某些场所还包含幼儿以特定方式使用的各种设备和物品，如沙水区的水槽、户外场地中的自行车等。想要了解角色游戏中幼儿的同伴交往特征，最合适的观察地点是角色表演区或娃娃家。

5. 确定观察时间

观察时间包括观察的日期、观察的起止时间、行为持续的时间以及刺激呈现之后的反应时间等。因为时间便于计算并且具有可比性，所以观察时间在观察记录中是一个非常有效的指标。

其中，记录观察的日期具有重要意义。一方面，如果想要间隔一段时间再次进行观察，以便对幼儿的能力和行为表现进行前后比对，那么记下的日期就是一个时间端点，便于把握再次观察的时间，这对于观察间隔时间较长的纵向研究尤为重要。另一方面，记录观察日期便于推算幼儿的年龄，这样可以将观察到的结果与相应年龄阶段的发展特点进行比较。另外，记录观察的开始时间和结束时间，可以计算出在某一幼儿身上观察所花费的总体时间。

观察时间过短或次数较少容易导致观察所得资料具有偶然性，长时间且反复的观察更有利于观察结果的准确性和客观性。有研究指出，幼儿行为观察的时间分配可以选择观察3次，每次30分钟，或者观察4次，每次20分钟①。为了提高观察结果的准确性和客观性，观察者应根据观察目标合理安排观察次数和观察时间。

6. 选择观察方法

观察方法的选择取决于观察目的、观察对象以及观察内容。想要收集观察对象的所有行为是不可能的，观察者也不可能时时刻刻注意观察对象的行为，并且真正可以用来解释主题的行为只是一小部分的重要事件而已。为提高信息收集的效率，要选择合适的观察方法。观察记录的方法主要分为描述观察法、取样观察法、评价观察法3类，每一类中又包含多种观察方法。这3类方法分别在第五章、第六章和第七章进行了详细介绍。

7. 编制观察记录表

选择观察方法之后就可以进行观察记录表的编制了。观察记录表是观察时的重要工具，一份好的观察记录表能够帮助观察者快速、有效地记录信息，也是数据解读、撰写观察记录的根本保障。一般来说，观察记录表应当包含6个观察要素，如表9-2所示。

表9-2　观察记录表应包含的观察要素

内容	含义	内容	含义
who	观察幼儿的角色	where	观察地点
what	观察幼儿的表现	how	如何发生
when	何时开始、何时结束	why	解释说明

在明确观察记录表中应当包含的要素之后，就可以设计出格式化的观察记录表。下面是一份格式化观察记录表的举例：

① 杨世诚. 学前教育科研方法［M］. 北京：科学出版社，2007：65.

幼儿姓名：笑笑	性别：男	编号：16
年龄：4 岁 3 个月	观察日期：2014 年 10 月 24 日	
开始时间：9：00	结束时间：9：30	
观察地点：角色表演区	观察者：张老师	
幼儿人数：2	成人人数：1	

观察目的：观察笑笑在角色游戏中同伴交往的言语特征
观察目标：观察笑笑在角色游戏中采用的言语交往类型
观察记录方法：行为检核表法

（三）进行理论准备

1. 进行文献检索

在确定观察目的之后，不必急于确定观察内容和观察目标，应该先去收集这个领域的相关背景资料，也就是进行文献的检索。通过检索相关文献，了解该领域的知识状态，梳理当前的研究进展，了解目前哪些知识是已知的、哪些是正在被研究的，并在此基础上将观察目的转化为一个具体的研究问题，即确定观察的具体目标。

比如，在对受欢迎幼儿同伴交往特征的研究中，研究者通过检索文献发现：

在以往的研究中，大多数以被忽视幼儿、被拒绝幼儿为研究对象，有关受欢迎幼儿的同伴交往行为特征研究较少。借鉴以往的研究方式，将对受欢迎幼儿的同伴交往行为特征进行研究，揭示受欢迎幼儿在角色游戏时的言语和行为特点。

检索到的文献通常可以分为以下两类：

原始文献，是由实际进行观察和研究的人撰写的关于观察和研究结果的第一手资料。

二次文献，是对他人工作的描写或概述，其撰写人并不是观察或研究的直接参与者①。

在文献检索过程中，原始文献与二次文献都发挥着十分重要的作用。相比较而言，二次文献所提供的关于研究的信息更加简明概括，有利于节省检索的时间。但需要注意的是，二次文献并不是原始文献，可能存在信息不完整、转述偏差甚至不准确的问题，研究者可以借助二次文献简单了解该领域的相关研究，再通过查找原始文献进行核对，从而确保文献资料的准确性。

2. 提出假设

在进行观察之前可以提出假设，以便通过观察对其进行评估和验证。假设是关于两个或多个变量之间关系的描述，例如，在“不同同伴交往类型的幼儿在同伴交往言语特征上存在差异”这一假设中，描述的是“同伴交往类型”与“同伴交往言语特征”这两个变量之间的关系。

① GRAVETTER F J，FORZANO L B. 行为科学研究方法［M］. 邓铸，等译. 西安：陕西师范大学出版社，2005：28.

一个好的假设首先应该是可检验的，这要求假设中所涉及的变量、事件或人都必须是真实的，即可以被限定和观察。如果一个假设涉及想象的事件或者虚假的情境，那么就无法对其进行检验。此外，可检验的假设还应该是关于某一事物的肯定性陈述，如果假设“同伴交往类型与性别无关”，那么这个假设是无法进行验证的。

其次，一个好的假设也应该是可以被拒绝的，即可以被证明是错误的。整个观察的过程就是为了证明假设成立与否。如果假设成立，就叫作证实；如果假设不成立，就叫作证伪。一个不可拒绝的假设就是一个既不能被证明为真，也不能被证明为假的假设，这对于观察和研究是没有意义的。

3. 下操作性定义

操作性定义，是指按照事物被测量的方式来定义某种事物，即关于某事物的可观测指标的具体陈述①。

操作性定义在不同的研究中可以具有不同的含义，但具备可以直接观测和操作的特性。

操作性定义可以清楚、简洁地将要测量的事物具体化。通过界定操作性定义，其他研究者可以使用同样的程序、同样的测量方法在同等意义上使用同一概念重复该研究或将研究进一步深化、完善，从而降低出现误差的可能性。如果研究假设中涉及概念就需要给出操作性定义。

在对幼儿同伴交往言语特征的研究中，言语交往类型可以分为建议、协商、联合、拒绝、忽视，具体的操作性定义如下：

建议：用语言让同伴加入自己的活动中并且接受自己的观点。

协商：当同伴提出个人观点时，可以及时给予反应并且提出自己的意见和想法。

联合：迎合同伴的提议和意见。

拒绝：当同伴提出请求时，用语言明确地回绝同伴。

忽视：对同伴的意见和建议没有任何反应，不予理会。

（四）进行物质和人力准备

1. 计时工具

计时工具包括秒表、手表、手机中的计时器等。如果采用时间取样法进行观察，计时工具是必备工具。采用其他方法进行观察时，也需记录幼儿行为表现持续的时间。

2. 影音记录工具

在允许的情况下，可使用录像机、录音笔、照相机等设备对幼儿进行观察记录。这样不仅能够保留真实的原始数据，还可以借此反复观察，减少错误出现的可能性。

3. 观察记录表

观察记录的方式有很多种，除了上面提到的录像机、录音笔、照相机等设备之外，还可以准备相应的观察记录表。在观察之前需要预先设计和印制观察记录表，然后在观察实

---

① 梁志燊．中国学前教育百科全书·教育理论卷［M］．沈阳：沈阳出版社，1995：250.

施的过程中边观察边记录。

4. 其他材料

根据观察的实际需要还可能会用到其他材料，包括对幼儿进行测试时使用的实验材料（如玩具、影音资料、图片等）和记录所用的笔等。需要提醒的是，可以多准备几支笔，以免发生突然没墨水而无法记录的情况。

5. 助手培训

有时观察者无法单独完成观察，需有助手协作，那么在观察实施之前需要对助手进行培训。培训内容通常包括观察哪些行为、在哪里进行观察、如何观察、如何记录、熟悉观察记录表和设备仪器、掌握观察行为的定义和相应的理论知识、了解观察的注意事项等。总而言之，一切有关此次观察的内容都需要进行培训，并且确保所有观察者做法统一。

（五）进行预观察

一切准备就绪后，观察者就可以按照预定的时间进入观察地点进行预观察。预观察是进行正式观察之前的观察，是对观察计划可操作性的检验。它可以帮助观察者在初步实施后更加明确应该观察什么内容、如何开展观察，更重要的是发现实际观察中存在的问题，以便及时调整观察计划、修改观察记录表、更换观察方法等。预观察的数据也可以作为观察的有效数据，并且能帮助观察者查漏补缺，为正式观察做好充分准备。

二、准备阶段的注意事项

为确保观察计划的顺利实施，在观察前有一些事项需要观察者特别注意。

（一）观察目标的撰写要求

观察目标是对观察行为的具体陈述，也可以说是观察目的的具体化。幼儿行为观察要观察的是幼儿的外显行为，因此在确定观察目标时也要考虑所要观察的行为能否直接被观察到，是否可以被测量，即观察目标的可操作性。撰写观察目标的要求是明确、具体、可观测。

例如，如果将观察目标确定为“观察幼儿在角色游戏中的交往特征”，这样的目标过于笼统，无法对后续的观察起到指导作用，只能作为观察目的。我们可以将观察目标细化为：

(1) 观察幼儿在角色游戏中言语交往主体的情况，重点关注幼儿在角色游戏中是主动发起交往还是被动参与交往。

(2) 观察幼儿在角色游戏中采用的言语交往类型，重点关注幼儿使用的是建议、协商、联合、拒绝、忽视中的哪种言语交往类型。

(3) 观察幼儿在角色游戏中使用的言语交往策略，重点关注幼儿采用了亲社会策略、协商策略、回避策略、强制策略中的哪种交往策略。

通过将观察目的细化为三个具体的观察目标，幼儿在角色游戏中的言语交往主体、言语交往类型和言语交往策略都能够被直接观察和测量，从而确保观察的可操作性。

（二）明确观察的价值取向

如果在观察前没有办法确定幼儿行为观察的具体目标，可以先明确幼儿行为观察的价值取向。观察的价值取向可以从以下两个方向入手，首先是了解和评价幼儿，判断幼儿发展的基本规律和特点。《指南》中包含了幼儿学习与发展的不同领域和不同层次的目标，可以借助《指南》了解幼儿在不同年龄段大致应该会做什么、知道什么以及能够达到什么样的发展水平，并在此基础上确定观察目标。此外，其他有关儿童发展的书籍也可以提供类似的知识，这些都会对确定观察目标有所帮助。

例如，一位中班教师想要了解本班幼儿社会性的发展水平。通过阅读《指南》，该教师缩小了观察范围，将观察目标确定为幼儿的冲突解决能力，并且结合中班幼儿的年龄特点和发展水平，考虑观察实施的可行性和便捷性，将观察目标进一步明确为：观察中班幼儿在区域游戏中的冲突解决能力，重点观察幼儿在没有成人的帮助下是否能够独立、和平地解决同伴之间的冲突。

幼儿行为观察的另一个取向是通过观察筛选出个别幼儿，为其提供有针对性的指导。通常情况下，那些表现异于他人的幼儿往往很容易引起教师的注意，但是这些幼儿并非全部需要进行干预，对于发展水平相对落后或者表现出问题行为的幼儿，教师可以通过观察了解具体情况及原因，制订个性化的干预方案，帮助幼儿缩小与其他幼儿之间的差距或者消除其不良行为。

（三）与幼儿、教师、家长的互动合作

幼儿是观察的主要对象，观察者要充分考虑在观察时该如何与幼儿互动。观察者不当的动作、神态、言语会对幼儿产生或多或少的影响，观察者要抱有对幼儿及观察过程和结果负责的态度，尽量减少具有暗示性或干扰性的动作、神态或语言。

在幼儿园中进行的观察大多是幼儿园教师为了解幼儿发展水平、提高教育教学质量所实施的观察。如果观察者不是幼儿园教师，而是专业研究机构人员、大学教师、学前教育专业的学生或实习生等，那么观察者需要获得幼儿园管理人员（如园长、保教主任等）的许可后才能进行观察。另外，观察的顺利进行离不开幼儿园教师的参与和帮助。教师大都非常了解班内幼儿，因此，在观察之前观察者要与教师充分沟通，表明自己的观察意图以及可能需要其协助的相关事宜。有些时候，教师能为观察者提供一个适宜的观察时机，还能为幼儿行为背后的原因做出深层次的解释。

家长是幼儿的主要抚养者，也是幼儿背景信息的提供者，亲子关系、教养方式、家庭社会经济地位等都是幼儿行为的重要影响因素，家长能够提供许多观察者观察不到的宝贵信息。另外，家长还是幼儿在家及其他环境中行为表现的观察者和记录者，也是观察的重要合作伙伴。最为重要的是，作为幼儿的监护人，家长有权知道、同意或拒绝自己的孩子被观察。如果家长不希望自己的孩子被观察或留下任何记录信息，那么观察者便无权进行观察，更无权公开观察资料。因此，进行观察前务必让幼儿家长知情，并征求其意愿。

（四）选择适当的观察时间

观察者应选择适当的时间进行观察。观察时间的选择应充分考虑幼儿年龄特点、观察地点、作息时间、家长方便等因素，还要考虑观察在一天中所处的时间段，因为任何人在一天中的不同时间对环境和经验都会有不同的反应。比如，一些人因为在晚上比早上更加活跃而被称为“夜猫子”，而一些人则因为早上精力最充沛而被称为“百灵鸟”。在幼儿园忙碌的一天即将结束时，幼儿可能会变得疲惫，此时他们对看护者的反应和精力充沛时不一样。选择一天当中哪个时间进行观察是一个非常重要的问题，时间的选择将对观察的有效性产生重要影响。在对通过观察所获得的事实资料做出解释分析时，也应该考虑观察时间对观察结果的影响。

王老师想观察3岁3个月大的路路的语言发展情况。由于工作任务繁重，直到下午4：30左右很多幼儿回家以后，她才找到时间来做这项观察。这时路路正在图书区专心致志地听另一位老师读故事。他吮着拇指，蜷着身子躺在垫子上。为了实施自己的观察计划，王老师试着和幼儿进行对话，但该幼儿没有对王老师的提问做出任何回应，王老师只好放弃了观察该幼儿的想法。

王老师应该知道，一天中的这个时段是幼儿比较劳累的时候。即使她对幼儿的了解不够，她也应该从幼儿明显的身体姿势和吮吸手指的动作判断出幼儿已经累了。如果这项观察很重要，那么王老师应该将其安排在一个幼儿反应比较积极的时间来进行，比如上午的茶点时间，此时幼儿精力充沛，更容易获得幼儿的积极回应。

（五）勘察观察场地

在观察前有必要对观察场地以及周边的环境进行实地勘察，从而保证观察时能够准确观察到被观察者的行为。观察者可以实地勘察班级内的区域设置，确认班级中有哪些不易打扰到幼儿同时不影响观察的位置，保证在最适宜的角度和距离观察幼儿；同时，也需要检查周围环境中是否存在影响观察效果的不利因素，尽量避免观察受到影响。如果是借助摄像、摄影或录音等设备进行观察记录，还应该考虑光线、噪声等可能的影响因素，并思考如何去解决这些问题。

第二节　观察中的一般程序和注意事项

一、观察中的一般程序

当观察前的准备工作就绪之后，就可以正式进入观察地点，依照观察计划对幼儿行为进行观察与记录。观察阶段的主要任务是执行观察前制订的计划，在计划的时间进入观察地点，按照观察计划中的方法对观察对象进行观察与记录，从而获得观察所需要的数据资料。

（一）观察记录的原则

在对观察到的行为进行记录时，需要遵循以下原则：

1. 系统性原则

观察记录是一个有序进行的系统整体，观察者对于观察到的每一个现象或数据都应认真对待，确保记录的资料真实、客观、科学、严谨、有逻辑。

检验一份观察记录是否符合系统性原则，可以从以下几个方面考虑：资料记录的顺序是否和事件发生的顺序一致？观察过程中是否使用了事先设计好的表格？表格的填写方式是否正确？是否记录了观察日期和观察的起止时间？是否记录了观察的总时长？

2. 详细性原则

一切与观察目标相关的行为现象都应该在出现时被详细、清晰地记录下来，不能因为观察所得的数据太少或幼儿行为表现不明显而忽略掉，但也不能重复记录。记录时应该尽量保证字迹清晰，防止因匆忙记录、字迹潦草而造成事后难以辨认或回忆。

检验一份观察记录是否符合详细性原则，可以从以下几个方面考虑：观察是否围绕目标开展？是否将所有相关细节都记录了下来或已补充完整？记录是否存在表述不明确的地方？是否重复记录某些信息，却自认为增添了许多细节？他人能否识别记录的内容？

3. 真实性原则与客观性原则

观察者应将观察中所获得的原始数据和现象如实记录下来，并进行真实客观的描述，不能伪造数据，不能因主观因素影响记录。需要注意的是，观察者应当避免将自己的主观判断和推测随意添加到观察记录中，也要避免因对部分幼儿的偏爱或观察的难易程度而忽视真实性与客观性原则。

（二）观察记录的方式

观察记录的方式包括现场记录、事后记录、现场记录和事后记录相结合。

1. 现场记录

现场记录要求观察者对所观察到的现象和数据进行直接、快速的记录，这不仅要求观察者集中精神关注幼儿的行为表现，还要求其精准地记录，因此现场记录是要求较高的一种记录方式。尽管观察者有时会因为记录而错过幼儿的部分行为表现，但由于现场记录的原始数据真实性较高，因此在观察中较为常用。为了克服这一弊端，观察者可以借助录音、拍照、录像等方式辅助观察。

2. 事后记录

事后记录是指在观察结束以后，凭借观察者的记忆对观察到的内容进行回忆并记录。很多教师反映："平时由于工作忙，根本不可能及时写出观察记录，通常都是在周末的时候，坐下来慢慢地回忆事件发生的过程，再将其补充完整。"① 事后记录需在印象清晰时尽快记录，避免因时间过长而造成遗忘。但由于记忆模糊、混淆、记错等情况的发生，记录的内容和数据的准确性也容易受到影响。

3. 现场记录和事后记录相结合

现场记录和事后记录这两种方式各有利弊，因此在实际观察过程中，观察者往往将这两种记录方式结合使用，利用现场记录的方式简明、快速地记录观察到的现象和数据，在观察结束之后对不完整的部分根据回忆进行补充、完善。两种方式结合使用能够克服单一记录方式的不足，有效保证记录的真实性、准确性和完整性，但也要注意在事后及时进行补充，避免因记忆消退而造成遗忘。

（三）观察记录的技巧

1. 为观察记录编号

为一系列的观察记录编上号码是非常重要的，编号便于日后能快速、准确地从众多观

---

① 曾雪. 新手幼儿教师观察能力研究［D］. 西宁：青海师范大学，2021.

察材料中找到需要的材料。如果需要对观察对象进行长期的观察，为观察记录编码不仅可以体现出观察对象的发展进程，也可以清晰地反映出观察者的进步。

如果是采用电子文档存储观察记录，可以在文件名称前加上观察记录的日期和观察对象代号，比如“20211024GL角色游戏中同伴交往言语特征的观察记录”；如果是采用纸质版文档保存观察记录，可以给观察记录做标签，或直接在观察记录表上使用“日期+代号”的形式进行编号。

2. 适当使用代码

对观察者来说，在努力观察周围发生的事件的同时还要将这一切记录下来，是一件非常困难的事情，而且很有可能在记录时错失重要信息或忽略与幼儿的互动。提高记录效率的一种办法就是使用代码。例如，可以用“A→B”这一符号表示幼儿A走向幼儿B并交换了信息。

在观察幼儿的社会交往活动时，使用代码进行记录的方法能够显著提高记录效率。但是，在使用代码之前需要提前设想好可能需要的几种代码，确定并记录代码的具体含义，防止在做出大量的观察记录之后混淆代码的意义，以致看不懂之前记录的内容，浪费时间和精力。

3. 选择恰当的观察方法

一般来说，一次观察记录通常只选用一种观察方法，如果目标行为发生的间隔时间长且频率低，可采用事件取样法；如果目标行为发生的间隔时间短且频率高，可采用时间取样法。总之，要根据观察的目标，结合观察的具体行为和情境，选择恰当的观察方法。每一种观察方法都有自己的优缺点，综合使用多种方法可以克服单一方法的缺点，所以在实际操作过程中，一项观察也可能选用多种不同的观察方法。

4. 集中关注目标行为

有时观察者希望尽可能全面地收集资料，因而对观察的现象事无巨细，全部记录下来。尽管这种方式能够获得较为全面的信息，但却是一种实效性较低的方法，因为观察者不可能时刻关注幼儿，观察到幼儿的所有动作、表情、语言等，也不可能将观察到的所有事实资料全部记录下来。为了提高资料收集的效率，确保收集资料的代表性，观察者应该明确重点，集中关注目标行为。

在观察过程中重点关注目标行为，有助于避免因受到其他无关行为的影响而分散注意力，减少观察记录的遗漏。不仅如此，集中关注目标行为也可以减轻观察记录的压力，避免记录下很多琐碎的信息，导致在资料分析时由于缺乏重点而错误解读资料。

5. 保持足够的耐心

保持足够的耐心是确保行为观察顺利进行的重要因素。幼儿行为观察的主要对象是幼儿，他们年龄小、心智尚不成熟，有时难以准确理解观察者的意图，因此需要一遍遍地向其解释。如果幼儿对提供的材料或进行的活动缺乏兴趣，无法集中注意力，也需要观察者耐心引导。对于一些性格内向或者情绪亢奋的幼儿，观察者应该尽量耐心安抚，使幼儿保持相对平静稳定的状态。此外，观察者要有足够的耐心等待结果。行为观察并不是一蹴而就的，也很难通过一两次观察就收集到足够的数据，需要一定时间的积累，这就要求观察者沉下心来耐心观察。

二、观察实施阶段的注意事项

（一）研究的伦理问题

当今社会，人们对权利、生理和心理安全、个人隐私等伦理道德问题的重视程度逐渐提高，幼儿行为观察不可避免地会涉及这些内容。严格意义上来说，行为观察也是一种研究方法，它为回答研究问题提供了方法与资料，然而观察的进行可能会对被观察者造成影响，最终所获得的资料也可能会引起家长或老师的不安，甚至带来伤害，因此伦理问题成为研究者们需要十分重视的问题。遵守伦理道德也是一名专业观察者所必须具备的素质。具体来说，观察者需要注意以下几个方面：

1. 禁止伤害

观察者在进行研究时，绝对不可以在研究中对幼儿的生理或者心理造成任何伤害。如果观察者不能确定观察实验是否会对观察对象造成伤害时，可以向由同事组成的专业团体提交计划并再次审查，确保所有操作无害后再实施。在观察实施过程中，观察者须留意幼儿的感受，时刻关注幼儿是否有不良反应；切忌在幼儿面前将其与其他幼儿做比较，以防伤害幼儿的自尊心。

2. 知情同意

知情同意是研究伦理中的基本要素，父母有权利同意或者拒绝幼儿被观察。因此，进行观察前应当获得幼儿父母的同意。尽管在准备阶段已经获得家长的口头许可，但是与家长签订书面协议也是很有必要的，这样不仅可以让研究对象了解他们能够从观察中获得什么，更重要的是将双方的权利和义务以明确、易懂的方式呈现出来，避免日后产生纠纷。此外，幼儿也具有知情同意权，尽管他们可能并不能完全理解观察者的意图，但是观察者和研究人员仍然有必要向幼儿解释观察的目的。下面是一份规范的知情同意书：

家长知情同意书

尊敬的家长：

您好！××大学儿童行为观察实验室和××幼儿园联合进行幼儿成长与家庭环境调查。通过调查可以帮助我们更好地了解幼儿的成长状况以及幼儿的家庭教育状况，以期为优化幼儿成长的家庭教育环境提供实证依据。

此次调查要收集来自母亲、父亲和幼儿三方的信息，需要您配合填写问卷，也需要您的孩子跟我们的专业人员共同进行 8 分钟左右的情境游戏。请您仔细阅读以下内容：

保密：您在调查中提供的信息属于私人信息，为了对您的个人信息保密，所有参加这项调查的家庭都会有一个数字编码，家长和孩子的姓名将不会在研究的数据库中出现。非本研究组的成员无权查阅您和孩子的个人信息。但是，两种特殊情况下我们无法遵守保密原则：第一，如果家长或孩子在调查中提及任何虐待儿童的事件，我们会立即与您沟通；第二，如果任何参加者报告有严重的抑郁症状或伤害他人倾向，我们将立即通知家人。

我们承诺：参与这项调查不会给您和您的孩子带来任何不适。您的孩子在游戏中我们会以鼓励和关爱的方式与他/她互动，假如孩子不想继续游戏，我们会立即停止。只有在孩子愿意时，游戏才会继续进行。

您可以获得什么：

(1) 反思幼儿家庭教育的状况；

(2) 了解您孩子的心理发展水平；

(3) 如果您愿意了解您孩子的调查结果，请将您的电子信箱留下，我们会在对数据进行分析后，给您答复。您的电子信箱：____________________。

本调查自愿参与，您有权拒绝。但您和您孩子的参与非常重要，我们非常需要您的参与！我们再次承诺：您所提供的信息将仅供幼儿发展研究使用，请您放心填写。题目没有对错之分，请您根据真实情况填写。

如果您愿意参加这项调查，请在这里签名：____________________。

非常感谢您的支持与合作！

3. 保密性

在整个幼儿行为观察过程中，观察者应当十分注意观察记录的保密性。在观察中收集的数据和资料属于个人隐私，观察者应遵循保密性原则，尊重个体的隐私权。比如，家长们经常会将自己的孩子与其他孩子进行比较，如果家长通过观察者了解到自己的孩子在某些方面与其他幼儿表现不太一样，甚至表现略逊一筹时，可能会给家长带来困扰，即使这属于幼儿发展中的个体差异和正常现象。为了避免家长的这种担忧，可以采取以下方法确保观察记录的保密性：第一，可以选择用序号来代替幼儿的真实姓名，如果观察者在今后的研究中想要使用这份观察记录，该记录仍然尽到了为观察对象保密的责任。第二，观察记录中出现的场所名称也不必准确标明具体地址，只需记录大致的观察背景即可，这样也能起到保密的作用。第三，当观察者对观察到的幼儿行为进行讨论分析时，应当就事论事，不要进行过多的评论，更不能泄露幼儿的真实身份。第四，观察者应该像医生对待病历一样小心地存放观察记录，不要将其放在公开的地方或可以随意拿到的地方。第五，对观察记录的公开以及公开的内容、程度和对象必须事先获得家长的书面同意。

（二）尊重幼儿的选择

幼儿虽然是正在发展中的个体，但他有独立的人格，应得到和成人一样的尊重。即便观察者得到了教师和家长的许可，作为被观察主体的幼儿也有权利拒绝观察者观察自己的行为。幼儿如果在观察过程中因为观察或其他原因感到不适时，可以随时终止观察，并且无条件退出。因此，无论观察对象的年龄多小，观察者都不能强迫幼儿参与观察，也不能阻止幼儿退出。

幼儿在活动中的选择能够体现出他/她的兴趣爱好、态度动机、情绪情感、认知与社会性发展状况等，尊重幼儿的选择也是尊重幼儿的发展。除非发生影响幼儿安全的情况，观察者应尽量保持旁观者的姿态，让幼儿在自由宽松的氛围中展现真实的自己，切忌为了获得理想的观察结果而诱导或干涉幼儿的活动。

（三）学会忍耐

在非参与式观察中，观察者对幼儿的影响主要体现在进入现场时会引起幼儿的注意。

一般情况下，当幼儿对观察者熟悉之后，这种影响便会消除。但是在参与式观察中，观察者往往需要直接参与到幼儿的活动中，这就不可避免地会产生与幼儿之间的互动。为了确保观察结果的真实性和准确性，观察者应该学会忍耐。

有些观察需要观察者向幼儿了解一些背景信息，这时适当的交流可以获得所需的信息，也可以让幼儿产生信任，但有一些观察者为了与幼儿“套近乎”，不停地与幼儿交流或者向幼儿询问许多无关的信息，这就对幼儿的正常活动产生了影响。还有一些观察者对幼儿的可爱表现“难以抗拒”，往往不自觉地表扬和夸赞幼儿，这样的举动也会给幼儿带来暗示，使幼儿更多地表现出受表扬的行为，从而影响了观察记录的真实性和准确性。此外，如果观察者发现幼儿的行为表现并不符合预期结果，也要克制自己，如实进行记录。对观察者自身来说，当观察环境比较嘈杂时，还应该尽量避免产生厌烦情绪，以免影响幼儿的行为表现或观察的进行。

（四）客观评价，拒绝“贴标签”

在观察记录过程中，观察者可能会对观察到的现象进行评价。此时应就事论事，依据相关理论和专业知识做出科学的判断，不要将主观经验或个人情感掺杂到观察记录中，做出不客观的判断。

例如，一些幼儿园教师常常将“××是个捣蛋鬼/调皮鬼”等类似的话挂在嘴边，这些幼儿可能只是比其他幼儿更加活泼好动而已，使用这类称呼则是对幼儿“贴标签”的行为。“贴标签”可能会使观察者对某些幼儿产生刻板印象，从而影响观察记录的准确性。因此在观察记录的过程中，观察者应平等公正地看待每一个幼儿，如实记录观察对象的行为表现，以便做出客观的评价。

第三节　观察后的数据解读和注意事项

一、观察后的数据解读

观察结束后，要对收集到的数据资料进行解读并撰写观察记录。这一阶段主要包括整理资料、分析数据、呈现观察结果、解释分析、选取解读视角、得出结论、提出教育建议。

（一）整理资料

在每一项观察告一段落时，观察者都应该在对观察情景印象清晰且尚未遗忘的情况下，及时对所记录的资料进行整理、补充和分析，避免日后由于时间过长，遗忘了当时的观察情境而无法看懂观察记录。当收集到的内容较多或者观察周期较长时，更应该及时对资料进行分类整理，便于日后查阅。在对观察资料进行初步整理后，观察者还要进一步考虑是否收集到了所有想要的材料、收集到的资料是否有效、是否有必要进行后续观察等情况。

（二）分析数据

分析数据是对整理过的材料进行详细说明的过程，也是数据解读的重要环节。对观察所得的数据资料进行分析时，应当根据数据资料的情况选择合适的分析方法。对文字资料的分析应采用质性分析方法，对数据符号的分析应选择量化分析方法，有时也可以将文字资料转化成数据资料进行量化分析。

在受欢迎幼儿同伴交往特征的研究中，研究者使用了两种方法，对收集到的数据和文字记录分别进行分析。量化分析结果如下：

分析

研究者通过22次角色游戏观察，对参与角色游戏时受欢迎幼儿和被忽视幼儿的言语交往类型进行比较分析。从表9-3中的数据可以看出，受欢迎幼儿和被忽视幼儿的言语类型有很大差异，大多数受欢迎幼儿选择建议（b1）和协商（b2），次数分别为31次和33次，并且这两种言语类型使用的次数远远高于被忽视幼儿；被忽视幼儿更愿意选择联合（b3）和忽视（b5）的言语类型，次数分别为30次和27次。同时，在进行角色游戏时，受欢迎幼儿也会采用拒绝（b4）的言语类型，而被忽视幼儿采用拒绝（b4）的次数较少。

表9-3　不同类型幼儿的言语交往类型使用情况

	建议（b1）	协商（b2）	联合（b3）	拒绝（b4）	忽视（b5）
受欢迎幼儿	31	33	20	11	7
被忽视幼儿	12	19	30	6	27

质性分析结果如下：

案例一

观察记录

观察背景：万达超市开业了，里面有琳琅满目的商品，受欢迎幼儿笑笑在角色游戏中扮演服务员的角色，以下是笑笑和小朋友之间的言语交往。

笑笑：“你想买什么呀？”

顾客：“我想买点桃子。”

笑笑：“来买点苹果吧，今天苹果特价呢。”（笑笑顺手将苹果塞给小朋友）

顾客：“也行。”（拿着苹果看，没有决定）

笑笑：“苹果很好吃的，你可以尝尝，还便宜。看你喜不喜欢吃，要是不喜欢，你就买桃子吧。”

顾客：“那就买点苹果吧。”

分析

受欢迎幼儿笑笑运用了建议（来买点苹果吧，今天苹果特价呢）和协商（苹果很好吃的……要是不喜欢，你就买桃子吧）言语类型，起初是给同伴提出了建议，在看到同伴犹豫不决时采用了协商的言语类型，让同伴自主选择。

案例二

观察记录

观察背景：在万达超市，被忽视幼儿凯凯扮演顾客的角色，以下是凯凯和同伴扮演的服务员之间的言语交往。

服务员："你要买什么呀？今天有特价水果。"

凯凯：（不搭理，没有回应，眼睛到处看）

服务员："你要买这个吗？"

凯凯：（依然不搭理，拿起眼前的巧克力看）

服务员："这个巧克力很好吃的。"

凯凯："哦，知道。"

服务员："想买吗？"

凯凯：（没有回应）

交流终止。

分析

被忽视幼儿凯凯在角色游戏中运用忽视（不搭理、没有回应）和联合（哦，知道）言语类型，在同伴交往中表现出不愿意回应同伴、不主动与同伴交流、自己的想法较少，大多是附和他人的建议或者只是做出简单回应。

（三）呈现观察结果

在对观察记录资料进行分析之后，需要用一种最直观、最清晰的方式来呈现观察结果。根据观察记录资料的不同以及统计和分析方式的差异，可以采用文字报告、曲线图、饼状图、直方图、网络图或者流程图等来呈现观察结果。在同伴交往研究中，研究者采用直方图呈现不同类型的幼儿在角色游戏中采用的言语交往类型（见图 9-1），非常直观地呈现出受欢迎幼儿和被忽视幼儿在角色游戏中采用的言语类型的差异。

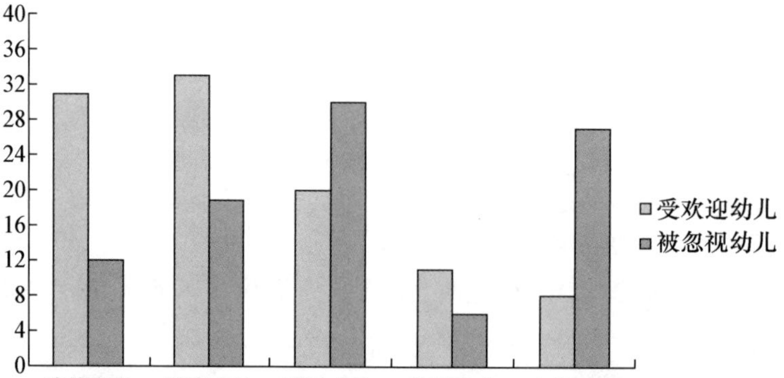

图 9-1　不同类型幼儿在角色游戏中采用的言语类型分布图

（四）解释分析

解释分析是对观察记录所描述现象的解读、诠释与分析，要将数据资料背后所蕴含的信息挖掘出来，是对观察结果的进一步挖掘。通常情况下，解释分析包括直接观察到的事件以及间接观察到的事件。解释分析应尽可能详尽，要让他人了解为什么会出现这样的现象，避免只是观察者自己明白而他人难以读懂。在受欢迎幼儿同伴交往特征研究中，主要从以下几个方面对幼儿同伴交往特征的影响因素进行分析：

(1) 受欢迎幼儿之所以在同伴交往中有较高的地位，是因为他们在同伴交往中能积极应对，会获得更多的交往机会，情绪也比较稳定。

(2) 父母是幼儿的第一任教师，生活中父母对幼儿的影响极为关键。受欢迎幼儿的家长往往性格活泼开朗，交往时积极主动，拥有较好的人际关系。

（五）选取解读视角

观察记录的解读也体现了观察者的侧重点和价值取向。积极视角下的观察者关注的是幼儿能够做什么，肯定幼儿的能力，发现他们身上的闪光点；而在消极视角下，观察者更多关注的是幼儿不能做什么，发现其存在的问题。

积极视角：虽然整个过程不是很顺畅，但幼儿有很强的坚持性，能够坚持把自己的事情做完，也表明他对这个活动很感兴趣。

消极视角：需要在教师的指导下，完成操作内容。这样的幼儿缺乏一定的自信心，总认为自己不能独自完成任务，有很强的依赖心理①。

（六）得出结论

结论是对观察记录中所描述现象的评价和总结，通过解释分析便可得出结论。结论需要观察者对通过观察得到的结果与某种标准进行比较。标准既是观察记录、结果应用和发展性评价的基础，也是判断、比较的范围和框架，因此标准的选择是得出结论的重要环节，直接影响着结论的准确性。

结论要说明重点，包括发现了什么、得到什么结果、总结出何种规律等等。观察之前观察者要了解观察的目标，观察得出的结论应该与目标中的陈述相呼应。观察结论也应是具体的，这样的结论才具有针对性，才能有效指导今后的教育教学活动。在受欢迎幼儿同伴交往特征研究中，通过对幼儿在角色游戏中使用的言语交往类型进行观察，得出如下结论：

在角色游戏中，受欢迎幼儿言语交往类型主要以协商和建议为主，言语类型比较多样。被忽视幼儿的言语类型多采用忽视和联合，运用到角色游戏中的言语类型较少。

（七）提出教育建议

观察的价值在于对观察结果的运用，而不仅仅是作为文档资料的收集方式。观察结果可以为设计教育教学活动提供所需的信息。因此，在对观察结果进行评价并得出一定的结论之后，应该进一步思考今后要进行的观察或者活动，并提出相应的教育建议。建议是判断今后要采取的保教措施是否合适的重要依据。基于观察资料和结论提出的建议，应该符合观察者的评价，并体现观察目的和目标。在受欢迎幼儿同伴交往特征研究中，作者提出了以下建议：

受欢迎幼儿通常会在幼儿园一日活动中表现得积极主动，与同伴之间有着良好的

① 刘昆．幼儿园教师的儿童行为观察与支持素养的提升研究［D］．上海：华东师范大学，2018．

关系。教师可以使用正行为强化训练，在幼儿表现出正确的交往行为时给予及时的肯定和表扬，强化幼儿心中正确的交往方式，提高其幼儿同伴交往水平。

对于被忽视幼儿，家长平时要积极主动地与他人交流，为幼儿做出人际交往的榜样。教师和家长要尽量为他们提供更多的同伴交往机会，锻炼其言语交往能力，提高其社会交往技能。

二、数据解读阶段的注意事项

（一）及时整理数据资料

观察者在观察后应该及时对所收集的数据资料进行归类整理，趁着观察情景在头脑中还十分鲜活的时候动手撰写观察记录，这样可以更加清晰地再现观察时看到的情景，能够准确解读先前设定的种种符号代码的含义。尽早整理和分析记录下来的草稿，将草稿补充完整，能为后续工作节省大量时间。否则，时间长了，就难以回想起来当初的潦草字迹是什么意思，模糊不清的观察材料会降低观察记录的准确性，而得出的结论和提出的教育建议也难以具有较强的实践指导意义。

（二）真实客观地呈现观察结果

观察者应依据有关的科学理论和实际情况，真实客观地呈现观察结果。真实客观地呈现观察结果时需注意以下几点：第一，在呈现观察结果之前，应深入了解与所观察的幼儿行为相关的文献资料和理论知识，确保参考资料的准确性和权威性。第二，本着“以了解幼儿行为表现为目的”的初衷，不添加不切实际的描述。第三，幼儿行为表现具有个体差异性，不能一概而论。第四，幼儿行为表现不是教育理论和教育策略实施的必然结果，切勿过早下定论。第五，多进行自我反省，对数据资料的真实性和结果分析的客观性要进行多重把关。

（三）提升数据解读的专业性

数据解读是儿童行为观察中的重要环节，连接着幼儿行为与教师支持。解读的专业性与准确度直接影响教育支持的有效性，如果教师能够准确解读幼儿行为背后的原因，并结合适当的理论进行分析，那么可以提出相适应的教育建议，对促进幼儿发展和改进教学大有裨益。比如下面的观察记录：

> 我觉得，三个小朋友都应该有自己的最近发展区。程程——能自主选择伙伴并能主动与同伴交流游戏玩法。青青——可以创生出更多好玩的翻翻棋玩法。佳佳——能自主与同伴协商自己的想法，让自己参与游戏。

在这份观察记录中，教师不仅看到幼儿目前的发展水平，并且结合了“最近发展区”理论，分析了每位幼儿在教师指导下能够达到的水平。通过分析，后续的教育指导就变得十分清晰，对于幼儿的学习和发展也起到了加速作用。

（四）结果告知

观察结束之后，观察者（尤其是作为研究人员的观察者）有义务向参与观察的幼儿家长、教师或者幼儿园主管人员提供观察结果的书面报告，不能因为怕麻烦而省略了这一环节。知晓观察结果也是参与研究的幼儿及相关人员的基本权利。观察者应该如实反映观察结果，对观察中做了些什么、发现了什么进行描述，并对这些发现做出解释。在一些科学研究中，观察者可能不会事先将全部的观察目的告诉被观察者，避免观察对象由于知晓观察目的而故意做出不同以往的“优异表现”。在观察结束之后，观察者有义务告知观察对象全部观察意图，并提供观察结果的书面报告。

（五）教育建议的提出

教育建议的提出应当遵循发展适宜性原则，遵循幼儿身心发展规律，满足幼儿的发展需要和兴趣爱好。教师可根据建议调整教学策略，改进教学质量，以促进幼儿身心全面发展。提出教育建议时还要考虑幼儿所在家庭、幼儿园和社会环境等多方面的实际情况，确保教育建议具有可行性。

具体而言，在提出教育建议时，应该重点关注以下几个方面：

1. 了解并尊重幼儿的发展特点

幼儿的发展是连续性和阶段性的统一，是一个循序渐进、从量变到质变的过程。提出的建议只有遵循幼儿的发展规律、适合幼儿发展的年龄特点，才能科学有效地指导幼儿的发展。

另外，不同幼儿的发展水平存在较大差异，要了解并尊重幼儿之间的个体差异。幼儿与幼儿之间存在发展水平的差异、学习方式的差异、经验储备的差异、能力倾向的差异等，因此提出的建议应具有针对性，应尊重不同幼儿的发展特点。

2. 立足于幼儿的长远发展

观察的目的是促进幼儿的发展，因此提出的教育建议不仅仅要解决当前的问题，更应该有利于幼儿的长远发展。观察者对幼儿当前的行为表现进行解读时，要深入探究其内在原因，找到影响幼儿行为的关键因素，并从根本原因出发，提出相应的具体可行的教育建议，从而促进幼儿长远的发展。

3. 注重教师与家长的沟通合作

仅仅提出建议是不够的，关键在于建议的落实。幼儿教育不能只靠教师，还要注重与家长的沟通与合作。家庭是影响幼儿行为发展的重要因素，家长对幼儿的教育起着不可替代的作用。观察者或教师应与家长沟通，保持合作，明确家长在幼儿教育中应做的工作，使幼儿在幼儿园中养成的良好行为习惯在家中也能得以继续保持。

（六）观察记录的撰写要求

撰写观察记录是幼儿行为观察中一项极为重要的工作，如果写不好，就会降低观察的价值。观察记录的撰写应当遵循一定的规范，具体包括以下几个步骤：第一步，草拟提纲。拟定观察记录的框架、结构，陈述的内容，使用的数据资料。第二步，撰写初稿。应做到材料翔实、层次清晰、逻辑严密、前后呼应、语言准确、文字流畅。第三步，反复修改。要做到严谨认真、反复推敲、精益求精。第四步，发挥集体的智慧进行讨论与修改。在撰写观察记录的过程中，全体参与观察的人员都可以参与讨论和修改。

撰写观察记录应注意以下几点：

1. 以陈述事实为主

观察记录应该以陈述事实为主，不仅要描述观察记录的结果，还要对观察结果进行分析论证，从而得出理性的认识。需要指出的是，不应把观察记录写成以概念、判断、推理等思维方式为主的论文，也不应把观察记录写成使用夸张、渲染、虚构手法的文艺作品，更不应把观察记录写成工作总结或随笔。

2. 要进行解释分析

观察记录虽然以陈述事实为主，但它并不是一些原始数据资料的罗列，而是在整理和陈述事实材料的基础上，结合相关的儿童发展理论进行分析，将文字材料或数据上升为理性认识。一份好的观察记录，除所记录的观察活动真实、客观、翔实、清晰、使人一目了然外，还应对幼儿的行为表现进行解释分析，以揭示幼儿行为与幼儿发展之间的内在联系，找出幼儿表现出这一行为的原因，为促进幼儿发展提供依据。

3. 保持严谨、认真的态度

严谨和认真的态度应当贯穿于整个观察过程，主要体现在准确无误的数据资料、客观公正的解释分析以及真实可靠的研究结果等方面。观察者还应实事求是地展示观察成果，客观地指出哪些问题已经解决，哪些问题尚未解决、有待继续观察之后再得出结论。

思考与练习

1. 制订观察计划需要明确哪几个方面？

2. 观察记录有哪些原则？具体要求是什么？

3. 在观察的实施阶段应该注意哪些事项？

4. 按照观察实施的一般程序，自行确定观察目标、制订观察计划并实施，根据观察所得的数据资料撰写观察记录。

阅读导航

1. SHARMAN C，CROSS W，VENNIS D. 观察儿童：实践操作指南［M］. 单敏月，王晓平，译. 上海：华东师范大学出版社，2008.

2. 徐莹莹，顾菲. 区域活动中幼儿行为观察的技巧［J］. 教育导刊（下半月），2015（12）.

3. 陈聿新. 角色游戏中受欢迎幼儿同伴交往特征个案研究［D］. 大连：辽宁师范大学，2015.

第十章

幼儿行为观察中的自我反省

本章导读

完成一项完整、深入、有效的观察并不容易，许多因素都会对观察的过程和结果产生影响。一名专业的幼儿行为观察者必须意识到哪些因素会影响到观察结果，并尽可能减少它们对观察结果的不利影响。本章将介绍观察者在幼儿行为观察的准备、实施、记录和分析阶段可能出现的问题，从多个方面帮助观察者进行自我反省，使其对行为观察的每一个环节有更加清晰的认识，以便通过幼儿行为观察得到真实客观的数据资料和科学可靠的观察结果，从而更好地了解和理解幼儿。

学习目标

1. 了解幼儿行为观察的不同阶段可能出现的误差。
2. 了解观察者在幼儿行为观察中可能出现的偏见。
3. 能够根据幼儿行为观察的原则和方法，在观察过程中进行自我反省。

夏朝的时候，一个叛变的诸侯有扈氏率兵入侵，夏禹派他的儿子伯启抵抗，结果伯启被打败了。伯启的部下很不服气，要求继续进攻，但是伯启说："不必了，我的兵比他多，地也比他大，却被他打败了，这一定是我的德行不如他、带兵方法不如他的缘故。从今天起，我一定要努力改正过来才是。"从此以后，伯启每天很早便起床工作，粗茶淡饭，心系百姓，任用有才干的人，尊敬有品德的人。过了一年，有扈氏知道了，不但不敢再来侵犯，反而自动投降了。

遇到失败或挫折时如果能像伯启这样，肯虚心反省和检讨自己，改正有缺陷的地方，最后一定会取得成功。在幼儿行为观察的整个过程以及观察结束之后，观察者都要有自我反省的意识，只有及时反思并改正观察过程中出现的问题，才能在之后的行为观察中更好地实现观察目标。

第一节　观察准备阶段的自我反省

作为一个日常概念，人们通常将“反省”等同于“反思”。“反思”一词最早起源于佛学，后引申为人对自己的言行进行总结、思考、内省的过程①。而自我反省意味着个体要回顾、思考、探索和解决问题②。幼儿行为观察中的自我反省是指观察者要对观察的准备、实施、记录、分析等阶段进行总结、思考和内省，及时发现其中存在的问题并加以改正，以便更好地开展观察活动，实现观察目标。在观察准备阶段，观察者容易出现以下几方面的问题。

一、观察时缺乏问题意识

观察的起点是教育教学实践或研究中存在的问题，有了问题，才能针对问题制订观察计划，进行观察研究，从而解决问题。爱因斯坦曾说过：“提出问题比解决问题更重要，因为解决问题也许仅是一个数学上或实验上的技能而已，而提出新的问题、新的可能性，从新的角度去看待旧的问题，却需要创造性的想象力，而且标志着科学的真正进步。”可见，问题意识对于幼儿行为观察具有重要意义。

然而，在实际观察中，一些观察者尤其是幼儿园教师往往缺乏问题意识，观察时提不出问题，也不知道该观察什么。不少幼儿园教师抱怨每天的工作压力大、任务重，没有时间和精力静下心来，对幼儿行为进行专业观察和深入思考，难以在教育教学实践中发现并提出潜在的观察问题③；还有一些教师为避免麻烦对问题视而不见，即便发现了问题，但只要不是关系幼儿人身安全或身体健康的重大问题，就不加以重视。

为了改善教师缺乏问题意识的现状，可以引导教师采取以下方法提出观察问题。

第一，从教师最为关心的问题入手。幼儿园教师最为关心也最为头疼的是孩子出现的各种问题行为或反常行为。教师可以从这些最为关心的问题入手，制订观察计划，在日常教育教学活动中通过观察记录和分析，了解幼儿行为背后的原因，从而解决实际问题。

第二，引领教师参与教育研究课题。目前，幼儿园已经认识到教育研究在幼儿发展和教师专业成长中的重要作用，教学与科研相脱离的现状也得到了有效改善。不少幼儿园在园开展教育研究课题，这为教师提供了很好的研究视角。教师可以参与到研究课题中去，基于幼儿园的现有研究课题，在教育教学实践中留心与之相关的现象，从而发现值得深入观察和研究的问题。

二、缺乏观察的主动性

对于幼儿园教师而言，观察幼儿的行为应该是一种主动诉求，是一种自发的行为，而

① 郭元祥．教师的 20 项修炼［M］．上海：华东师范大学出版社，2008：127.
② 韩庆国，昌远兰，陈素革．综合素质（幼儿园）［M］．北京：教育科学出版社，2013：44.
③ 吴米花．幼儿教师专业观察能力的价值及提升策略［J］．当代学前教育，2016（3）：22－25.

非被动的、他动的行为。目前大多数幼儿园都会要求教师每周至少提交一篇观察记录，有的幼儿园还会组织观察记录的评比，以期通过这种形式督促和激励教师做好观察记录。对此，很多教师表示，如果不是幼儿园的硬性要求，很少有人会主动撰写观察记录。为了改善教师被动进行观察记录的状况，应引导幼儿园教师充分认识到观察记录对于解决实际问题、改善教育教学实践、促进幼儿发展和促进教师专业发展的重要意义，帮助其树立主动自觉进行观察的意识。

三、选取的目标行为不适当

对于新手观察者来说，目标行为的选择可能是挑战之一。观察者在观察与记录的过程中能否顺利选择目标行为，对数据资料的搜集、解读以及观察目标的达成等都会产生连带影响。在目标行为的选取这一环节可能出现目标行为界定不清晰和目标行为不典型两类问题。

（一）目标行为界定不清晰

清晰地界定目标行为是进行观察记录的首要工作。依据界定清晰的目标行为进行观察，能够有效提高观察记录的准确性。例如，幼儿园教师想要观察幼儿在集体教学活动中的“专注行为”，究竟什么条件才符合“专注行为”的标准？是幼儿表现出的目不转睛的样子，是教学过程中不能与其他幼儿交谈，还是能对教师提出的问题及时回应？对“专注行为”的清晰界定是进行观察的重要前提。对此，观察者可以将自己查阅文献资料后对目标行为的界定与同事、同行或专家进行讨论评议，确保界定能够清晰地表达目标行为的内涵。观察者也可以邀请其他观察者对同一幼儿行为进行同时观察记录并对照结果，通过比较了解目标行为的界定是否清晰。

（二）目标行为不典型

在一日生活中，幼儿会表现出许多行为，产生大量信息，这就可能使观察者在选择目标行为时很盲目，不知道该选择什么样的行为进行观察。一些观察者随意抽取其中的一两个行为作为观察记录的目标，这就导致了记录的行为不具有典型性。目标行为缺乏典型性，既不能反映幼儿的发展水平，也不利于观察者分析幼儿的成长过程，了解幼儿的个性特征。一位幼儿园教师在访谈中说道：

> 日常观察中虽然能够发现一些问题，而且这些问题还是比较突出的，但是观察到的一些行为，往往观察一次以后就不发生了，又得换一个孩子，换一种目标行为去观察。班里每天都会发生很多事情，每件事情都有一定的特殊性，感觉都值得去记录，可是又没有这么多的时间去记录，不知道对行为如何选取，哪些更值得记录和专门进行分析①。

观察者要观察和记录典型的、有价值的行为。典型行为是指幼儿在这一年龄阶段最容易出现的行为或问题，与这一阶段的教育教学紧密联系，比如中班幼儿的“告状”行为。

---

① 柳剑．幼儿教师运用观察记录法中存在的问题与对策研究［D］．长春：东北师范大学，2009．

这些行为虽然是平常发生的，却是其中相对典型、具有一定代表性的行为。观察者在做观察记录时必须要抓住幼儿的典型行为表现，通过长期系统地观察和认真记录，发现其中蕴含的有价值的信息，尽可能客观地还原事件的真实情况，从而为改善教育教学实践和促进幼儿身心发展提供可靠依据。

四、提炼的观察目标不准确

观察目标是观察目的的具体化，是对目标行为的具体陈述。观察目标的作用是，指导观察者进行观察记录，通过对幼儿的某些行为或事件的观察，发现幼儿某方面的发展状况及原因。与观察目标不同，教育目标是通过教师的教育、指导或干预，让幼儿在活动中取得进步。然而，一些观察者经常把观察目标和教育目标相混淆，在观察实践中往往出现把观察目标等同于教育活动目标的现象。例如，一位教师将观察目标定为“提高幼儿的自理能力”，这一目标属于教育活动目标，而非观察目标。教师只能通过对幼儿典型行为的观察了解幼儿自理能力的现状，并基于对幼儿现有发展水平的把握，通过进一步的教育措施来提高幼儿的自理能力。仅仅通过一次观察记录，并不能提高幼儿的自理能力。

五、观察者的身心状况不佳

观察者自身的身心状况也是需要考虑的影响因素。观察者可能因疲劳、疾病等身体原因而分心，还可能因焦虑、压力等心理困扰而分心。在上述情况下，观察者难以集中精力进行观察。如果出现上述情况，观察者可以推迟观察时间，直至这些状况消除后再开始观察。如果情况不允许，观察者可以尝试在不同的时间进行多次观察。这些做法能够有效确保观察过程和结果更加客观准确。

第二节　观察实施阶段的自我反省

一、计划执行缺乏灵活性

观察的实施阶段是将观察计划付诸实践的过程。对于制订好的观察计划，观察者必须明确观察的目的和任务，并严格按照计划进行观察。然而，严格执行计划并不意味着一切都要按照原计划进行，不得有任何变动。在观察实施的过程中，观察者可能会发现观察计划的不完善之处，或者发现一些新奇的、重要的、值得注意的事件，这种情况下观察者可以并且应该及时修订原有观察计划，使观察过程更加符合观察目的，取得最佳的观察效果。

二、选取的观察方法不适当

选择观察方法是进行幼儿行为观察的核心，选择不同的观察方法将对取样、目标行为的资料性质，乃至使用的观察工具等产生影响。在观察幼儿行为的过程中，选择适当的方法以获得相对充分的目标行为资料是观察者需要重视的问题。

在幼儿行为观察中，有些观察者并没有系统地学习过观察方法，有些观察者形成了思维定式，认为观察方法只有描述观察法这一种，还有些观察者虽然掌握了多种观察方法，但是在实际应用中却不知道如何选择。因此，观察者应当认真思考目标行为的特性以及观察的初衷，切莫以个人喜好限制观察方法的选择。另外，尽管观察方法有多种，但都必须实现准确、清楚、直接观察到目标行为这一目的。在实际观察过程中，观察者也应该随时检视观察方法的适当性、所得资料的充分性等，根据实际情况调整观察方法。

三、观察实施阶段的影响因素

（一）影响观察的外部因素

1. 被观察者效应

在观察的过程中，观察者主要扮演两种角色：参与者和旁观者。幼儿园教师通常采取参与式观察，因其与幼儿熟识，在观察过程中对幼儿产生的影响较小，但即便是与幼儿十分熟悉的教师，也可能对幼儿产生影响，一位教师在观察反思中写道："在本次活动中教师的参与是自始至终的，但是，从一定程度上也对孩子自由的探索产生了一些干扰。"而当陌生人作为观察者出现在幼儿活动现场时，则会引起幼儿与平时不一样的反应，形成一种被观察者效应。有的幼儿会对观察者及其设备产生强烈的好奇心，跑过来询问观察者在做什么，或者玩弄观察设备，从而影响观察的正常进行；有的幼儿察觉到自己被观察时，可能极富表现欲，有意识地表现得比平时更好，从而使观察者难以观察到幼儿在自然情境中的真实行为；还有的幼儿在察觉到自己正在被观察时，会产生紧张、害怕、焦虑等情绪反应，从而影响观察结果。

事实上，想要完全避免观察活动对幼儿的影响几乎是不可能的。在专业的行为观察中，观察者可以采取以下措施尽量降低这一影响。第一，观察者可以事先熟悉观察对象，消除其陌生感，不要急于记录观察到的内容，而是等幼儿熟悉了自己的存在、对自己的活动失去兴趣后再进行观察记录。第二，使观察活动持续较长的时间，让被观察者对观察者在场习以为常。第三，选择一个不起眼的、较为隐蔽的地方进行观察或者利用摄像机进行观察，使幼儿觉得比较自由，这样其表现也就更自然，从而保证了所获观察资料的真实性和可靠性。有条件的地方还可以透过单向玻璃进行观察，使幼儿不易发现自己正在被观察和记录，即使幼儿知道，这种方式干扰也非常小。但是这种方式存在一定的局限，比如观察内容涉及语言方面时，透过单向玻璃观察的效果并不理想。因此，观察者既要注意不能干扰被观察者，也要保证选择的观察方式利于数据资料的收集和记录。

2. 观察位置的选择

在非参与式观察中，观察者所在的位置对幼儿的影响很大，不适宜的位置可能使幼儿分心，注意力不集中，从而影响观察结果。例如，下面这位观察者在观察记录中描述了自己在非参与式观察中对观察对象产生的影响。

整个观察活动共持续了 18 分 21 秒，我所观察的这个小男孩烊烊共出现 17 次注意力分散的情况，共计 4 分 37 秒。从活动的总体情况来看，烊烊的注意力还是比较集中在剪纸上的，但是每次集中注意力的时间相对较短，尤其是在活动的前半段，注意力分散的情况时有发生。此外，尽管采取的是非参与式观察，但是由于我刚好坐在烊烊一抬头就能看见的地方，所以对他的行为产生了一定的干扰。下次进行观察时，需要调整到相对隐蔽的位置。

进行非参与式观察时，观察者所在的位置非常重要。观察者应选择距离幼儿较远或相对隐蔽的位置，以保证不对幼儿的行为产生干扰。但是，应注意不能让观察对象超出视野范围，以便能够清晰地观察到观察对象的全部活动。并且，位置选定之后尽量不要频繁更换。

3. 物理环境

观察中的物理环境包括物理空间的大小、密度和布局、设备和材料等。物理空间的大小、密度和布局在一定程度上会影响幼儿活动的范围、自由独立的程度、活动的方式等。例如，要想观察幼儿搭建积木时的建构行为，如果选择在较为狭小、密度较大（有许多其他幼儿在场）的空间中，幼儿的活动范围十分有限，其建构行为也容易受到其他幼儿的干扰，其结果也不能反映幼儿真实的建构水平。同时，狭小的空间和不合理的布局还会限制观察，让观察者很接近某个幼儿，增加了保持隐蔽的难度。设备和材料为幼儿展现能力和从事自己感兴趣的活动提供了工具和条件。但如果提供的积木数量、种类较少，也会使幼儿的建构水平受到限制。

物理环境方面的因素还包括观察环境是否能够清楚听到幼儿之间的对话、视线是否能够清楚观察到每一个观察对象、灯光是否合适等。此外，还要考虑温度、天气等对观察造成的影响。

4. 社会环境

观察中的社会环境是指观察时幼儿所处的社会关系。当幼儿与不同的人从事相同的活动时，或者当不同的人在场时，其行为表现会有一定的差异。例如，有研究发现，幼儿的情绪表达主要受关系亲密度、权威和地位的影响，3～4 岁女孩在实验者面前比独处时更多地掩饰自己的情绪表达；学龄儿童在老师面前比在同学面前更多地掩饰生气情绪；同时学龄儿童，尤其是女孩，更愿意对同伴而不是父母表达情绪，年幼儿童则相反①。在进行观察时，一定要结合观察目的和观察内容，考虑幼儿当时所处的社会环境对幼儿行为的影响，使该环境服务于目标行为的出现和观察目的的实现。

5. 仪器设备的干扰

仪器设备可能产生噪声、出现故障等，这会影响幼儿的情绪，从而干扰观察。幼儿可能会对仪器设备感兴趣，致使其分散注意力，从而影响幼儿的行为表现。因此，在进行观察之前，观察者应对仪器设备进行调试，熟练掌握仪器设备的操作方法，以免在观察时出

---

① 王丽娟，刘凤玲．儿童情绪表达规则认知能力研究述评［J］．心理科学，2009（3）：661－662.

现不必要的麻烦。同时，避免使用颜色鲜艳、造型新奇的仪器设备。

（二）影响观察的内部因素

1. 观察者的个性特点

观察者的个性特点是影响观察的因素之一，如个人经验、态度、需求、期望和情绪等。这些个性特点不仅会影响观察过程，而且会影响观察重点和观察结果。比如，观察者倾向于将自己的感受投射到幼儿身上，可能认为幼儿感受到的是自己幼年时曾经感受到的。例如：

> 我最难忘的是每天在幼儿园的午睡，也许是因为本人精力充沛，每到中午我常常翻来覆去睡不着。为了消磨时间，我总是自娱自乐地拆被角、拆丝袜，或者和对床的同伴聊天。然而，这样做的风险极大，我因此经常被老师叫到墙角罚站或是被关在厕所里待着……这些事情我至今记忆犹新。在带班的过程中，每当我观察到有个别幼儿不爱睡午觉时，我会时刻提醒自己：幼儿不爱睡午觉并不是他/她想和老师作对，我以前也是一个不爱睡午觉的幼儿①。

观察者可能会喜欢/不喜欢具有某种特征或表现某种行为的幼儿。在这种情况下，观察者可能会有意无意地更多/更少地关注这些幼儿，而且这种积极/消极反应也会对其如何看待和解释这个幼儿的行为产生影响。因此，观察者要尽量避免自身的个性特点对观察过程和观察结果的影响，以客观中立的态度对幼儿的行为进行观察与记录。

2. 观察者的敏感度和觉察能力

观察者对幼儿行为的敏感度和觉察能力会随着经验和训练而改变。当新手观察者和经验丰富的观察者面对同样的场景时，他们所注意到的行为、对行为做出的描述和解释可能完全不同。新手观察者可能一直在"看"，却常常不知道看什么以及如何看。出现这种情况往往是由于新手观察者没有明确的观察目标，缺乏对幼儿行为的敏感度和觉察能力。而受过长期训练、积累了丰富经验的观察者能较好地确立观察目标，随机捕捉到幼儿日常生活中的行为点滴，获取各种有价值的信息。要想提高行为观察能力，需要有意识地进行训练，从幼儿的日常生活中敏锐地捕捉到幼儿表现出的动作、表情、语言等各方面的信息，并及时做出正确的判断。

例如，一位毫无观察经验的教师到大班教室观察教室氛围并进行记录，5 分钟后她的记录可能是这样的②：

> 墙角有一个男孩在哭
> 男孩生同伴的气，因为他的积木城堡被同伴弄垮了
> 男助教正试着处理问题，而女教师却无视上述幼儿的反应
> 教室很拥挤
> 没有人使用美劳材料
> 女孩们在娃娃家玩过家家

---

① 朱小娟．幼儿教师反思能力培养研究［M］．北京：教育科学出版社，2008：38.

② 波姆，温伯格．儿童行为观察：课室经营之钥［M］．廖凤瑞，李易霜，译．台北：光佑文化，1998：18-20.

另一位接受过系统化观察训练的教师对这一场景有不同的记录。由于目的是观察教室氛围，她首先对教室氛围这一概念进行了界定，即要观察教室场所的布置以及幼儿和教师的行为，然后有系统、有针对性地在预定的时间范围内观察上述内容。

场所及人员：

有15名幼儿在场（男孩8名，女孩7名）

女教师有一位男助理（他可能是实习教师）

教室里有各种活动区：美工区、娃娃家、积木区、图书区等

幼儿及教师的行为：

教室内的晾衣绳上挂着8张图画，表示幼儿可能不久之前画过画

4个活动区中，每个区至少有2名幼儿参与，其中娃娃家人数最多，有5人

教师在办公桌前处理文件

男助教在积木区对哭泣的幼儿说话

虽然上述两位教师所做的记录有相同的部分，但很明显第一份记录像流水账一样毫无逻辑，第二份记录则较为系统，能够提供更为准确的信息。

3. 观察者的角色性偏见

角色性偏见是指观察者在观察的过程中，对某类观察对象的看法受到社会对其角色定位的影响。作为观察对象的幼儿来自不同的家庭，观察者应公平公正地看待每一个幼儿，充分尊重每一位幼儿，一视同仁，不应受其角色定位的影响。既不过分关注家境富裕的幼儿，也不歧视家庭困难幼儿、单亲家庭幼儿、特殊儿童等。

4. 先判断后观察

观察的目的在于搜集事实资料，并以此为依据对幼儿行为做出分析和判断。但是有的观察者会忽略这一点，本末倒置，自己先做出了判断，之后通过观察来验证自己的判断。还有的观察者为了提高效率，一边观察一边判断，这也是错误的，很容易因观察资料的不足和事件的偶然性而做出片面甚至错误的判断。

第三节　记录时的自我反省

在观察记录时，观察者可以对照以下几方面的问题进行自我反省。

一、记录方法不够熟练

很多幼儿园教师都是在教育教学活动中发现幼儿有价值的行为的，然而他们在与幼儿互动过程中很难做到一边参与、指导幼儿的活动，一边进行记录。而且，专门让另一位教师在一旁做记录也是不现实的。加之如果教师总是坐在一处盯着一个幼儿做记录，幼儿也会因感受到教师对自己或同伴的过分关注而不自觉地改变一些行为。这就要求教师熟练掌握记录方法，在短时间内快速、准确、简要地记录下观察到的主要信息，尽量不要因记录而耽误对幼儿的指导。

对观察方法的掌握程度不够，对记录方法不熟练，会导致观察者不知选取何种方式进行记录，在记录的过程中不知如何快速记录下观察到的行为。因此，观察者进行相关练习或培训尤为重要。观察者在实施前应该参与研习、自我练习，或通过与专家、同事、同学讨论等，确认好记录方式再实施。

二、记录缺乏有效性

幼儿每天的活动中包含大量值得观察的行为和潜在的信息，但是如何进行筛选和记录对观察者来说是一项艰巨的任务。即便已经确定好观察目标，制订好观察计划，观察者也可能在记录哪些行为上产生困惑，不知道哪些行为和信息是符合目标行为的，从而影响了记录的有效性。因此，这一阶段容易出现两种错误：对行为发生过程的记录不够完整，或是为了不放过任何细节而记录大量无效信息。

（一）记录的行为过程不完整

在观察记录幼儿的活动时，一些观察者不自觉地仅记录了幼儿活动的结果，而忽略了行为发生的完整过程，遗漏了很多有价值的行为。比如，一位教师这样记录：

> 淘淘邀请我和他一起折纸，我答应了。我坐在他的旁边，先给他示范，他一边看一边主动提出问题，我都耐心地给予了解答。示范结束后，淘淘开始自己折。

这位教师在记录中只提到了幼儿活动的结果，但是对于幼儿在活动过程中是否表现出兴趣、如何操作材料、如何主动提问、教师如何解答和示范等内容未进行记录，而这些信息恰好对了解并指导幼儿的学习最有意义。下面这段观察记录详细记录了幼儿活动的过程。

> 奇奇端来一碗水果茶，说："你要不要来一碗？"我问："多少钱？"奇奇说："不要钱。"
>
> 奇奇将水果茶放在餐桌前："多吃点水果，对身体好。"
>
> 恺恺端来一盘煎蛋，小满端来……，恺恺端来……。桌子上摆满了三个孩子给我的美食。小满送来一盒月饼："这是送的东西。"我问小满："你不是说下次来才送吗？"小满回答："现在已经是第二天了。"
>
> 我叫道："恺恺你来收拾下吧！我已经吃饱了。"恺恺麻利地将餐桌上的盘子收回，擦一擦桌子。
>
> 随后将盘子洗刷干净，洗干净后，将碗盘依次排开进行晾晒。

观察者要全面观察行为的背景、行为发生发展的过程、幼儿的具体行为和语言、情绪变化（音调、面部表情等）以及与之相联系的其他在场幼儿的活动。同时，客观、准确、详细地记录所观察到的行为是非常重要的，因为这能够确保观察记录可以提供行为事件发生的全过程，为评价幼儿提供详细的依据。

（二）记录的信息过于冗杂

观察者观察幼儿在一日生活中的任何一次活动，都可以获得大量的信息。一些新手观察者面对幼儿的诸多行为和大量信息，往往感到盲目而无从下手。因为不能确定哪些行为是有意义、有价值的，所以为了避免遗漏往往将观察到的所有行为进行记录。这样会导致观察记录不够明确，不利于从中提取有价值的信息，也浪费了观察者大量的时间和精力。

三、记录的真实性不高

观察者在观察之前常常会对观察结果有一定的预期，但幼儿的行为并不是十分稳定的，行为观察的结果往往受多种因素影响，因此当幼儿表现出与预期不符的行为时，观察者也要如实记录，不能为了得到理想中的“完美”结果而歪曲事实，影响观察结果的真实性。

有些观察者所做的观察记录内容并非自己亲眼所见，而是根据幼儿口头反映的情况记录下来的。由于幼儿的言语表达能力有限，认知发展水平尚不完善，有时会将现实经历与自己的想象相混淆，因此观察者从幼儿口中获得的信息难以保证全面、真实、客观，观察者据此分析推断所得出的结论或建议也很难具有真正的指导意义。

四、不能区分主观和客观

不能区分主观和客观是说有些观察者在观察记录中会将描述性信息和解释性信息相混淆。描述性信息是指只描述发生的行为，不做任何解释，是对幼儿行为的客观记录；解释性信息是指超越了对行为的具体描述，试图对行为加以分析和概括，是对幼儿行为的主观解释①。

在幼儿行为观察记录中不能区分主观和客观，首先体现在一些观察者喜欢使用带有感情色彩和主观臆测的语言（如完美、积极、害羞、自私、固执、懒惰等）对幼儿行为进行描述，即行为描述不客观。例如，一位教师在观察记录中写道：

在剪纸活动中，轩轩能够按照图中的线条将图案剪下来，但是动作稍显笨拙。

在进行观察记录时，观察者应该保持客观，如实记录事实。上述案例中的教师可以描述幼儿剪纸时的具体动作、剪纸完成的质量、完成剪纸所用的时间、在过程中教师是否指导及如何指导等，而不能简单地将幼儿的动作概括为“笨拙”。评价幼儿时应结合其平时的表现，并通过多次观察做出客观判断。

在幼儿行为观察记录中不能区分主观和客观还体现在一些观察者将客观事实与个人主观解释混在一起，难以区分。观察者应尽量将事实描述与个人主观推论分开记录。描述与推论应有明确区分，以便客观看待观察结果。以下是一名教师的观察记录：

今天班上来的孩子很少，因为今天雾霾比较重，父母希望孩子不要出门。

该教师将事实描述与主观判断混在一起，事实是“今天班上来的孩子很少”，而“父母希望孩子不要出门”是教师自己的主观判断。由此，考虑到幼儿来得少还有可能是因为

---

① SATTLER J M. 儿童评价［M］. 陈会昌，等译. 北京：中国轻工业出版社，2008：232.

身体不适或其他原因，为了使叙述更加严谨，可以对上述观察记录做如下修改：

今天班上来的孩子很少。

同时在推论中写下：

根据我个人的了解，人很少可能是因为今天雾霾比较重，父母希望孩子不要出门。

可见，即使只有简单几句话的描述，观察者也应该区分主观和客观，使得观察记录保持客观性和准确性。

五、为了记录而影响正常的教育教学活动

幼儿行为观察的目的是服务于教育教学，促进幼儿的身心发展。然而，有的观察者为了记录而影响正常的教育教学活动，甚至为了记录放弃了对幼儿的指导，脑子里只想着要完成观察记录，不关注幼儿的活动状况及可能造成的影响，这本身就违背了以幼儿行为观察促进幼儿身心发展的初衷，影响了正常的教育教学活动的开展。甚至有些观察者因不干预幼儿的某些行为而使其出现意外，严重违背了行为观察禁止伤害的伦理原则。以下案例中这位教师的行为就是不可取的。

某教师在做观察记录时，看到几名幼儿在玩玩具时发生争吵，甚至打闹起来。如果教师不及时调解，幼儿可能会越吵越厉害，进而引起全班幼儿的围观，影响整个教室愉快的氛围。可是，这位教师为了保持记录的客观性和真实性，没有去制止幼儿的打闹行为，而是继续在观察记录着幼儿行为发生发展的全过程，不放过任何一个细节①。

六、记录的保密工作不到位

幼儿行为观察的伦理原则要求观察者在使用观察记录的数据资料时，必须保护幼儿的权益与隐私。在观察记录的保存、查阅与使用方面，应确定不同对象对观察资料的存取权限，对可供使用的数据资料做出范围的界定。涉及幼儿隐私的内容应进行匿名处理，如果资料内容容易让资料使用者联想到某一幼儿，则更应该谨慎对待。

对此，幼儿园或早教机构可以制定幼儿行为观察与记录的公约，对观察记录的保存、查阅和使用等加以规范。对于需要保存大量观察资料的幼儿园教师来说，他们可以通过隐私且安全的档案管理设备或机制对观察记录进行保存。如果有将观察记录提供给不同对象的需求，则应适度地检查观察记录并进行匿名处理，或对部分结果加以保留，暂不予以提供。如果希望将观察记录应用于科学研究并撰写成果进行发表，除了对观察资料进行匿名处理之外，在发表前还应将实情告知幼儿家长并征得其同意，同时要征求幼儿园管理者和教师的意见，与他们共同商议拟发表内容的适当性。

① 柳剑. 幼儿教师运用观察记录法中存在的问题与对策研究［D］. 长春：东北师范大学，2009.

第四节　分析时的自我反省

分析是指观察者对幼儿在活动中表现出的语言、行为、情绪等进行解读，探寻其行为发生背后的原因，从而得出结论、提出建议的过程。对幼儿行为的观察与解读旨在获得对幼儿行为表现的恰当分析，并将其作为后续行为指导或教学改进的依据。在分析的过程中，观察者的个性特点、教育背景、生活经历、对幼儿行为观察的作用和意义的认识等都可能对幼儿行为观察与分析的结果产生影响。下面列出了几种在分析时常见的问题和主观偏见，供观察者在分析的过程中进行自我反省。

一、分析缺少目标指向性

观察目标指导着整个观察过程，无论是观察前的准备、观察过程中的实施与记录，还是观察后的数据解读与分析，都是为了实现观察目标而开展的。对于幼儿行为观察来说，分析阶段是观察目标是否实现的最直接体现。因此，在进行分析时需要针对观察目标说明观察得出什么结果以及幼儿行为背后的原因。如果分析脱离了观察目标，观察记录的意义就大打折扣了。

二、分析时常见的主观偏见

在分析阶段，观察者尤其要警惕以下四种主观偏见的发生。

1. 晕轮效应

晕轮效应又称为光环效应，是指当一个人对另一个人的某种特征形成好的或坏的印象之后，便倾向于据此推论该人其他方面的特征。晕轮效应在本质上是一种以偏概全的认知错误。在对幼儿进行观察时，观察者也容易犯这种错误，尤其是对幼儿较为熟悉的教师，他们与幼儿的接触时间较长，幼儿的性别、外貌、家庭环境、社会背景或是平时幼儿留给老师的印象都会影响教师观察记录的真实性和客观性。比如，如果一个幼儿在某些方面表现好时，观察者对该幼儿其他方面的评价也容易出现远高于其实际水平的情况，从而使评价失真。下述观察记录就属于这种情况。

游游是班上表现力较强的孩子，他的数学能力和认知水平较高。区域活动时，游游通常都会选择益智区和表演区。今天他去了建构区，和洋洋一同合作搭了一艘船，而且还给船做了一个龙骨。船搭好后，游游指挥洋洋“开船”，一副船长的气势，他长大一定是一个聪明又有领导力的人。

从上述观察记录来看，游游是一个懂得一定的搭建知识、有表现力的孩子，但该教师的分析脱离了游游的实际水平，做出了过于主观和夸张的评价。

蔡老师不喜欢 6 岁的旺旺整天缠着自己，不喜欢他一次又一次哭哭啼啼地叫“老师，老师”，尤其对旺旺在抠鼻子、擤鼻涕时把鼻涕弄得满脸都是感到有些恶心。一次科学课上，蔡老师带来了沙子和网眼大小不一（细、中等、粗）的筛子让幼儿探索，并记录幼儿的活动状况。其中，也记录到旺旺的一段话：“嘿，当洞大一些的时候，沙流得更快!”事后，蔡老师在进行这节课的观察与分析时忽略了旺旺的话，其他几位观摩的教师则提醒她注意旺旺的发现。

上述案例中，蔡老师先前对旺旺的情感妨碍了她分析这个幼儿的表现。可见，当某些行为或特征为观察者所不喜欢，或被认为应该受到禁止时，观察者可能会有意无意地回避对这些幼儿的观察与分析，从而对其如何看待和解释这个幼儿的行为产生重要的影响。

2. 观察者的放任现象

观察者的放任现象是指观察者觉得自己对幼儿的行为和反应已经心中有数了，因而在观察记录和分析中出现不耐烦的情况，仅凭自己的印象或经验来判断，失去了客观性和准确性。这种现象在幼儿园教师进行观察与分析时较为常见。比如，在观察记录中经常会出现这样的句子：“该幼儿向来比较胆小，不愿意主动和他人交往”“这个孩子平时比较蛮横霸道，一直都是个小魔王”……观察者简单地给幼儿贴上了标签，凭自己先前的印象或经验来分析、判断，将主观因素加入观察记录与分析中，而没有结合实际情境分析幼儿行为的具体情况及背后的深层次原因。

3. 期待性偏见

期待性偏见是认知偏见的一种，是指在观察前观察者就已经对观察对象产生了先入为主的印象，或者预期能够获得某些观察结果，于是在接下来的观察过程中，观察者无意识地按照自己的期望来看待被观察者的行为，从而对观察结果做出不当解释，以达到预期的结论。例如：

在一项实验中，实验人员事先告诉一群小孩他们培养了两个品种的实验老鼠：一种聪明，一种呆笨，然后安排小孩观察老鼠逃离迷宫。小孩报告聪明品种老鼠比呆笨品种老鼠能更快地逃离迷宫，而事实上所有实验老鼠只是随机挑选出来的而已。

期待性偏见在幼儿行为观察与分析中也较为常见。以下观察记录中就出现了期待性偏见。

今天我让伊伊去了表演区，因为她喝水回来之后美工区的人数已经够多了。伊伊平时很喜欢在美工区涂涂画画或者做些手工，她是个心灵手巧、有创造性的女孩，总能做出富有新意的作品，所以我认为她的表演天赋应该也不会差。伊伊来到表演区之后，先在一边站着看其他幼儿表演了一会儿，自己犹豫了一下后也上去唱了首歌，果然唱得还不错……

从上述观察记录可以看出，该教师对伊伊有一定的期望和预测，在伊伊进入表演区之前教师就认为伊伊有表演天赋，但实际上教师并未对伊伊的歌唱水平进行描述，只是主观地写道“果然唱得不错”。可见，期待性偏见是一种带有强烈主观色彩的偏见，它可能会误导推论，从而违背观察结果真实性、客观性、准确性和科学性的要求。因此，观察者要实事求是，根据原始的数据资料和实际情况进行理性分析和适度推论。

4. 理论性偏见

每种理论都有其局限性，有时可能会使观察者的思维受到限制。理论性偏见是指观察者因受到某种理论观念的影响，从而用其进行分析与推论的一种偏见。比如，第谷和开普勒两人一起在高山上观察日出，第谷看见的是太阳从固定的地平线上冉冉升起，而开普勒看见的却是地平线在静止的太阳底下滚动着。可见，第谷受地心说的影响，而开普勒受日心说的影响。这就是理论性偏见。

有时观察者对理论理解不深刻，也容易造成误用的情况。为避免理论性偏见，提高观察者的分析能力，系统的理论学习是必不可少的。解决幼儿行为观察中遇到的困难和问题都离不开理论的指导，只有将实践中反映出来的问题上升到理论层面加以剖析，才能找到问题的症结，才能从根本上解决问题，才能提高观察者观察和分析幼儿行为的水平。

三、行为解读的深度不够

观察者应通过幼儿行为观察，记录行为的过程与结果，并关注到儿童行为背后的能力水平与学习品质。与此同时，既要关注到幼儿学习的结果性能力，也要关注其学习的过程性能力。

> 关注行为结果：小白龙扮演的交警，从吹哨到手势，再到讲的内容，都符合交警的言行。
>
> 关注学习发展：随着中班幼儿社会交往能力的发展，他们的注意力渐渐从自我中心化中转变出来，开始关注周围事物。这也是后面瑶瑶、阿宝、派派、善善都来关心趴在地上的“病人”的情况的原因。

上述案例中，前者只关注幼儿行为的结果层面，而后者则关注了幼儿行为背后的能力水平，结合中班幼儿社会交往能力的发展情况进行分析和解读。

下面这个案例为我们很好地展示了如何在关注幼儿学习与发展的前提下，兼顾结果与过程对幼儿行为进行解读与分析。

> 孩子能够主动询问不懂的问题，例如，当故事情节看不懂时，会主动询问：“这个故事是怎么样的?”也会询问老师：“这个皮影破了怎么办?”当遇到困难时，他会积极主动地表达来尝试解决问题，表达的主动性很强烈。同时，他有时会出现重复跟随同伴说话的现象，如在邀请同伴时，听到同去邀请的米拉说：“一起加入我们吧!”他也会说：“一起加入我们吧!”当表演完一个皮影戏时，旁边的妙妙说：“好玩儿!”他也会跟着说。这是因为他的词汇量本身不是很丰富，当不知道说什么好或想不出来时，就会跟随同伴，缺少必要的词汇量积累。

案例中的教师不仅关注到幼儿学习的过程性能力，如“表达的主动性很强烈”，还关注到幼儿学习的结果性能力，如幼儿出现重复跟随同伴说话的现象是因为“词汇量本身不是很丰富，缺少必要的词汇量积累”。

三、提出的教育建议缺乏实效性

观察与分析的最终目的是解决问题、改进教学、促进幼儿更好的发展，因此观察记录提出的教育建议和改进措施是今后改进实践的重要抓手。一份好的观察记录应该提出具体可行的教育建议。我们可以对比下面两份观察记录：

记录一：

教师需要在之后的教育中引导小白龙在角色扮演的过程中去解决游戏场景当中的问题。

记录二：

在三人的跳棋游戏指导中，教师需要引导幼儿解说规则、了解规则，通过提问引发幼儿思考。通过追问的方式帮助幼儿掌握判断胜负的方法，比如“你怎么知道你多？多多少？”引导幼儿数一数棋，了解比较的方法。

通过比较可以发现，记录二中教师提出的教育建议，有明确的目标、方法、提问等内容，具有可操作性；而记录一中的教育建议缺乏具体性和针对性，只是简单写出了在之后的教育中需要引导，至于用什么样的教育方法、开展什么样的教育活动、达到什么样的改进效果等具体问题，并没有写清楚。这样缺乏具体性和针对性的教育建议无法在实践中发挥实效，难以取得理想的教育效果。出现这一问题的根本原因在于，观察者没有借助观察记录改进实践的意识，更没有结合观察结果进行深入的剖析。幼儿行为观察与分析不仅仅是一份书面的观察记录，它与实践有着密不可分的关系。一方面，它是来自幼儿的实际活动，是实践的产物；另一方面，它是指导实践的工具，观察者要通过它来改进教育教学，解决幼儿活动中的问题。因此，教育建议一定要与实践紧密相连，切忌只是搬运书上的空泛理论而脱离实践。

思考与练习

1. 如何提高幼儿行为观察的问题意识？
2. 影响观察实施的外部因素和内部因素有哪些？
3. 记录缺乏有效性主要表现在哪些方面？
4. 分析阶段应该避免哪些偏见？

阅读导航

1. 永祥，臻儒. 教师怎样进行反思与研究［M］. 沈阳：辽宁大学出版社，2010.

2. 颜雪梅，单文顶，袁爱玲. 幼儿园教师如何提升实践反思能力［M］. 福州：福建教育出版社，2016.

3. 蔡昱晓. 做好观察的几点思考［J］. 幼儿教育，2002（12）.

4. 徐莹莹，顾菲. 区域活动中幼儿行为观察的技巧［J］. 教育导刊（下半月），2015（12）.

教学支持说明

（教学课件）

中国人民大学出版社教育学科秉承"出教材学术精品，育人文社科英才"的出版宗旨，多年来，出版了大批高质量的教育学、小学教育、学前教育专业教材和学术著作。

我们为本教材制作了相应的PPT教学课件，任何一位采用本书作为授课教材的教师均可免费获得该课件。为了确保该课件仅为授课教师获得，烦请您填写如下材料，并将相关信息通过E-mail发送给我们，我们将在收到相关信息后通过E-mail给您发送该课件。欢迎您加入我们的QQ群（教育新视野交流群，群号为159813080），或登录我社官方网站（www.crup.com.cn），注册并认证成为教师会员，以获得更好的服务。

我们的联系方式：

地址：（100872）北京市中关村大街甲59号文化大厦1202室

中国人民大学出版社

电话：（010）82502724　62514775（传真）

E-mail：ggglcbfs@vip.163.com

QQ群：159813080

兹证明__________大学/学院__________院/系__________专业__________学年第__________学期开设的__________课程，采用中国人民大学出版社出版的____________________（书名、作者）作为本课程教材。授课教师为__________，授课班级共______个、学生______人。授课教师需要与本书配套的教学课件。

联 系 人：____________________

通信地址：____________________

邮　　编：____________________

电　　话：____________________

E-mail：____________________

系/院主任：__________（签字）

（系/院办公室章）

______年_____月_____日